T0216527

Das C++ Tutorial

Andreas Stadler · Marco Tholen

Das C++ Tutorial

Crash-Kurs und Repetitorium für
Ingenieure und Naturwissenschaftler

 Springer

Andreas Stadler
München
Deutschland

Marco Tholen
Hungen
Deutschland

ISBN 978-3-658-21099-1   ISBN 978-3-658-21100-4 (eBook)
https://doi.org/10.1007/978-3-658-21100-4

Die Deutsche Nationalbibliothek verzeichnet diese Publikation in der Deutschen Nationalbibliografie; detaillierte bibliografische Daten sind im Internet über http://dnb.d-nb.de abrufbar.

Gedruckt auf säurefreiem und chlorfrei gebleichtem Papier

Springer ist ein Imprint der eingetragenen Gesellschaft Springer Fachmedien Wiesbaden GmbH und ist ein Teil von Springer Nature.
Die Anschrift der Gesellschaft ist: Abraham-Lincoln-Str. 46, 65189 Wiesbaden, Germany

Inhaltsverzeichnis

Grundlagen: Literatur und Software

1

1.1   Was ist C++, was C#

Die Programmiersprache C++ wurde als Erweiterung der Programmiersprache C ab 1979 unter Bjarne Stoustrup bei AT&T entwickelt und ist derzeit die wohl leistungsstärkste Programmiersprache weltweit.

C++ ermöglicht einerseits eine effiziente maschinennahe Programmierung, wie sie für Betriebssysteme, eingebetteten Systeme, virtuellen Maschinen, Treiber und Signalprozessoren nötig ist. Andererseits können aber auch Applikationen (Anwendungsprogramme) mit hohem Abstraktionsniveau objektorientiert geschrieben werden, welche insbesondere dann zum Einsatz kommen, wenn hohe Anforderungen an die Effizienz gestellt werden oder vorgegebene Leistungsgrenzen der Hardware optimal ausgenutzt werden müssen.

Die Sprache C++ hat einen überschaubaren Befehlssatz („Sprachkern"), dessen Funktionalität – ähnlich wie in der Sprache C – durch eine hierarchisch strukturierte C++-Standardbibliothek erweitert wird.

In C++-Programmen werden globale Variablen und Funktionen wie auch Eigenschaften und Methoden sowie Unterprogramme üblicherweise in Header-Dateien verwaltet. Diese sind dann – wie auch die Standardbiliotheken – zu Beginn des Hauptprogramms ("main()") einzubinden. Während des Kompilierens wird aus dem Haupt- und den Unterprogrammen sowie den Header-Dateien ein ausführbarer Programmcode erstellt. Hier ist darauf zu achten, dass keine Doppelbelegungen von Variablen, Eigenschaften oder Methoden auch über Dateigrenzen hinweg auftreten, welche zu Compiler- ("C") oder auch Linker-Fehlern ("LNK") führen würden.

Die Kompatibilität mit C bringt für C++ sowohl Vor- als auch Nachteile mit sich. Vorteilhaft ist der mögliche Einsatz sowohl zur Programmierung von Betriebssystemen, als auch von Anwendungssoftware. Das Ergebnis sind in beiden Fällen vergleichsweise effiziente und schnelle Programme. Zu den Nachteilen zählen die teilweise schwer verständliche C/C++-Syntax, sowie einige C-Sprachkonstrukte, welche in C++ leicht unterschiedliche

© Springer Fachmedien Wiesbaden GmbH, ein Teil von Springer Nature 2018
A. Stadler, M. Tholen, *Das C++ Tutorial*,
https://doi.org/10.1007/978-3-658-21100-4_1

Bedeutung oder Syntax haben. Dies führt dazu, dass C-Programme gelegentlich erst angepasst werden müssen, um sich als C++-Programme kompilieren zu lassen.

C++ war nicht der einzige Ansatz, die Programmiersprache C so weiterzuentwickeln, dass das objektorientierte Programmieren ermöglicht wird.

In den 1980er Jahren entstand auch die Programmiersprache Objective-C, deren Syntax sich an den Betriebssystemen Apple iOS, Mac OS X und OpenStep orientierte.

Für die Microsoft-kompatiblen Plattformen legen die Programmiersprachen C# ("C Sharp") und Java den Fokus verstärkt auf die Objektorientierung, unterscheiden sich aber darüber hinaus auch konzeptionell teils erheblich von C++ (z. B. einfache Programmierung graphischer Oberflächen).

Generische Programmiertechniken ergänzen grundsätzlich die objektorientierte Programmierung um Typparameter und erhöhen so die Wiederverwertbarkeit einmal kodierter Algorithmen, was Programme schlank, schnell und effizient macht. Während bei Java und C# der Fokus gezielt nicht auf generische Erweiterungen gelegt wurde, machen diese C++ zu einem mächtigen Programmier-werkzeug.

▶   **Wichtig** Wie die meisten höheren Programmiersprachen unterscheiden auch C++ und C# zwischen Groß- und Klein-Schreibung, diese Eigenschaft wird *Case Sensitivity* genannt.

Nebenbei
Angesichts der umfangreichen Applikationsmöglichkeiten dieser Programmierhochsprachen, welche nahezu jedwede technologische Herausforderung aufnehmen können und dabei oft sehr strengen Formalitäten folgen, sollte jedoch auch der kreative Spaß am systematischen Programmieren nicht zu kurz kommen. Zu diesem Thema folgender Link:
   https://developer-blog.net/arnoldc-programmieren-wie-ein-terminator/

1.2   Wie mit diesem Buch gearbeitet werden kann!

Das vorliegende Tutorial wurde entsprechend dem didaktischen Konzept des **Problemorientierten Lernens** erarbeitet, so dass jeder Themenbereich

- umfangreiche Aufgaben enthält,
- für die lauffähige Quellcode-Dateien (mögliche Musterlösungen)
- mit umfassenden Programmbeschreibungen sowie
- entsprechende Ausgaben

vorhanden sind. Abgerudet werden die Themenbereiche gegebenenfalls durch wichtige Hinweise („Wichtig") und ergänzende Informationen („Nebenbei").

Thematisch werden entlang einschlägiger **Programmierparadigmen** (eine Übersicht über alle gängigen Programmierparadigmen wird gegeben) alle wesentlichen **Themenbereiche** der Programmiersprache C++ behandelt. Hierzu gehören beispielsweise:

- Geschichte, Download und Installation des Visual-Studios
- Strukturiertes Programmieren: Programme und Daten (Datentypen und deren Konvertierung, ..., Entscheidungen und Schleifen, ..., Ein- und Ausgaben, ..., Debuggen, ...)
- Prozedurales Programmieren: Funktionen, Algorithmen und Pointer-Funktionen (Algebraische-, Logische- und Numerische Funktionen, ..., Sortier-Algorithmen, ..., Callback, ...)
- Modulares Programmieren: Mit Namensräumen (Überladung, ...)
- Objektorientiertes Progammieren: Mit Strukturen und Klassen (Vererbung, Polymorphie, ...)
- Generisches Programmieren: Mit Templates (Variadic-, Methoden- und Klassen-Templates, ...)
- Ausnahmebehandlungen (Err, Fehler-Klassen, EH, ...)

In Folge dessen, eignet sich das vorliegende C++-Tutorial hervoragend als

- **Lehr- und Lernbuch für Unterricht und Selbststudium:** Hierbei kann entweder von vorne begonnen werden oder (sollten bereits Vorkenntnisse vorhanden sein) ab dem Themenbereich, der von speziellem Interesse ist.
- **Nachschlagewerk:** Das durchwegs in vielerlei Hinsicht systematisch aufgebaute Werk bietet Hilfestellungen insbesondere zum Erarbeiten schneller Problemlösungen, da durchwegs gut kommentierte lauffähige Programme verwendet werden.

Wie auch immer Sie das C++-Tutorial nutzen, das zugrundeliegende didaktische Konzept sichert einen dauerhaften Lernerfolg oder schnelle Erste-Hilfe.

Wir wünschen Ihnen viel Spaß beim intuitiven Erarbeiten dieser Programmierhochsprache – einem wesentlichen Baustein schulischer, universitärer und industrieller Bildung (Industrie 4.0, ...)!

1.3   Literatur

Bjarne Stroustrup: *The Design and Evolution of C++*. Addison-Wesley, 1994, ISBN 0-201-54330-3 (Buch beschreibt die Entwicklung und das Design von C++; vom Sprachdesigner geschrieben).

Bruce Eckel: *Thinking in C++, Volume 1: Introduction to Standard C++*. 2. Aufl. Prentice Hall, 2000, ISBN 0-13-979809-9 (jamesthornton.com).

Herb Sutter: *Exceptional C++*. 1. Aufl. Addison-Wesley, 2000, ISBN 3-8273-1711-8 (Vertiefung vorhandener C++-Kenntnisse.).

Stefan Kuhlins, Martin Schader: Die C++ Standardbibliothek – Einführung und Nachschlagewerk. 3. Aufl. Springer, 2002, ISBN 3-540-43212-4 (Strukturierte Einführung und Nachschlagewerk).

Jürgen Wolf: C++ Das umfassende Handbuch, 3. aktualisierte Auflage, Rheinwerk Verlag GmbH, 2014, ISBN 978-3-8362–2021-7 (Strukturierte Einführung und Nachschlagewerk).

Andrei Alexandrescu: *Modernes C++ Design – Generische Programmierung und Entwurfsmuster angewendet*. 1. Aufl. Mitp-Verlag, 2003, ISBN 3-8266-1347-3 (Ein Standardwerk zur C++-Metaprogrammierung, setzt ein tiefes Verständnis von C++ voraus.).

Scott Meyers: *Effektiv C++ Programmieren – 55 Möglichkeiten, Ihre Programme und Entwürfe zu verbessern*. 1. Aufl. Addison-Wesley, 2006, ISBN 3-8273-2297-9 (Zur Vertiefung bereits vorhandener C++-Kenntnisse.).

Bjarne Stroustrup: *Programming – Principles and Practice Using C++*. Addison-Wesley, 2008, ISBN 978-0-321-54372-1 (Einführung in die Programmierung; Standardwerk für Einstiegsprogrammierkurse an der Universität Texas A&M).

Bjarne Stroustrup: *Die C++-Programmiersprache*. 4. Aufl. Addison-Wesley, 2009, ISBN 978-3-8273-2823-6 (Standardwerk zu C++, Grundkenntnisse in C von Vorteil).

Dirk Louis: C++ Das komplette Starterkit für den einfachen Einstieg in die Programmierung. 1. Aufl. Hanser, 2014, ISBN 978-3-446-44069-2 (Umfangreiche strukturierte Darstellung der Programmiersprache C++).

Gundolf Haase: Einführung in die Programmierung – C/C++. Uni Linz 2003/2004. http://www.numa.uni-linz.ac.at/Teaching/Lectures/Kurs-C/Script/html/main.pdf. (Kostenlose umfangreiche Einführung in C und C++).

Heinz Tschabitscher: Einführung in C++. http://ladedu.com/cpp/zum_mitnehmen/cpp_einf.pdf. (Kostenlose Einführung in C++).

Ulrich Breymann: *C++ lernen – professionell anwenden – Lösungen nutzen*. 4. überarbeitete Aufl. Addison-Wesley, 2015, ISBN 978-3-446-44346-4 (C++-Einführung aus dem Hochschulumfeld).

1.4   Softwaredownload und Installation

Für Ausbildungszwecke an Schulen, Hochschulen und Universitäten bietet Microsoft im Internet Downloads einer Freeware-Version des Microsoft Visual Studios an, welche neben C++ auch C# unterstützt. So ist das Visual Studio Community 2017 eine kostenlose, mit allen Funktionen ausgestattete IDE () für Schüler, Studenten und einzelne Entwickler. Es kann unter

www.visualstudio.com/de/downloads

heruntergeladen werden. Diese Programmierumgebung kann auch über die Ausbildung hinaus, jedoch grundsätzlich nur zu privaten Zwecken, genutzt werden.

In diesem Buch werden wir mit dieser Software arbeiten. Nach dem Download der Datei *vs_Community* kann diese, über einen Klick mit der rechten Maustaste, als Administrator ausgeführt werden. Einige wenige intuitive Schritten weiter wird folgendes Menü angezeigt, in welchem

- unter *Workloads* folgende Pakete,
- unter *einzelne Komponenten* nichts und
- unter *Sprachpakete* zumindest *Deutsch*

ausgewählt werden sollten.

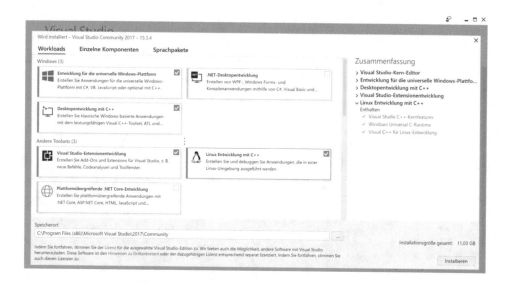

Nun ist nur noch der Button *Installieren* zu klicken. Die Installation benötigt plattform-abhängig etwa eine halbe Stunde und schließt mit der Anmeldung am Microsoft Konto ab.

Für die Implementierung eines C++-Compilers können grundsätzlich auch folgende Software-Releases genutzt werden:

- Der in Microsoft Visual C++ enthaltene Compiler ist für komerzielle Zwecke kosten-pflichtig, aber sehr weit verbreitet.
- Der GNU Compiler Collection (GCC) ist freeware. G++ unterstützt eine Viel-zahl von Betriebssystemen, wie Unix, Linux, Mac OS X aber auch Windows, und Prozessorplattformen.
- Auch der Comeau C++-Compiler ist Freeware. Dessen sogenanntes „Front-End", also der Teil, der die Analyse-Phase implementiert, ist auch in vielen anderen kommerziel-len C++-Compilern integriert.
- Der Intel C++-Compiler erzeugt Maschinencode für Intel-Prozessoren unter den Betriebssystemen Microsoft Windows, Linux und MacOS X. Der erzeugte Code ist für diese Prozessoren optimiert, wodurch die Programme dort besonders effizient arbeiten.
- Clang hingegen ist ein Frontend für die von Apple geförderte plattformübergreifende Compilerinfrastruktur LLVM.

Erste Schritte und strukturiertes Programmieren*⁾: Programme und Daten

2

*) siehe Programmierparadigmen

2.1 Das Programm "Hallo Welt!"

Programme – und wie sie das Laufen lernen

Das englische Wort Computer heißt übersetzt ins Deutsche Rechner. Rechner können im Allgemeinen nur Zahlen verarbeiten.

Auf Rechnern laufende Applications oder auch nur kurz Apps – auf deutsch Anwendungen – können jedoch nicht nur Zahlen, sondern auch Buchstaben, Texte, Bilder, Töne, Filme, … einlesen, verarbeiten und ausgeben (EVA-Prinzip). Sie bauen hierzu über Schnittstellen auch Telefon-, Internet-, Bluetooth-Verbindungen, … auf und aktivieren Bildschirme, Lautsprecher, Scanner, Drucker und vieles mehr.

Um vom Prozessor (der Central Processing Unit (CPU)) im Rechner abgearbeitet werden zu können, müssen solche Apps letztendlich ausschließlich als Zahlenketten vorliegen.

Nun kann man ein Programm (eine App) grundsätzlich auch in Form eines Zahlencodes schreiben. Doch verliert hierbei selbst der beste Programmierer, bei entsprechend anspruchsvollen Programmen, sehr schnell die Übersicht beim programmieren. Deshalb gibt es spezielle Programme, sogenannte Compiler – auf deutsch Übersetzer –, welche aus systematisch aufgebautem, lesbarem Programmcode letztendlich die erforderlichen Zahlenketten generieren.

Voraussetzung hierfür ist, dass eine App programmiert wurde, d. h. der Programmcode in einem meist speziell hierfür vorgesehenen Editor geschrieben und als Quellcode-Datei abgespeichert wurde. Danach ist diese Quellcode-Datei zu Compilieren, d. h. sie ist mit dem Compiler aufzurufen, welcher sie in letzter konsequenz in Zahlenketten übersetzt und schließlich als Executable – auf deutsch ausführbare Datei – abspeichert. Abschließend

© Springer Fachmedien Wiesbaden GmbH, ein Teil von Springer Nature 2018
A. Stadler, M. Tholen, *Das C++ Tutorial*,
https://doi.org/10.1007/978-3-658-21100-4_2

kann man die App ausführen, d. h. durch Einfach- oder Doppelklick auf das Executable die App mit all ihren Funktionen laufen lassen.

Hierbei unterscheidet man grundsätzlich zwischen maschinennahen und höheren Programmiersprachen. Maschinennahe Programmiersprachen befinden sich noch sehr nahe an den vom Prozessor abzuarbeitenden Zahlen und verursachen bei anspruchsvolleren Apps sehr umfangreichen Quellcode. Höhere Programmiersprachen sind dem entgegen meist sehr nahe an der Funktionsweise der Apps und können sehr effizient programmiert werden. Die Hauptarbeit übernimmt bei den höheren Programmiersprachen ein leistungsstarker Compiler.

Die in diesem Buch behandelte Programmiersprache C++ stellt hier eine Ausnahme dar. Als objektorientierte Programmiersprache gehört sie einerseits zu den leistungsstärksten höheren Programmiersprachen überhaupt, andererseits erlaubt sie Speicherplatz im Prozessor direkt zu verwalten, ..., wodurch sie auch zu den maschinennahen Programmiersprachen zählt.

Diese Ausnahmestellung der Programmiersprache C++ ermöglicht es, mit ihr nicht nur Apps zu schreiben, sondern auch ganze Betriebssysteme wie UNIX, Linux, Android, iOS, DOS, Windows, ... Auf beides wird in diesem Buch grundlegend eingegangen.

In diesem Buch werden wir immer einen Quellcode im Editor des Microsoft Visual Studios generieren und diesen durch einen einfachen Klick auf einen Software-Button übersetzen. Das erzeugte Executable wird dann in der Regel auch umgehend ausgeführt.

Der Quellcode eines C++-Programms, das beispielsweise auf die Standard-Ausgabe – ein DOS-Fenster – den Text: „Viel Spaß nun mit C++!" schreibt und nach dem Drücken einer beliebigen Taste dieses Fenster wieder schließt, sieht wie folgt aus:

```
#include <iostream>

int main()
{
        std::cout << "Viel Spaß nun mit C++! \n";

        system("pause");
        return 0;
}
```

Nach Eingabe dieses Quellcodes in den Editor, ist das Programm noch zu Compilieren, indem man auf den Button

klickt.

Machen Sie sich nun bitte Gedanken darüber, welche Funktion jede Programmzeile im Programmablauf übernimmt.

Nebenbei

Um aus einem beliebigen Quellcode ein ausführbares Programm zu generieren, benötigt man einen Compiler, d. h. ein Programm, das den Quellcode in ein Executable übersetzt. Dieser Compiler ist somit selbst auch ein ausführbares Programm.

Wie war es nun möglich den allerersten Compiler der Welt zu compilieren, wenn es zu diesem Zeitpunkt noch überhaupt keinen Compiler gab? Dieses Problem entspricht der Frage, welches von Beidem, das Ei oder die Henne, zuerst auf der Welt war. Versuchen Sie dies bei Interesse selbst in der Geschichte der Informatik zu recherchieren!

▶ **Aufgabe** Schreiben Sie ein Programm, mit welchem Sie auf der DOS-Standard-ausgabe die Textzeile "Hallo Welt!" ausgeben.

Compilieren Sie dieses Programm und lassen Sie es laufen. Beenden Sie es durch Anklicken einer beliebigen Taste.

Vorgehen

Wir verwenden hierzu das *Microsoft Visual Studio*, welches in der Hauptmenü-Zeile eingangs, wie bei allen anderen Windows Applikationen auch, die Punkte Datei, Bearbeiten, Ansicht sowie letztendlich Fenster und Hilfe beinhaltet. Zudem sind hier noch die Menüpunkte Projekt, Erstellen, Debuggen, Team, Extras, Test und Analysieren zu finden.

Unter Projekt und Erstellen kann auf wesentliche Leistungsmerkmale zur Erstellung von Programmen zugegriffen werden. Team und Extras beinhalten additive Leistungsmerkmale für die Programmierung. Analysieren bietet Programmiercodeanalysen an. Fertige Programme können letztendlich mit den Hauptmenüpunkten Debuggen und Test übersetzt und laufen gelassen werden.

Zum Erstellen eines neuen Projekts wählt man im *Hauptmenü*

Datei / Neu / Projekt.

(**Nebenbei:** Öffnen Sie das fertig erstellte Projekt auch einmal über Datei / Öffnen / Projekt und betrachten Sie sich den Pfad für dieses Projekt im zwischenzeitlich offenen Windows-Explorer!)

Es öffnet sich das Fenster *Neues Projekt*, in welchem Voreinstellungen für das Projekt vorgenommen werden können.

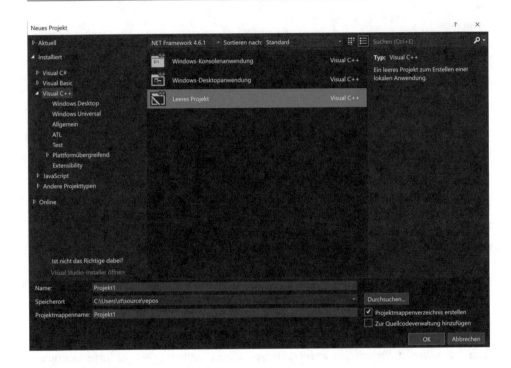

Im linksbündigen Menü wählen wir für unser „Hallo Welt!" Programm

Installiert / Visual C++

und im zentralen Bereich des Fensters ein

Leeres Projekt

aus.

Diese Auswahl wird im rechten Fensterbereich nochmals als Kommentar zusammengefasst. Im unteren Fensterbereich können noch der *Name*, der *Speicherort* und die *Projektmappe* für dieses Programm gewählt werden. Als Name wählen wir hier nun anstatt *Projekt1*

Hallo Welt

und bestätigen dieses Setup mit *OK*.

Am rechten Bildschirmrand der Projektmappe befindet sich der Projektmappen-Explorer und in diesem die Projektmappe für unser Projekt Hallo Welt. Dieses kann Verweise, externe Abhängigkeiten, Header-Dateien, Quellcode-Dateien und Recourcendateien beinhalten.

Diese sind alle optional mit Ausnahme einer Quellcode-Datei, nämlich derjenigen für unser Hauptprogramm *main( )*. Um dieses anzulegen, ist mit der rechten Maustaste auf den Ordner *Quellcode-Dateien* zu klicken und *Hinzufügen/Neues Element* zu wählen.

Im sich öffnenden Fenster ist dann *C++-Datei* auszuwählen und gegebenenfalls der *Name* zu ändern (hier *Quelle.cpp* in *main.cpp*). Mit *Hinzufügen* wird dann der Editor für das generieren des Programmcodes geöffnet und im Ordner *Quellcode-Dateien* das Programm ergänzt.

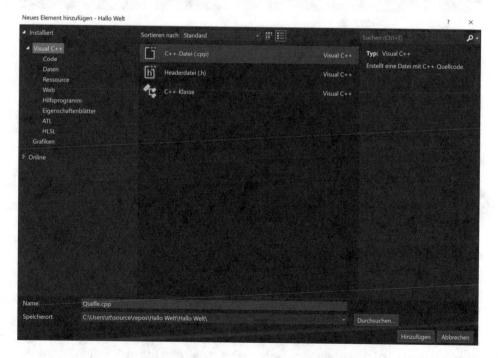

In den Editor ist dann die Syntax für unsere App Hallo Welt einzugeben, wobei die farbliche Hervorhebung bei korrekter Eingabe automatisch erfolgt.

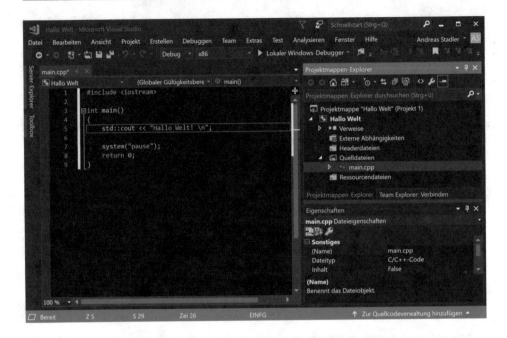

Dieser Quelltext erzeugt nach dem Compilieren und Binden der Programmteile auf der Standardausgabe (einem DOS-Fenster) die Ausgabe „*Hallo Welt!*":

```cpp
#include <iostream>

int main()
{
    std::cout << "Hallo Welt! \n";

    system("pause");
    return 0;
}
```

Der Präprozessorbefehl `#include` bindet Standardbibliotheken und Header-Dateien ein, die typischerweise Deklarationen von Variablen und Funktionen enthalten. Der Header

```cpp
#include <iostream>
```

ist Teil der C++-Standardbibliothek und deklariert unter anderem die Standardeingabeströme `std::cin` und die Standardausgabeströme `std::cout` – für die aus der C-Standardbibliothek bekannten Objekte `stdin` und `stdout`. Mit dem folgenden Befehl können auch eigene Header-Dateien in das Programm mit eingebunden werden:

```cpp
#include "Header.h"
```

Diese sind dann natürlich vorab wie auch die Quellcode-Datei main.cpp in Visual C++ anzulegen. Dazu ist im Projektmappen-Explorer in der Projektmappe HelloWorld mit der rechten Maustaste auf den Ordner Header-Datei zu klicken und ein neues Element hinzuzufügen. Der Typ dieses Elements ist auf Header-Datei zu setzen und der Name der Header-Datei einzugeben.

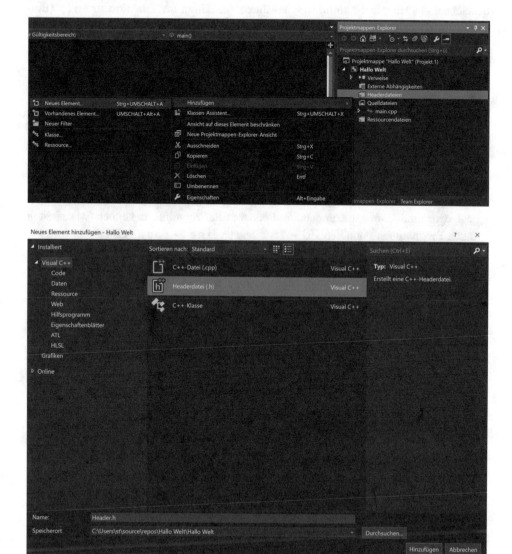

Im Gegensatz zu C besitzen Header der C++-Standardbibliothek nicht zwingend Dateiendungen.

```
int main()
{


}
```

bezeichnet das Hauptprogramm, welches durch Ausführen der Funktion `main()` (Einsprungpunkt) aufgerufen wird. Aus dem Hauptprogramm, wie auch aus allen Unterprogrammen, können weitere Unterprogramme (Funktionen) aufgerufen werden. Die Funktion `main()` selbst darf allerdings in einem C++-Programm nur einmal (d. h. nicht rekursiv) aufgerufen werden.

Entsprechend dem Standard werden zwei Signaturen für die Funktion `main()` unterstützt.

- Eine Signatur ohne Funktionsparameter – `int main()`: Gibt `main()` keinen Wert zurück, so ist für den Rückgabewert 0 anzunehmen *(return 0;)*, wenn in der Funktion kein anderslautendes return-Statement vorhanden ist.
- Eine Signatur, die einen Integer (`argc`) und einen Zeiger auf Zeiger auf `char` (`argv`) entgegennimmt, um auf Kommandozeilenparameter zugreifen zu können (was nicht in allen Programmen vonnöten ist) – `int main(int argc, char **argv)`: Implementierungen dürfen darüber hinaus weitere Signaturen für `main()` unterstützen, alle müssen jedoch den Rückgabetyp `int` (Integer) besitzen, also eine ganze Zahl zurückgeben. Hierauf wird später noch explizit eingegangen.

Die erste Befehlszeile beinhaltet aus der Standardbibliothek `std` (Namensraum Standard = std) die Funktion `cout` (C Ausgabe = cout). Der Namensraum wird von der in ihm enthaltenen Funktion durch zwei direkt aufeinander folgende Doppelpunkte getrennt. Der Ausgabeoperator `<<` verknüpft dann die Ausgabefunktion mit deren Wert `"Hallo Welt! \n"`. Abgeschlossen wird jede Befehlssequenz durch ein Semikolon.

```
std::cout <<"Hallo Welt! \n";
```

`\n` ist hierin der Zeilenumbruch (new line), der auch durch `\r` (return) ergänzt oder durch die Funktion `std::endl` (standard end of line) aus der Standardbibliothek ersetzt werden kann, welche über einen Ausgabeoperator `<<` angehängt werden muss.

Würde das Programm nur diese erste Zeile beinhalten, ließe es sich zwar problemlos kompilieren und ausführen, jedoch würde sofort nach der Ausführung des Programms dieses auch wieder beendet werden und das entsprechende DOS-Fenster ohne gesehen worden zu sein (abhängig von der Geschwindigkeit des Rechners) wieder geschlossen.

Mit der zweiten Zeile ist deshalb das System zu einer Pause zu zwingen:

```
system("pause");
```

Jedes Programm ist eine Funktion, die i.a. Argumente übergeben bekommt und einen Funktionswert zurückliefert. Die Funktion `int main()` liefert beispielsweise einen Funktionswert vom Typ Integer zurück – um das Programm ordnungsgemäß zu beenden eine 0. So führt die dritte Zeile dazu, dass das pausierende Programm – nach Drücken einer beliebigen Taste – durch Zurückliefern einer 0 beendet wird.

```
return 0;
```

Beliebige Funktionen, frei wählbaren Typs, liefern i.a. die Variable des geforderten Funktionswerts, in eben diesem Typ, zurück.

Eine Ausnahme sind hier die Funktionen des Typs `void`. Diese liefern definitionsgemäß überhaupt keinen Funktionswert zurück. Der Funktionswert ist hier innerhalb der Funktion auszugeben, dazu gibt es später noch viele Beispiele.

Debuggt und bei Fehlerfreiheit ausgeführt wird das Programm über den lokalen Windows-Debugger.

Klickt man diesen, so wird nachgefragt, ob das Programm erstellt werden soll.

Beantwortet man diese Frage mit *Ja*, dann beginnt das Programm zu laufen …

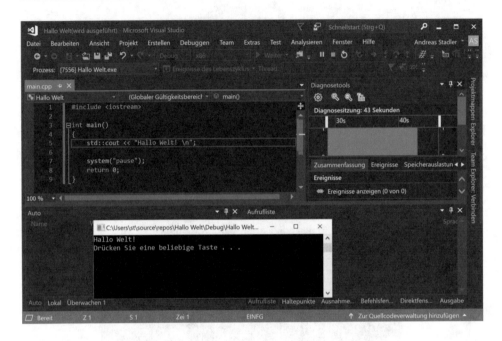

… und die Ausgabe erfolgt über ein DOS-Fenster. In diesem wird einerseits der Text *Hallo Welt!* (`std::cout << „Hallo Welt! \n";`) gefolgt von einer unbefristeten Pause (`system("pause");`) ausgegeben. Andererseits wird dazu aufgefordert durch Drücken einer beliebigen Taste das Programm (über den Befehl `return 0;`) zu beenden.

Das Programm kann alternativ durch Drücken der *Pause* oder *Stopp* Tasten im Programm-Editor Fenster angehalten oder abgebrochen werden.

▶ **Wichtig** Das Hauptprogramm *main()* ist, wie auch alle Unterprogramme, lediglich eine Funktion. Der Aufbau jeder Funktion ist wie folgt:

- Zuerst definiert man den Kopf einer Funktion. Dieser beginnt mit dem Datentyp, der von unserer Funktion zurückgegeben wird, hier *int*, gefolgt vom Namen der Funktion, hier *main*, und ihren Parametern in runden Klammern, *(Argumente)*. Es ist auch möglich, die Klammern leer zu lassen und keine Parameter zu übergeben.
- Zum Schluss definiert man den Körper einer Funktion. Dieser wird in geschwungenen Klammern zusammengefasst, d. h. mit { eingeleitet und mit } beendet. Im Körper findet man Anweisungen, Funktionen, Unterprogrammaufrufe, …, welche in der Funktion ausgeführt werden, wenn diese aufgerufen wird.

Wichtig: Wenn der Datentyp der Funktion (im Kopf) nicht "void" ist, muss ein "return" (im Körper) diesen Datentyp zurückgeben.

Der Compiler (Linker) beginnt bei der Übersetzung des Programms immer bei der main()-Funktion unabhängig vom Namen der Quelldatei. Der Name der main()-Funktion ist somit verbindlich!

▶ **Wichtig** Header-Dateien, die man selbst geschrieben hat, befinden sich im Projektmappen-Explorer im Ordner Headerdateien und werden mit Anführungszeichen versehen `#include "Header.h"` in die Quellcode-Dateien, beispielsweise main.cpp, eingebunden.

Eingebundene Header-Dateien in spitzen Klammern `#include <iostream>` sind in der Standardbibliothek hinterlegt. Diese sind im Hauptmenü unter Debuggen/Eigenschaften von … zu finden.

Eine Übersicht über alle verfügbaren **Inhalte der Standardbibliothek** kann unter

http://www.cplusplus.com/reference/

nachgeschlagen werden. Im alltäglichen Gebrauch wird man durchwegs einige Include-Dateien und die darin enthaltenen Funktionen auswendig beherrschen. Für Spezielle Funktionen ist in der Standardbibliothek nachzuschlagen.

Wählt man dann noch Konfigurationseigenschaften/VC++-Verzeichnisse/Includever-zeichnisse findet man alle eingebundenen Verzeichnisse. Hier jedoch bitte in keinem Fall etwas ändern, da sonst ggf. kein einziges Programm mehr ausgeführt werden kann, in welchem die geänderte Header-Datei enthalten ist.

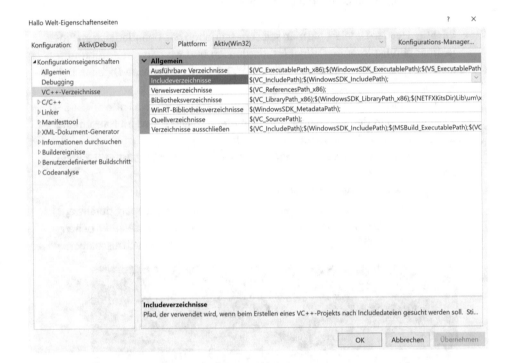

Übrigens ist es völlig unerheblich, welche Extensionen die eingebundenen Dateien haben. Diese haben definitiv keinen Einfluss auf die Funktionsweise des letztendlich gelinkten Programms. Wichtig ist der in den Dateien enthaltene Programmcode.

Nebenbei

Das *Farbschema* des Microsoft Visual Studios kann im Hauptmenü unter *Extras / Optionen* geändert werden. Dazu ist im Fenster Optionen Umgebung anzuklicken und im Farbschema zwischen Blau, Dunkel und Hell zu wählen.

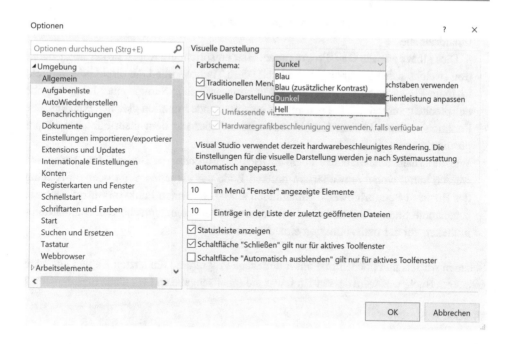

2.2   Argumente und Rückgabe-Werte der Funktion int main(int argc, char **argv)

Programmieren wie im Buch

Das erste Programm haben wir nun schon geschrieben, es ist noch etwas einfach gewesen, weist aber schon die wesentlichen Merkmale eines jeden C++-Programms auf.

Wie auch bei Büchern, spricht man bei Programmen vom *Schreiben*. Dies ist aber nicht die einzige Gemeinsamkeit die Programme und Bücher haben:

- Wie ein Buch in mehrere Kapitel eingeteilt wird, so werden umfangreiche Programme in mehrere Unterprogramme, auch Funktionen genannt, eingeteilt.
- Jedes Kapitel in einem Buch hat eine Überschrift und einen Textkörper – dies gilt auch für Funktionen von Programmen, hier heißen sie Funktionskopf und Funktionskörper.
- Der Funktionskopf von C++-Programmen beinhaltet immer den Typ des Rückgabe-wertes der Funktion und den Funktionsnamen, gefolgt von einer runden Klammer, in welcher ggf. die Übergabeparameter der Funktion aufgelistet werden.

  Auch in Kapitel-Überschriften von Büchern werden die Inhalte des Kapitels viel-sagend zusammengefasst.
- Der Funktionskörper von C++-Programmen wird in geschwungene Klammern gehüllt – der Textkörper von Kapiteln wird zwischen zwei Kapitelüberschriften in einer eigenen Schriftgröße dargestellt.

- Nun hat ein Buch nicht nur mehrere Kapitel, sondern auch einen Titel und eine Inhaltsangabe.

  Dies gibt es auch in C++-Programmen. Hier entspricht die Kopfzeile der main-Funktion (welche nahezu immer gleich bleibt!) dem Titel, während die direkt oder indirekt im main-Funktionskörper enthaltenen Funktionsaufrufe in Summe einer Inhaltsangabe entsprechen; verweisen sie doch auf die entsprechende Funktion gleichen Namens. Die Funktionen selbst können hierbei entweder im oder vor dem main-Funktionskörper positioniert sein.
- Wie innerhalb eines Buches auch auf Sekundärliteratur in Bibliotheken verwiesen werden kann, wobei entweder am unteren Ende der aktuellen Seite oder im Anhang des Buches Literaturhinweise einzubinden sind – so können Funktionsaufrufe auch in sogenannte Standardbibliotheken verweisen, wobei die entsprechenden Standardbibliotheken vor der main-Funktion einzubinden sind.

Schauen wir uns nun nocheinmal unser einfaches Programm vom letzten Kapitel an. Wäre dieses ein Buch, was wäre dessen Titel, was die Inhaltsangabe und wo fände man den Text?

```
#include <iostream>

int main()
{
        std::cout << "Hallo Welt! \n";

        system("pause");
        return 0;
}
```

In die Kopfzeile unseres ersten Programms wurden keine Parameter übergeben. Wie auch, welcher Funktionsaufruf (welcher Eintrag in der Inhaltsangabe) könnte schon auf unser Hauptprogramm main (unseren „Buchtitel als Kapitel" des Buches) verweisen – und dennoch, es gibt zwei standardisierte Übergabeparameter auch für unsere „Funktion" main, und diese lauten:

```
int main(int argc, char **argv)
{

}
```

Darüber hinaus besteht unser Programm nur noch aus Funktionsaufrufen (std::cout, system, return), welche wie Literaturverweise auf die eingebundene (#include) Standardbibliothek <iostream> verweisen. Diesen Funktionsaufrufen werden Übergabeparameter ("Hallo Welt! \n", "pause", 0) zugewiesen (<<, (…),).

▶ **Aufgabe** Welche Bedeutung hat die Funktion main() für ein C++ Programm und was steckt hinter den Standard-Argumenten *int argc* und *char **argv* der main(int argc, char **argv)-Funktion? Können Sie dies auch mit einem Programm veranschaulichen?

main.cpp

```cpp
#include <iostream>

int main(int argc, char**argv)
{
        using namespace std;

        for (int i = 0; i< argc; ++i)
        {
                cout << i << " : " << argv[i] << endl << endl;
                                        // gibt den Pfad dieses Programms
                                        // in der Dateistruktur des PCs aus

        }

        system("pause");
        return 0;
}
```

Programmbeschreibung

Die main()-Funktion – genauer die Kopfzeile der main()-Funktion – ist der **Einstiegspunkt** in ein C++-Programm, d. h. die Zeile, in welcher das ausführbare Programm gestartet wird. Ohne die main()-Funktion könnte der Linker kein ausführbares Programm erstellen.

Wie im Kommentar schon erwähnt bezeichnet in der `int main(int argc, char **argv)` Funktion

• der Integer `int argc` die **Anzahl der Argumente** und
• der Pointer auf einen Character-Pointer `char **argv` das Feld mit den Argumenten. Standardgemäß ist dies der **Pfad zur ausführbaren Programmdatei**

Weitere mögliche Übergabe-Parameter der main-Funktion können

```cpp
int main(int argc, char** argv)
int main(int argc, char* argv[])
int main(int a, char** b)
```

sein, wobei der erste Übergabe-Parameter immer ein Integer sein muss. Hierbei ist es unerheblich, welchen Namen die angegebene Variable hat.

Der zweite Übergabe-Parameter kann entweder ein Doppelpointer oder ein Pointer auf ein Feld sein (hierauf wird später eingegangen werden!) – auch hier ist der Variablen-Name unerheblich.

Der Körper der main()-Funktion wird in geschwungene Klammern gefaßt. Diesen bezeichnet man auch als **Anweisungsblock**. Im Anweisungsblock befinden sich die Anweisungen, welche jeweils durch einen Strichpunkt (ein Semikolon) abgeschlossen werden. Durch eine Vielzahl unterschiedlicher Anweisungen werden die Aufgaben des Computer-Programms abgearbeitet. Die Sequenz der Anweisungen kann Wiederholungen, Entscheidungen, ... enthalten.

Wie bereits erwähnt handelt es sich beim Hauptprogramm `main()` auch nur um eine Funktion `int main(int argc, char **argv)`, die – wie nahezu wie jede andere Funktion – einen Rückgabe-Wert zurückliefert. Mögliche **Typen für Rückgabe-Werte** der main()-Funktion sind

```
int main(int argc, char** argv)
unsigned int main(int argc, char** argv)
short main(int argc, char** argv)
long main(int argc, char** argv)
char main(int argc, char** argv)
```

Grundsätzlich können für die main()-Funktion alle Datentypen verwendet werden, die 'verlustfrei' in einen integer umwandelbar sind. Dies muss jedoch nicht jeder Compiler mitmachen, deshalb sollte grundsätzlich Integer verwendet werden. Wird am Ende des Anweisungsblocks

```
return 0;
```

nicht ausdrücklich angegeben, dann übernimmt dies möglicherweise der Compiler selbstständig.

Definitiv nicht zulässig als Typen für den Rückgabe-Wert sind demnach

```
float main(int argc, char** argv)      // Fehler!
double main(int argc, char** argv)     // Fehler!
void main(int argc, char** argv)       // Fehler!
```

Ergänzend zur Einbindung des Headers `#include <iostream>` für Ein- und Ausgabebefehle, erlaubt die Berücksichtigung des Namensbereichs Standardbibliothek

```
using namespace std;
```

im Quellcode die Verwendung einer verkürzten Darstellung u. a. der Ein- und Ausgabebefehle `std::cout` und `std::cin` in Form von `cout` und `cin`.

▶ **Ausgabe** Vergegenwärtigen Sie sich bitte den Zusammenhang zwischen Quellcode und dieser Ausgabe.

```
0 : E:\C++\C++ Programme\2. Funktion - Argumente\Debug\2. Funktion - Argumente.exe

Drücken Sie eine beliebige Taste . . .
```

▶ **Wichtig Kommentare** können entweder zwischen die beiden Zeichenfolgen /* und */ über mehrere Zeilen hinweg eingeschlossen oder innerhalb einer Zeile nach zwei aufeinander folgenden Schrägstrichen // eingefügt werden.

/* Ich bin ein Kommentar! */
// Ich bin ein Kommentar!

▶ **Wichtig** Noch ein Wort zum **Programmierstil**: Grundsätzlich könnten Sie jedes Programm in nur einer Zeile schreiben, solange Ihr Programm-Editor dies zulässt und Sie nicht gegen die C++-typische Syntax verstoßen. Es ist aber sehr mühsam ein solches Programm zu lesen oder darin sogar einen Fehler zu finden.

Sinnvoll ist es daher ein Programm – wie auch einen Aufsatz – systematisch zu strukturieren. Hierzu gehört ein gleichmäßiges Einrücken der Anweisungen, Schleifen, Entscheidungen, … und die Verwendung nur einer Anweisung je Zeile. Dies übernimmt im Visual Studio der Programm-Edior meist selbst – auch gibt der Compiler bei einfachen Syntax-Fehlern die Zeilennummer aus, in welcher der Fehler auftritt.

▶ **Wichtig** Noch kurz zu den Symbolen **i++ und ++i**: In beiden Fällen wird der Variablen i ihr Inkrement zugewiesen, i = i + 1. Jedoch verdeutlicht folgendes kleines Programm, dass in der ersten Ausgabezeile zuerst ausgegeben und dann um eins erhöht, in der zweiten Zeile hingegen die Inkrementierung vor der Ausgabe von i vorgenommen, weshalb zuerst eine 0 und dann eine 2 (= 1 (erste Zeile) + 1 (zweite Zeile)) augegeben wird.

```cpp
#include <iostream>

using namespace std;

int main(int argc, char **argv)
{
        int i = 0;
        cout << i++ << endl;
        cout << ++i << endl;

        system("pause");
        return 0;
}
```

▶ **Ausgabe**

```
0
2
Drücken Sie eine beliebige Taste . . . ▄
```

2.3   Ausführbare Programme

Ordnung muss sein: Die Dateistruktur eines compilierten Programms

Generieren Sie wieder ein leeres Projekt, ohne dieses mit einem Namen zu versehen, und geben beispielsweise den soeben im vorangegangenen Kapitel gezeigten Quellcode in den Programm-Editor ein

```cpp
main.cpp*

Projekt1          (Globaler Gültigkeitsbere    main(int argc, char ** arg

  1    #include <iostream>
  2
  3    using namespace std;
  4
  5    int main(int argc, char **argv)
  6    {
  7        int i = 0;
  8        cout << i++ << endl;
  9        cout << ++i << endl;
 10
 11        system("pause");
 12        return 0;
 13    }
```

dann erhalten Sie nach Aktivierung des Lokalen Windows Debuggers

unter Ihrem Account im Ordner source\repos\Projekt1 folgende Dateistruktur für das soeben angelegte Projekt1.

Hierin kann über die Microsoft Visual Studio Solution Datei  das vorliegende Projekt jederzeit wieder im Microsoft Visual Studio geöffnet und gegebenenfalls
bearbeitet werden.

Im Ordner Debug sind folgende Dateien enthalten.

Bei der Anwendung Projekt1 handelt es sich um die kompilierte und gelinkte Version
des ausführbaren Programms, um die Application (Anwendung) oder einfach um die App.
Durch Doppelklick auf diese exe-Datei wird die geschriebene App ausgeführt. Das Incre-
mental Linker File Projekt1.ilk ist eine Linker-Datei, welche den Pfad zu allen ein-
zubindenden Dateien beinhaltet. Bei der Projekt1.pdb Datei handelt es sich um die
Debugger-Datenbank für diese App.

Im Programmordner Projekt1 hingegen sind folgende Programmdateien enthalten.

Hier enthält 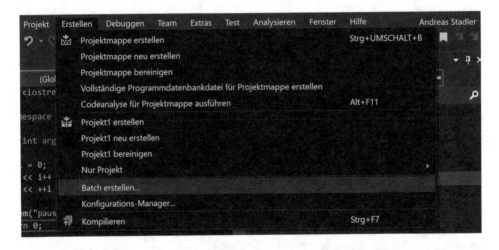 main.cpp den C++-Quellcode des Hauptprogramms – exakt so, wie er im Programm-Editor enthalten ist. Projekt1.vcxproj und Projekt1.vcxproj.filters sind die zugehörigen Visual C++ Projekt-Dateien und Filter. Der Ordner Debug enthält entsprechende *.tlog- sowie *.obj- und *.idb- bzw. *.pdb-Dateien.

▶   **Aufgabe** Wo findet man das vom Compiler erzeugte ausführbare Programm, die Anwendung – kann der Speicherort geändert werden? Wo kann die Plattform, Win32 oder x64, vorgewählt werden auf welcher die Applikation laufen soll – wo die Konfiguration, Debug oder Release, der App? Welchen Einfluss haben diese Einstellungen auf die Laufgeschwindigkeit der App?

Vorgehen

Welche Dateien vom Compiler wo erstellt werden kann im Hauptmenü unter dem Menüpunkt Erstellen beeinflusst werden. So kann man über

Erstellen / Batch erstellen

durch Setzen von Häckchen in der Spalte *Erstellen* wählen, ob es sich bei der Konfiguration um eine Debug- oder Release-Version handeln soll und ob diese auf einer Win32- oder x64-Plattform laufen soll. Abschließend ist der Software-Button *Erstellen* zu klicken.

Die Geschwindigkeit eines laufenden Programms nimmt in der unten gezeigten Liste von oben nach unten zu. Startet man ein Programm aus dem Visual Studio heraus mit dem lokalen Windows-Debugger, dann läuft es deutlich langsamer, als wenn man eine Release-Version aus dem Windows-Explorer heraus startet.

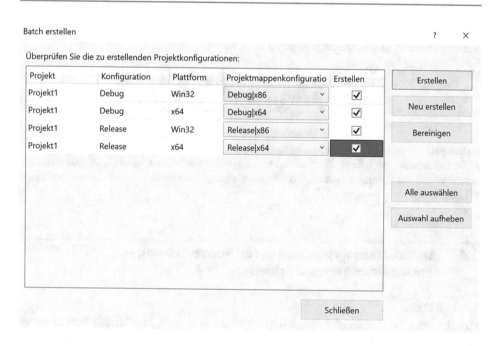

Im eigenen Projekt-Ordner werden durch das Setzen aller Häkchen neben den bereits vor-handenen Ordnern und Dateien die Ordner *Release* und *x64* ergänzt.

- Für *Win32-Plattformen* werden somit über den *Release* Ordner entsprechende ausführ-bare Anwendungen (Apps), *.iobj-, *.pdb- und *.ipdb-Dateien erzeugt.
- Für *x64-Plattformen* wird im Ordner x64 neben einem analogen *Release* Ordner auch ein entsprechender *Debug* Ordner erstellt. Diese beiden Ordner beinhalten Ordner und Dateien, welche denjenigen der Win32-Plattform entsprechen.

All diese Ordner und Dateien – insbesondere die Debug-Versionen – sind i.A. vorort zu belassen, um den Zugriff über das Visual Studio nicht zu gefährden.

Mit Doppelklick auf die Anwendung ⊡⊡ Projekt1.sln lässt sich die App letztendlich starten, wodurch folgende Ausgabe generiert wird.

Nebenbei

Mehr Information zur selbständigen Entwicklung von Ausführbaren Dateien – sogenannten Executables – mit der Programmendung *.exe finden Sie beispielsweise unter https://de.wikipedia.org/wiki/Brainfuck

2.4   Daten, Datentypen und deren Konvertierung – Entscheidungen und Schleifen

Typisch Daten

Physikalische Größen werden meist durch Variablen, z. B. v, beschrieben und bestehen immer aus einem Zahlenwert, z. B. 5, und einer Einheit, z. B. km/h. Ganz analog gibt es auch in der Informatik Variablen, welche einen Wert und einen Typ besitzen. Während es sich bei den Werten in der Physik ausschließlich um Zahlenwerte handelt, können es in der Informatik ganz unterschiedliche Zeichen und Zeichenketten sein. Dies hängt strikt vom Typ der Variablen ab.

Betrachten wir uns das an einem Beispiel:

Physik:	Gegeben:	Weg s = 10km, Zeit t = 2h
	Gesucht:	Geschwindigkeit v
	Lösung:	Geschwindigkeit = Weg / Zeit = v = s / t
		= 10km / 2h = 5 km/h

```
Informatik:   // <Variablen-Typ> <Variablen-Name> = <Variablen-Wert>;
              int s = 10;
              int t = 2;

              // <Variablen-Typ> <Variablen-Name> = <Variablen-Name> / <Variablen-Name>
              int v = s / t;
              cout << v;
```

Während in der Physik der Weg die Einheit km, die Zeit die Einheit h und die Geschwindigkeit die Einheit km/h haben, sind in der Informatik alle drei Größen vom Typ Integer, d. h. ganze Zahlen.

Computer (Rechner) können nur Zahlen verarbeiten – und streng genommen auch nur binäre Zahlen. Um alle denkbaren Typen von Zeichen und Zeichenketten für den Computer verarbeitbar zu machen, verwendet man die sogenannte ASCII-Tabelle. Diese ordnet jedem Zeichen eine dezimale, oktale oder binäre Zahl zu. Jedwede Umwandlung eines Datentyps in einen anderen bezeichnet man als Typ-Konvertierung.

Ein Analogon zur Typkonvertierung in der Physik ist beispielsweise die Umwandlung von 2,54 cm (USA) oder 2,53995 cm (GB) in 1 inch oder die Umrechnung vom Bogenmaß des Einheitskreises, z. B. $\pi/2$, in das entsprechende Gradmaß, 90°.

Wie im oben gezeigten Beispiel bereits zu sehen war, kann nur mit Variablen gleicher Einheiten (Physik) bzw. gleichen Typs (Informatik) gerechnet werden. Dies gilt in der Informatik auch für Typen, deren Werte keine Zahlen sind (vgl. ASCII-Tabelle).

Grundsätzlich sind Typkonvertierungen in der Informatik sehr diszipliniert durchzuführen. Dies, da beispielsweise bei der Konvertierung nicht-abzählbarer Typen in abzählbare Typen, wie beispielsweise floats in integer, Informationsgehalte durch Rundung verloren gehen oder bei der rechentechnischen Verknüpfung eines integers mit einem konvergierten character (ASCII-Code!) möglicherweise nur unsinnige Ergebnisse zu erwarten sind.

▶   **Aufgabe** Deklarieren und Definieren Sie Variablen mit folgenden Datentypen und weisen sie ihnen entsprechende Werte zu:
Integer, Float, Double, Character, String, Array, Vector, Boolean.
Konvertieren Sie bitte Zahlen des Typs Double (Gleitkomma-Zahlen, doppelter Größe) in einerseits Zahlen des Typs Float (Gleitkomma-Zahlen, einfacher Größe) und andererseits Zahlen des Typs Integer (Ganze Zahlen).
Verwenden Sie hierzu sowohl explizite als auch implizite Methoden zur Typ- Konvertierung.
Geben Sie diese Werte letztendlich auch auf den Bildschirm aus.

main.cpp

```cpp
#include <iostream>
#include <string>
#include <array>                          // für array2
#include <vector>
#include <typeinfo>

#define strg1 "Hallo "                    // Makro
#ifndef Welt
#define strg2 "Welt!"
#else                                     // ggf. Alternative
#endif

typedef std::string typeString;           // Typedef ausserhalb von main()

int main()
{
        using namespace std;

        // Integer, Ganze Zahl

        cout << "Ganze Zahlen (Integer): " << endl << endl;

        int int1;                         // Deklaration
        int1 = 11;                        // Definition (notwendig!)
        int int2 = 12;                    // Deklaration und Definition, 1. Möglichkeit
        int int3 = { 13 };                // Deklaration und Definition, 2. Möglichkeit
        int int4{ 14 };                   // Deklaration und Definition, 3. Möglichkeit
        int int5 = int2;                  // Analoge Deklaration für Variablen ...
        int int6 = { int3 }, int7{ int4 }; // Variablen gleichen Typs gemeinsam
                                          // deklarieren und definieren

        cout << "Integer 1 :" << int1 << endl; // liefert Fehler, wenn Variable nicht
        cout << "Integer 2 :" << int2 << endl; //definiert wird
        cout << "Integer 3 :" << int3 << endl;
        cout << "Integer 4 :" << int4 << endl;
        cout << "Integer 5 :" << int5 << endl;
        cout << "Integer 6 :" << int6 << endl;
        cout << "Integer 7 :" << int7 << endl << endl;

        // Float, Double, Komma-Zahlen (einfacher und doppelter Größe)

        cout << "Kommazahlen (Float, Double): " << endl << endl;

        int int8, int9, int10;
        float flo1 = 3.1415f;             // f = float, L = long, LL = long long, ...
        float flo2, flo3, flo4;
        double dou1 = 3.14159265358979323846264338327950288e+00;
        cout.precision(40);               // Beschränkt die Ausgabe von Zahlen auf
                                          // 40 zählende Stellen
```

```
cout << "Float  :" << flo1 << endl << endl;
cout << "Double :" << dou1 << endl << endl;

// Typ-Konvertierungen

cout << "Explizite Typ-Konvertierungen: " << endl << endl;

int8 = (int)dou1;               // Explizite Typumwandlungen
flo2 = (float)dou1;

cout << "Integer :" << int8 << endl;
cout << "Float  :" << flo2 << endl;
cout << "Double :" << dou1 << endl << endl;

int9 = static_cast<int>(dou1);   // Explizite Typumwandlungen
flo3 = static_cast<float>(dou1);

cout << "Integer :" << int9 << endl;
cout << "Float  :" << flo3 << endl;
cout << "Double :" << dou1 << endl << endl;

cout << "Implizite Typ-Konvertierungen: " << endl << endl;

int10 = dou1;                   // Implizite Typumwandlungen
flo4 = dou1;

cout << "Integer :" << int10 << endl;
cout << "Float :" << flo4 << endl;
cout << "Double :" << dou1 << endl << endl;

// Character, Zeichen

cout << "Zeichen (Character): " << endl << endl;

char char1 = 'c';          // Deklaration und Definition
char char2 = 99;           // Definition mit Dezimalzahl des ASCII-Codes, hier 99 für c
char char3 = '\143';       // Definition mit Oktalzahl des ASCII-Codes, hier '\143' für c
char *pointer1 = "char1";

cout << "Character 1 : " << char1 << endl;
cout << "Character 2 : " << char2 << endl;
cout << "Character 3 : " << char3 << endl;
cout << "Character-Pointer 1 : " << *pointer1 << endl << endl;

// String, Zeichenkette

cout << "Zeichenketten (Strings): " << endl << endl;

string strg3 = "Hallo Welt!";
using myString = string;               // Typedef in main()
myString strg4 = "Hallo Welt!";
typeString strg5 = "Hallo Welt!";       // Typedef ausserhalb von main()
```

```cpp
cout << "String: " << endl;
cout << "String :   Hallo Welt! \n\r";
cout << "String 1+2 :" << strg1 strg2 << endl;
cout << "String 3 : " << strg3 << endl;
cout << "String 4 : " << strg4 << endl;
cout << "String 5 : " << strg5 << endl << endl;
cout << "Laenge eines Strings:" << endl;
cout << "sizeof(strg3) = " << sizeof(strg3) << endl << endl;
cout << "String-Komponenten: " << endl;
cout << "strg3[0] = " << strg3[0] << endl;
cout << "strg3[1] = " << strg3[1] << endl;
for (int i = 2; i < 5; i++)
{
        cout << "strg3.at(" << i << ") = " << strg3.at(i) << endl;

}
cout << endl;

// Array, Feld

cout << "Felder (Arrays): " << endl << endl;

char array1[4] = { 'a','b','c','\0' };      // Zumindest char array[4] = { '\0' }; initialisieren
                                            // und dann später das Feld füllen

std::array<int, 4> array2;                  // Array (= Klassen-Template) (Klassen und
                                            // Templates werden später behandelt!)

for (int i = 0; i < 4; i++)
{
        array2.at(i) = i;
}

cout << "Feld: " << endl;
cout << "array1 = " << array1 << endl << endl;
cout << "Feld-Komponenten: " << endl;
cout << "array1[0] = " << array1[0] << endl;
cout << "array1[1] = " << array1[1] << endl;
cout << "array1[2] = " << array1[2] << endl;
cout << "array1[3] = " << array1[3] << endl << endl;
for (int i = 0; i < 4; i++)
{
        cout << "array2.at(" << i << ") = " << array2.at(i) << endl;
}
cout << endl;
cout << "Laenge eines Feldes:" << endl;
cout << "sizeof(array1) = " << sizeof(array1) << endl;
cout << "array2.size() = " << array2.size() << endl << endl;

// Vector, Vektor

cout << "Vektoren (vectors): " << endl << endl;
cout << "Komponenten eines Vektors:" << endl;
std::vector<int> vec1{ 1,9,6 };   // Vektor (= Klassen-Template)
auto vec2 = { 7L,9L,6L };         // durch L = long wird der Datentyp automatisch
for (int i = 0; i < vec1.size(); i++) // festgelegt
```

```
{
        cout << "vec1.at(" << i << ") = " << vec1.at(i) << endl;   // Zugriffsmöglichkeit 1
}
cout << endl;
cout << "Laenge eines Vektors:" << endl;
cout << "vec1.size() = " << vec1.size() << endl;    // Länge des Vektors erfragen
vec1.push_back(7);                                  // Fügt am Ende ein Element ein
cout << "vec1.size() = " << vec1.size() << endl << endl;
for (int i = 0; i < vec1.size(); i++)
{
        cout << "vec1[" << i << "] = " << vec1[i] << endl;        // Zugriffsmöglichkeit 2
}
vec1.pop_back();                                    // Entfernt am Ende ein Element
cout << endl << "vec1.size() = " << vec1.size() << endl << endl;
cout << "empty(vec1) = " << empty(vec1) << endl;
vec1.pop_back();                                    // Vektor leer (Rückgabewert vom
vec1.pop_back();                                    // Typ bool)?
vec1.pop_back();
cout << "empty(vec1) = " << empty(vec1) << endl << endl;

// Union (Struktur, Klasse)

cout << "Union (Union) (Struktur (Structure), Klasse (Class)): " << endl << endl;

union union_type                                    // Typ-Definition für union_type
{
        int intu;                                   // Eigenschaften von union_type
        char charu;
};

union_type union1, union2;                          // Deklaration der Variablen union1
                                                    // und union2 mit dem Tpy union_type
union1.intu = 1;
cout << "union1.intu = " << union1.intu << endl;
union1.charu = 'a';                                 // Zugriff auf die Eigenschaft charu der
                                                    // Variablen union1 vom Typ union_type
cout << "union1.arrayu = " << union1.charu << endl;
union2.intu = 2;
cout << "union2.intu = " << union2.intu << endl;
union2.charu = 'b';                                 // Zugriff ...
cout << "union2.arrayu = " << union2.charu << endl << endl;
// Aufzählungsdatentyp (Struktur, Klasse)
cout << "Aufzaehlungsdatentyp (Enumeration Class): " << endl << endl;
enum class enum_type { null=0, eins, zwei };        // Typ-Definition für enum_type
//enum class enum_type : int { null, eins, zwei };  // Typ-Definition mit int
                                                    // (Standard, s.o.) für enum_type
//enum class enum_type : char { null, eins, zwei }; // Typ-Definition mit char für
                                                    // enum_type (spart Speicherplatz)
enum_type enum1;                                    // Deklaration der Variablen enum1
                                                    // mit dem Tpy enum_type
```

```cpp
enum1 = enum_type::null;         // Definition (Initialisierung) der Variablen enum1
enum_type enum2{ enum_type::eins }; // Deklaration und Definition von enum2

if (enum1 == enum_type::null)
        cout << "enum class: Nr. = " << static_cast<int>(enum1) << endl;
if (enum2 == enum_type::eins)
        cout << "enum class: Nr. = " << (int)enum2 << endl << endl;

// Boolean, Boolsche Ausdrücke

cout << "Boolsche Ausdruecke (Boolean): " << endl << endl;
bool bool1 = true;
bool bool2 = !bool1;

if (bool1 == true)               // Alternativ: if(1) => if, if(0) => else.
{                                // if(true == bool1) (Meister) Yoda Schreibweise
        cout << "boolean: true = " << bool1 << endl;
}                                // zur Vermeidung von Fehlern wie if(bool1 = true)
                                 // über den Präprozessor
if (bool2 == false)              // && = UND-Verkn., || = ODER-Verkn. mehrerer
{                                // Bedingungen, ! = NICHT-Operator einer Variablen,
        cout << "boolean: false = " << bool2 << endl << endl;
}                                // Bedingung

// Typ-Informationen aus laufenden Programmen

cout << "Typ-Identifizierung (Type Identification): " << endl << endl;

if (typeid(int1) == typeid(int2))   // Wenn die Typen der Variablen int1 und int2
{                                   // gleich sind ...
        cout << "Typ: " << typeid(int1).name() << " = "
                     << typeid(int2).name() << endl;
}                                   // ... gib die Namen aus
if (typeid(int1) != typeid(char1))  // Wenn die Typen ...
{
        cout << "Typ: " << typeid(int1).name() << " != "
        << typeid(char1).name() << endl << endl;
}

system("pause");
return 0;
}
```

Programmbeschreibung

Eine **Variable** ist zu *deklarieren* int int1;, d. h. sie wird mit **Namen** und **Datentyp** versehen und damit dem Compiler bekannt gemacht, und zu definieren int1 = 12;, d. h. ihr wird ein Wert und damit Speicherplatz zugewiesen, um mit ihr arbeiten zu können. Sinnvollerweise deklariert und initialisiert (definiert) man alle verwendeten Variablen gebündelt zu Beginn des Quellcodes eines Programms int int2 = 13; oder int int4{ 15 };, um zu vermeiden, dass mit nicht vorhandenen Werten von Variablen gerechnet und damit spätestens beim Compilieren ein Fehler generiert wird.

Namen von Variablen müssen mit einem Klein- oder Großbuchstaben (oder einem Unterstrich) beginnen und dürfen Zahlen enthalten. Nicht erlaubt ist, mit Ziffern zu beginnen, Umlaute oder Sonderzeichen zu verwenden. Dies, da Umlaute nicht in allen Sprachen verfügbar sind und Sonderzeichen für den Compiler besondere Funktionen haben können.

Bei den **Basisdatentypen** handelt es sich vorwiegend um **Buchstaben** und **Zahlen** (ganze und rationale Zahlen). Diese werden ergänzt durch **Boolsche Ausdrücke**. Diese können nur entweder wahr oder falsch sein. Dementsprechend können boolsche Ausdrücke hervorragend für einfache Entscheidungen

```
if (bool1 == true)
    {
            cout << "true" << endl << endl;          }
    else
    {
            cout << "false" << endl << endl;
    }
```

herangezogen werden.

Die Standarddatentypen finden Sie in folgender Tabelle. Versuchen Sie sich die nicht behandelten Typen durch Programmierbeispiele anzueignen.

Basisdatentypen	
Name	Typ
Bool	Boolsches Zeichen
signed char	Buchstabe
(unsigned) char	
(signed) int	Ganze Zahl
unsigned int	
Short	
Float	Fließkommazahl
Double	
Long	
long long	
double long	
Void	

Für Variablen wird abhängig vom Datentyp und dem Betriebssystem (d. h. dem Daten-
modell) unterschiedlich viel Speicherplatz zur Verfügung gestellt. Je leistungsstärker ein
Betriebssystem (eine Plattform) ist, desto mehr Speicherplatz kann in angemessener Zeit
verwaltet werden – und wird somit auch zur Verfügung gestellt.

Daten-modell	Datentyp						Betriebssystem / Plattform
	char	short	int	long	long long	void*	
IP16	8	16	16	32	64	16	MS DOS im SMALL memory model
LP32	8	16	16	32	64	32	MS DOS im LARGE memory model
ILP32	8	16	32	32	64	32	übliche 32-Bit-Betriebssysteme
LLP64	8	16	32	32	64	64	Windows auf x86-64 und IA64
LP64	8	16	32	64	64	64	übliche unixoide Betriebssysteme auf 64-Bit-Plattformen
ILP64	8	16	64	64	64	64	SPARC64
SILP64	8	64	64	64	64	64	Unicos (Cray)

Von besonderer Bedeutung im Umgang mit Variablen sind **Typ-Konvertierungen**. Dies,
da Funktionen (z. B. `abs()`, `sqrt()`, …) und Operatoren (z. B. =, +=, …) Argumente
bestimmten Typs benötigen. Sollte jedoch im vorausgehenden Verlauf des Programms
ein anderer Typ ein und derselben Variablen zwingend notwendig sein, ist der Typ dieser
Variablen im Verlauf des Programms zu konvertieren.

Hierbei wird zwischen expliziten und impliziten Typ-Konvertierungen unterschieden.
Implizite Typ-Umwandlungen nimmt der Compiler selbständig vor. Hierbei kommt es
aber beim Compilieren (Übersetzen) des Programms zu Warnungen. Sicherer und in
jedem Fall vorzuziehen ist eine der beiden expliziten Typ-Umwandlungen.

Bei Typ-Konvertierung eines Doubles in einen Integer kommt es zu einem erheblichen
Informationsverlust, wohingegen bei Typ-Umwandlungen in umgekehrter Richtung (vom
Integer zum Double) unnötig Speicherplatz und Rechenzeit verschwendet wird, weshalb
Typ-Umwandlungen möglichst zu vermeiden sind. Meist werden Typ-Konvertierungen
nur innerhalb einer Kategorie von Typen, z. B. Zahlen oder Buchstaben, verwendet. Es
können jedoch mit Hilfe der ASCII-Tabelle auch Buchstaben in Zahlen und umgekehrt
gewandelt werden.

So kann ein Charakter über die Dezimale, Hexadezimale, Oktale, … Zahlendarstellung
in der ASCII-Tabelle definiert bzw. initialisiert werden.

ASCII-Tabelle

Dez	Hex	Okt	ASCII	Dez	Hex	Okt	ASCII	Dez	Hex	Okt	ASCII	Dez	Hex	Okt	ASCII
0	0x00	000	NUL, NULL	32	0x20	040	SP	64	0x40	100	@	96	0x60	140	`
1	0x01	001	SOH, Start of Header	33	0x21	041	!	65	0x41	101	A	97	0x61	141	a
2	0x02	002	STX, Start of Text	34	0x22	042	"	66	0x42	102	B	98	0x62	142	b
3	0x03	003	ETX, End of Text	35	0x23	043	#	67	0x43	103	C	99	0x63	143	c
4	0x04	004	EOT, End of Transmission	36	0x24	044	$	68	0x44	104	D	100	0x64	144	d
5	0x05	005	ENQ, Enquiry	37	0x25	045	%	69	0x45	105	E	101	0x65	145	e
6	0x06	006	ACK, Acknowledgement	38	0x26	046	&	70	0x46	106	F	102	0x66	146	f
7	0x07	007	BEL, Bell	39	0x27	047	'	71	0x47	107	G	103	0x67	147	g
8	0x08	010	BS, Backspace	40	0x28	050	(	72	0x48	110	H	104	0x68	150	h
9	0x09	011	HT, Horizontal Tab	41	0x29	051	)	73	0x49	111	I	105	0x69	151	i
10	0x0A	012	LF, Line feed	42	0x2A	052	*	74	0x4A	112	J	106	0x6A	152	j
11	0x0B	013	VT, Vertical Tab	43	0x2B	053	+	75	0x4B	113	K	107	0x6B	153	k
12	0x0C	014	FF, Form feed	44	0x2C	054	,	76	0x4C	114	L	108	0x6C	154	l
13	0x0D	015	CR, Cariage return	45	0x2D	055	-	77	0x4D	115	M	109	0x6D	155	m
14	0x0E	016	SO, Shift out	46	0x2E	056	.	78	0x4E	116	N	110	0x6E	156	n
15	0x0F	017	SI, Shift in	47	0x2F	057	/	79	0x4F	117	O	111	0x6F	157	o
16	0x10	020	DLE, Data Link Escape	48	0x30	060	0	80	0x50	120	P	112	0x70	160	p
17	0x11	021	DC1, Device Control 1	49	0x31	061	1	81	0x51	121	Q	113	0x71	161	q

ASCII-Tabelle (Fortsetzung)

Dez	Hex	Okt	ASCII	Dez	Hex	Okt	ASCII	Dez	Hex	Okt	ASCII	Dez	Hex	Okt	ASCII
18	0x12	022	DC2, Device Control 2	50	0x32	062	2	82	0x52	122	R	114	0x72	162	r
19	0x13	023	DC3, Device Control 3	51	0x33	063	3	83	0x53	123	S	115	0x73	163	s
20	0x14	024	DC4, Device Control 4	52	0x34	064	4	84	0x54	124	T	116	0x74	164	t
21	0x15	025	NAK, Negative Ackn.	53	0x35	065	5	85	0x55	125	U	117	0x75	165	u
22	0x16	026	SYN, Synchronos Idle	54	0x36	066	6	86	0x56	126	V	118	0x76	166	v
23	0x17	027	ETB, End of Transmission Block	55	0x37	067	7	87	0x57	127	W	119	0x77	167	w
24	0x18	030	CAN, Cancel	56	0x38	070	8	88	0x58	130	X	120	0x78	170	x
25	0x19	031	EM, End of Medium	57	0x39	071	9	89	0x59	131	Y	121	0x79	171	y
26	0x1A	032	SUB, Substitute	58	0x3A	072	:	90	0x5A	132	Z	122	0x7A	172	z
27	0x1B	033	ESC, Escape	59	0x3B	073	;	91	0x5B	133	[	123	0x7B	173	{
28	0x1C	034	FS, File Separator	60	0x3C	074	<	92	0x5C	134	\	124	0x7C	174	|
29	0x1D	035	GS, Group Separator	61	0x3D	075	=	93	0x5D	135	]	125	0x7D	175	}
30	0x1E	036	RS, Record Separator	62	0x3E	076	>	94	0x5E	136	^	126	0x7E	176	~
31	0x1F	037	US, Unit Separator	63	0x3F	077	?	95	0x5F	137	_	127	0x7F	177	DEL, Delete

Strings, also Zeichenketten, sind **keine Basisdatentypen**, sondern eine char-Klasse. Bei Verwendung von Strings ist deshalb die Header-Datei `#include <string>` **einzubinden.**

Zudem können **Typen deklariert** werden. So können beispielsweise Strings nicht nur innerhalb der Funktion `main()` deklariert und definiert werden, sondern auch als sogenanntes Makro oder als typedef außerhalb:

```
#define strg1 "Hallo"
#ifndef Welt
#define strg2 "Welt"

#endif


typedef std::string typeString;
```

Hierbei ist es sinnvoll ungewollte doppelte Eingaben im Kopfbereich der Quellcode-Datei main.cpp durch die Schleife

```
#ifndef Wert
#define Name "Wert"
// else Name "Wert"
#endif
```

abzufangen. Die so definierten Variablen können ebenso wie die in der main()-Funktion definierten auch wieder ausgegeben werden.

```
string strg3 = "Hallo Welt!";
using myString = string;          // Typedef in main()
myString strg4 = "Hallo Welt!";
typeString strg5 = "Hallo Welt!"; // Typedef ausserhalb von main()

cout << "Hallo Welt! \n\r";
cout << strg1 strg2 "\n\r";
cout << strg3 << endl;
cout << strg4 << endl;
cout << strg5 << endl;
```

Der Datentyp **Feld** wird für mehrere, zusammengehörende Variablen, gleichen Datentyps, verwendet. Dies, da hier mehrere Komponenten gleichen Typs zu einer Variablen zusammengefasst werden. Felder von Charactern (Integern, Boolschen Ausdrücken, …) können entweder als ganzes

```
cout << "array1 = " << array1 << endl << endl;
```

oder komponentenweise

```
cout << "array1[0] = " << array1[0] << endl;
cout << "array[1] = " << array1[1] << endl;
...
```

aus- aber auch eingelesen und deren Längen bestimmt werden.

```
cout << "sizeof(array1) = " << sizeof(array1) << endl;
cout << "array2.size() = " << array2.size() << endl << endl;
```

Der Datentyp **Vektor** ist letztendlich ein flexibler ausgelegtes Feld, welches beispielsweise dynamisch um Komponenten erweitert (`push_back()`) und reduziert werden kann (`pop_back()`). Grundsätzlich können die drei Datentypen String, Array und Vektor, welche auch über eigene Klassen definiert sind (`#include <string>`, `#include <array>`, `#include <vector>`) ganz analog verwendet werden.

Datentypen ganz besonderer Art sind solche, welche man selbst definieren kann, hierzu gehören **Unionen, Strukturen und Klassen**. Bei diesen Datentypen muss in einem ersten Schritt der Datentyp definiert werden, bevor in einem zweiten Schritt Variablen mit diesem neuen Datentyp definiert werden können.

Für die Typ-Definition können Variablen oder Funktionen verwendet werden, welche als Eigenschaften und Methoden bezeichnet werden. Auf die Eigenschaften und Methoden einer Variablen, die über eine Union, Struktur oder Klasse definiert wurden, kann man dann wie auf Komponenten eines Feldes zugreifen – dazu jedoch im Rahmen der Objektorientierten Programmierung (Strukturen, Klassen) mehr.

Bei Unionen ist nur für eine Eigenschaft oder Methode Speicherplatz vorhanden, so dass diese sofort nach Zuweisung eines Wertes ausgegeben werden muss, bevor einer zweiten Eigenschaft oder Methode ein Wert zugewiesen werden kann – bei Strukturen und Klassen ist dies nicht so.

```
union union_type            // Typ-Definition für union_type
{
        int intu;           // Eigenschaften von union_type
        char charu;
};

union_type union1, union2;  // Deklaration der Variablen union1
                            // und union2 mit dem Tpy union_type
union1.intu = 1;            // Definition (Initialisierung) der
                            // Eigenschaft intu der  Variablen union1
cout << "union1.intu = " << union1.intu << endl;
union2.charu = 'b';                    // Definition (Initialisierung) der ...
cout << "union2.arrayu = " << union2.charu << endl << endl;
```

Variablen vom **Aufzählungstyp** werden sehr selten verwendet, diese können jedoch hervorragend für Vergleiche herangezogen werden. Üblicherweise erfolgt die Typ-Definition mit Integern, aber auch Character können speicherplatzsparend verwendet werden.

```
enum class enum_type { null=0,        // Typ-Definition für enum_type
eins, zwei };
//enum class enum_type :                // Typ-Definition mit int (Standard,
int { null, eins, zwei };               // s.o.) für enum_type

//enum class enum_type : char          // Typ-Definition mit char für
//{ null, eins, zwei };                 // enum_type (spart Speicherplatz)


enum_type enum1, enum2;   // Deklaration der Variablen enum1 und
                          // enum2 mit dem Typ enum_type
enum1 = enum_type::null;  // Zugriff auf die Eigenschaft

cout << "enum class: Nr. = " << static_cast<int>(enum1) << endl;
```

Während eines laufenden Programms können von Variablen die **Datentypen** mit `typeid(Variable)` **bestimmt** werden. Diese können dann zu Vergleichen herangezogen

```
if (typeid(int1) == typeid(int2)) { }
if (typeid(int1) != typeid(char1)) { }
```

oder ausgegeben werden.

```
cout << "Typ: " << typeid(int1).name() << " != " <<
typeid(char1).name() << endl << endl;
```

▶   **Ausgabe** Der soeben erarbeitete Quellcode liefert folgende Ausgabe. Gehen sie die std::cout-Befehle durch und vergegenwärtigen Sie sich, wie diese Ausgabe über den gezeigten Quellcode generiert wird.

```
Ganze Zahlen (Integer):

Integer 1 :11
Integer 2 :12
Integer 3 :13
Integer 4 :14
Integer 5 :12
Integer 6 :13
Integer 7 :14

Kommazahlen (Float, Double):

Float   :3.141499996185302734375

Double  :3.141592653589793115997963468544185161591

Explizite Typ-Konvertierungen:

Integer  :3
Float   :3.1415927410125732421875
Double  :3.141592653589793115997963468544185161591

Integer  :3
Float   :3.1415927410125732421875
Double  :3.141592653589793115997963468544185161591

Implizite Typ-Konvertierungen:

Integer  :3
Float   :3.1415927410125732421875
Double  :3.141592653589793115997963468544185161591
```

```
Zeichen (Character):

Character 1 :  c
Character 2 :  c
Character 3 :  c
Character-Pointer 1 :  c

Zeichenketten (Strings):

String:
String :    Hallo Welt!
String 1+2 :Hallo Welt!
String 3 :  Hallo Welt!
String 4 :  Hallo Welt!
String 5 :  Hallo Welt!

Laenge eines Strings:
sizeof(strg3) = 28

String-Komponenten:
strg3[0] = H
strg3[1] = a
strg3.at(2) = l
strg3.at(3) = l
strg3.at(4) = o
```

```
Feld:
array1 = abc

Feld-Komponenten:
array1[0] = a
array1[1] = b
array1[2] = c
array1[3] =

array2.at(0) = 0
array2.at(1) = 1
array2.at(2) = 2
array2.at(3) = 3

Laenge eines Feldes:
sizeof(array1) = 4
array2.size() = 4

Vektoren (vectors):

Komponenten eines Vektors:
vec1.at(0) = 1
vec1.at(1) = 9
vec1.at(2) = 6

Laenge eines Vektors:
vec1.size() = 3
vec1.size() = 4

vec1[0] = 1
vec1[1] = 9
vec1[2] = 6
vec1[3] = 7

vec1.size() = 3

empty(vec1) = 0
empty(vec1) = 1
```

```
Union (Union) (Struktur (Structure), Klasse (Class)):

union1.intu = 1
union1.arrayu = a
union2.intu = 2
union2.arrayu = b

Aufzaehlungsdatentyp (Enumeration Class):

enum class: Nr. = 0
enum class: Nr. = 1

Boolsche Ausdruecke (Boolean):

boolean: true = 1
boolean: false = 0

Typ-Identifizierung (Type Identification):

Typ: int = int
Typ: int != char

Drücken Sie eine beliebige Taste . . .
```

Nebenbei

Nicht behandelt wurde hier der Datentyp Vektor, der den Feldern sehr ähnlich ist. Für diesen ist die Header-Datei `#include <vector>` mit einzubinden. Wie mit diesem Datentyp gearbeitet werden kann, wird im Kapitel zum Thema Sortieralgorithmen etwas näher gezeigt.

▶ **Wichtig** Datentypen können als **Konstanten** oder als **Variable** deklariert werden. Während Konstanten nur einmal durch die Zuweisung eines Wertes oder einer Variablen definiert (initialisiert) werden können, ist dies bei Variablen beliebig oft möglich.

- Weist man jedoch einer Konstanten eine Variable zu, dann kann durch Änderung der Variablen indirekt auch die Konstante ihren Wert im Verlauf des Programms ändern.
- Sollte als Argument einer Funktion eine Variable erforderlich sein, jedoch nur eine Konstante zur Verfügung stehen, dann kann die Konstante auch – ähnlich wie bei Typ-Konvertierungen – zu einer Variablen konvertiert werden.

Diese beiden wichtigen Aspekte im Umgang mit Konstanten und Variablen sind in folgendem Quellcode und der dementsprechenden Ausgabe veranschaulicht.

```cpp
#include <iostream>

using namespace std;

int main(int argc, char **argv)
{
        int Var1 = 1;
        const int &cVar1 = Var1;  // Adress-Off Operator AdresseConstVariable =
                                  // WertVariable, & = Adress-Operator = Referenz
        Var1 = 6;
        cout << "Var1: " << Var1 << endl;
        cout << "const Var1: " << cVar1 << endl << endl;

        Var1 = 12;
        cout << "Var1: " << Var1 << endl;
        cout << "const Var1: " << cVar1 << endl << endl;

        // cVar1 = 18;        // Fehler mit const int &cVar1 = Var1;
                              // / kein Fehler mit int cVar1 = Var1;
        cout << "Var1: " << Var1 << endl;
        cout << "const Var1: " << cVar1 << endl << endl;

        for (int i = 0; i < 6; i++)
        {
                (*const_cast<int*>(&cVar1))++; // kein Fehler mit const int &cVar1 = Var1;,
        }                                      // da const_cast<int*>(&cVar1) die
        cout << "Var1: " << Var1 << endl;      // Konstante zur Variablen konvertiert
        cout << "const Var1: " << cVar1 <<
        endl << endl;

        system("pause");
        return 0;
}
```

```
Var1: 6
const Var1: 6

Var1: 12
const Var1: 12

Var1: 12
const Var1: 12

Var1: 18
const Var1: 18

Drücken Sie eine beliebige Taste . . . _
```

▶ **Wichtig** Mit **static** gekennzeichnete Variablen (Eigenschaften) und Funktionen (Methoden)

   erhalten einen feste Speicherplatz im Programm (und werden im Fall der Verwendung innerhalb von Funktionen oder Methoden nicht mehr nur auf dem temporären Stapelspeicher abgelegt). Sie behalten somit auch beim Verlassen der Funktion oder Methode ihren Wert.

- Beschränken sich mit ihrer Gültigkeit auf auf eine Datei (ein Modul bei Namensräumen; Namensräume werden später behandelt)
- werden automatisch mit 0 initialisiert.

```cpp
#include <iostream>

int pseudo_rnd(int val);          // Vorankündigung einer Funktion

int main(int argc, char** argv)          // main-Funktion
{
        std::cout << " Pseudo-Zufallszahl = " << pseudo_rnd(13) << std::endl;
        std::cout << " Pseudo-Zufallszahl = " << pseudo_rnd(13) << std::endl;
        std::cout << " Pseudo-Zufallszahl = " << pseudo_rnd(13) << std::endl;

        system("pause");
        return 0;
}

int pseudo_rnd(int val)
{
        static int start_val = 24;
        if (val % 2)
                start_val += val;
        else
                start_val -= val;
        return start_val;
}
```

In diesem Programm ergeben sich trotz Aufrufs der Funktion `pseudo_rnd()` mit drei gleichen Übergabeparametern drei unterschiedliche Ausgaben. Dies, da bei jedem erneuten Funktionsaufruf der Ergebnis-Wert des vorherigen Funktionsaufrufs verwendet wurde – da `start_val` eine statische Variable ist.

```
Pseudo-Zufallszahl =  37
Pseudo-Zufallszahl =  50
Pseudo-Zufallszahl =  63
Drücken Sie eine beliebige Taste . . .
```

Nebenbei

Mit folgendem kleinen Programm können Sie den ASCII-Code aller Character Ihrer Tastatur ausgeben, wenn Sie die entsprechenden Tasten nacheinander drücken. Das Programm wird mit der ESC-Taste beendet.

```cpp
#include <iostream>        // für std::cout
#include <conio.h>         // für _getch

int main()
{
        int tmp = 0;
        do
        {
                tmp = _getch();               // Funktion get-Character
                std::cout << (char)tmp << ": " << tmp << std::endl;
        } while (27 != tmp);          // Programm mit ESC (= 27, ASCII-Code) beenden
        return 0;
}
```

```
A:  65
B:  66
C:  67
X:  88
Y:  89
Z:  90
a:  97
b:  98
c:  99
x:  120
y:  121
z:  122
0:  48
1:  49
2:  50
9:  57
.:  46
,:  44
+:  43
-:  45
*:  42
/:  47
```

2.5   Eingabe über die Tastatur und Ausgabe über den Bildschirm

Wie sag Ich's meinem Rechner

Wenn wir ein Buch lesen, dann ist der Informationsfluss weitgehend einseitig (monarchisch) – nämlich vorwiegend unidirektional aus dem Buch zum Leser.

Die entgegengesetzte Richtung wären Notizen, die ein Leser in einem Buch vermerkt. Dies kann bei eigenen Fachbüchern mitunter ganz sinnvoll sein (z. B. Herleitungen von Formeln usw.); insbesondere bei Leihbüchern aus der Bibliothek sollte man dies jedoch unterlassen.

Der Computer als modernes Informationsmedium ist deutlich kommunikativer (demokratischer) veranlagt. So können hier auf vielfältige Weise Informationen bidirektional ausgetauscht werden.

Primäres Sprachrohr des Menschen ist hierbei die Tastatur, über welche er Informationen an den Computer weitergeben kann – dem Rechner etwas „sagen" kann. Weitere Medien sind die Maus, der Touch-Pad, der Joy-Stick, das Mikrofon, die Kamera, Sensoren, … .

In umgekehrter Richtung hat der Rechner primär über den Bildschirm, aber auch über den Lautsprecher, Signallämpchen, Aktoren, … die Möglichkeit Informationen an den Menschen zurückzugeben.

Hierbei wenden sowohl der Mensch entsprechend seiner Konditionierung, als auch der Rechner entsprechend seiner Programmierung, das sogenannte EVA-Prinzip an: Es werden *e*ingegebene Informationen *v*erarbeitet und abschließend wieder *a*usgegeben. Die ausgegebenen Informationen gelangen dann über ein Sender – Medium – Empfänger Modell vom Menschen zum Rechner (Prozessor) und umgekehrt, wobei vorwiegend die Tastatur und der Bildschirm die Kommunikations-Medien zwischen Mensch und Rechner sind.

Wie diese Medien innerhalb einer App programmtechnisch berücksichtigt werden – das heißt, erste Grundlagen dazu, einer App das „sprechen" mit Menschen beizubringen, ist Gegenstand dieses Kapitels.

Im Detail müssen letztendlich die Schnittstellen zwischen Tastatur und Prozessor oder Prozessor und Bildschirm entsprechend Ihrer Programmierung (Betriebssystem) über Programmbefehle (App) aktiviert werden. C++-Programmbefehle müssen Eingaben (cin) über die Tastatur oder Ausgaben (cout) über den Bildschirm durchführen.

Hierfür stehen unter C++ unterschiedliche Standardbibliotheken mit verschiedenen Programmbefehlen zur Verfügung, von welchen vorerst lediglich die aktuellste Standardbibliothek, <iostream>, berücksichtigt werden soll. Versuchen Sie ruhig weitere Standardbibliotheken ausfindig zu machen und diese dann auch, wie in diesem Kapitel die Standardbibliothek <iostream>, zu nutzen, um Ein- und Ausgaben aller Art zu ermöglichen.

▶   **Aufgabe** Fragen Sie bitte Vor- und Nachnamen über die Tastatur ab und geben Sie diese auf die Standardausgabe, ein DOS-Terminal, auf dem Bildschirm aus. Verwenden Sie hierzu
   a) einerseits std::cin >> …; und
   b) andererseits getline(cin, …);

Quellcode-Datei main.cpp

a)
```cpp
#include <iostream>

int main()
{
        char first_name[20];
        char family_name[20];

        std::cout << "Bitte Vornamen eingeben: " << std::endl;   // << Ausgabe
        std::cin >> first_name;                                  // >> Eingabe
        std::cout << "Bitte Nachnamen eingeben: " << std::endl;  // << Ausgabe
        std::cin >> family_name;                                 // >> Eingabe

        std::cout << "Guten Tag " << first_name << " " << family_name
        << "!" << std::endl << std::endl;

        system("pause");
        return 0;

}
```

b)
```cpp
#include <iostream>
#include <string>

using namespace std;


int main()
{
        string first_name = "Vorname";
        string family_name = "Nachname";

        cout << "Ihren Vornamen bitte! \n\r";   // Ausgabe von Strings
        getline(cin, first_name);               // Eingabe von Strings, Alternativ:
                                                // cin.getline(vorname, 255);
        cout << "Ihren Nachnamen bitte! \n\r";  // Ausgabe von Strings
        getline(cin, family_name);              // Eingabe von Strings, Alternativ:
                                                // cin.getline(nachname, 255);
        cout << "Ihr Vorname:  " << first_name << endl;
        cout << "Ihr Nachname:  " << family_name << endl << endl;

        system("pause");
        return 0;
}
```

Programmbeschreibung

a) Hier werden die ein- und auszugebenden Vor- und Nachnamen als char-Felder mit 19
+ 1 Elementen definiert, 19 Charactern (Buchstaben, Ziffern und Sonderzeichen) und
einem EndOfString-Zeichen ' \0 '.

Nach den Aufforderungen werden diese dann über den Eingabeoperator >> eingelesen, abgeschlossen durch die Return-Taste – und in Folge über den Ausgabeoperator
<< ausgelesen. Beachten Sie, wie diese Variablen über die Operatoren in den beglei-
tenden Text eingebettet werden.

Einen Nachteil hat die Definition der Namen über Felder: Es wird immer so viel
Speicherplatz benötigt, wie für die Felder eingangs veranschlagt wird – wählt man
die Felder zu klein, können längere Namen nicht ganz aufgenommen und damit ver-
fälscht werden. Das folgende Programm optimiert diesen Nachteil des soeben gezeigten Programms.

b) Verwendet man die Funktion `getline(cin, nachname);`, dann ist die Standardbibliothek String im Header mit einzubinden, `#include <string>`. Hier benötigen die Strings nur so viel Speicherplatz, wie die Vor- und Nachnamen lang sind.

Verwendet man allerdings wieder die im Kommentar veranschaulichte Version, so ist
die String-Länge wieder vorzuwählen (hier 254 Zeichen + ' \0 ').

▶   **Ausgabe**

a)
```
Bitte Vornamen eingeben:
Peter
Bitte Nachnamen eingeben:
Stadler
Guten Tag Peter Stadler!

Drücken Sie eine beliebige Taste . . .
```

b)
```
Ihren Vornamen bitte!
Jakob
Ihren Nachnamen bitte!
Stadler
Ihr Vorname:   Jakob
Ihr Nachname:   Stadler

Drücken Sie eine beliebige Taste . . . _
```

2.6   Lesen aus und Schreiben in Dateien

Externe Daten-Speicher füllen und leeren

Wichtige Informationen schreiben wir uns mit einem Stift oder Ähnlichem auf, um sie
später wieder mit oder ohne Brille nachlesen zu können. Auch kopieren oder kaufen wir
uns Texte, um diese zu lesen.

Lesen und Schreiben sind hierbei weitgehend unabhängig vom Medium (Schmierzettel, Zeitschrift, Zeitung, Buch, …), welches den Text beinhaltet.

Wichtig ist nur, dass wir das richtige Buch (Titel, Verfasser, …), …, zur Hand nehmen, dieses öffnen, darin (schreiben oder) lesen und dieses abschließend wieder schließen und aufräumen.

In ähnlicher Weise können Applications (Anwendungen), mit entsprechenden Befehlszeilen, wichtige Daten auf externe Datenträger schreiben oder selbst beschriebene, kopierte bzw. gekaufte Datenträger auslesen.

Auch hier ist es weitgehend unabhängig davon, auf welchem Speichermedium (USB-Stick, SD-Karte, CD-, DVD- oder BluRay-Rohling, HDD- oder SSD-Festplatte, …) die Daten gespeichert werden oder sind.

Wichtig ist auch hier nur, dass wir die richtige Datei (Laufwerk, Pfad, …) verwenden, diese zuerst öffnen, dann darin schreiben oder lesen und abschließend wieder schließen.

Hier werden wir nun mit einer ersten App eine Datei ohne explizite Pfadangabe erzeugen (`string file_name; ofstream file; cin >> file_name;`) und öffnen (`file.open(file_name.c_str(), ios::out);`), um in diese Daten zeilenweise zu schreiben (`file << …`). Abschließend wird diese Datei wieder geschlossen (`file.close();`).

Mit einer zweiten App soll dann die entsprechende Datei wieder gefunden (`string file_name; ifstream file; cin >> file_name;`) und geöffnet werden (`file.open(file_name.c_str(), ios::in);`), die enthaltenen Daten sollen zeilenweise ausgelesen (`char read[100]; file.getline(read, 100); cout << read;`) und dann die Datei wieder geschlossen werden (`file.close();`).

Insbesondere beim Auslesen von Dateien empfiehlt es sich, eine do-while Schleife zu verwenden, deren Abbruchbedingung mit dem Ende der auszulesenden Datei (EOF = End Of File) definiert wird.

Suchen Sie bitte mal nach, in welchem Ordner die erzeugte Datei abgelegt wird, wenn wir – wie hier – dem Dateinamen keine Pfadangabe, getrennt mit Schrägstrichen, voranstellen!

▶ **Aufgabe** Fragen Sie bitte den Datei-Namen (incl. Pfadangabe!) an, geben Sie diesen dann auch ein und erzeugen Sie eine entsprechende Datei. Öffnen Sie diese und

  a) schreiben Sie eine Tabelle in die Datei ein.

  b) Lesen Sie alle in dieser Datei enthaltenen Daten wieder auf den Bildschirm aus.

Quellcode-Datei main.cpp

a)
```cpp
#include <iostream>
#include <fstream>
#include <string>

using namespace std;


int main()
{
        string file_name;
        ofstream file;

        // Dateinamen abfragen
        cout << endl;
        cout << " Name der zu erstellenden Datei (mit Pfadangabe!):  ";
        cin >> file_name;
        cout << endl;

        // Datei erstellen und zum Schreiben öffnen
        file.open(file_name.c_str(), ios::out); // out, trunc = Inhalte werden überschrieben
                                                // app(, ate) = anhängen der Inhalte
                                                // Alternativen: ios, ios_base
        // Zum Testen Überschriften und vier Datensätze ausgeben
        file << " Eishockey-Bundesliga" << endl << endl;
        file << " 1. Red Bulls Muenchen" << endl;
        file << " 2. Adler Mannheim" << endl;
        file << " 3. Koellner Haie" << endl;
        file << " 4. Hamburg Freezers" << endl;
        file << " 5. Eisbaeren Berlin" << endl;
        file << " ... " << endl << endl;

        // Datei schließen
        file.close();

        // Rückmeldung, dass die Datei geschrieben wurde
        cout << " Daten wurden geschrieben " << endl << endl;

        system("pause");
        return 0;
}
```

b)
```cpp
#include <iostream>
#include <fstream>
#include <string>

using namespace std;


int main()
{
        string file_name;
        ifstream file;

        cout << endl;
        cout << " Name der zu oeffnenden Datei (mit Pfadangabe!):  ";
        cin >> file_name;
        cout << endl;

        // Datei zum Lesen öffnen
        file.open(file_name.c_str(), ios::in); // Alternativen: ios, ios_base

        // Einlesen und auf Konsole ausgeben
        char read[100];

        do
        {
                file.get(read, 100, '|');
                cout << read;
                file.getline(read, 100);
                cout << read;
        } while (!file.eof()); // Solange, bis das Ende der Datei erreicht wurde,

                                               // Datei schließen
        file.close();

        cout << endl;
        cout << " Daten wurden gelesen  " << endl << endl;


        system("pause");
        return 0;
}
```

Programmbeschreibung

a) Um externe Ausgaben in eine Datei vornehmen zu können, ist neben `#include <iostream>` und `#include <string>` auch die Header-Datei `#include <fstream>` mit einzubinden.

Fragen Sie dann über `cin >> file_name;` den Datei-Namen der zu beschreibenden Datei ab und öffnen Sie die Datei mit

file.open(file_name.c_str(), ios_base::out);

geben sie dann in die geöffnete Datei mittels

...
file << " 3. Koellner Haie" << endl;
...

zeilenweise die Daten ein und schließen Sie die Datei wieder mit

file.close();

Die geschriebene Datei befindet sich dann an dem Ort, der ihr durch die Pfadangebe zugeteilt wurde. Wurde keine Pfadangabe dem Dateinamen vorangestellt, dann ist sie in unserem Beispiel im Ordner

Name	Änderungsdatum	Typ	Größe
4. Ein- und Ausgaben - Datei schreiben	20.09.2017 11:07	Dateiordner	
Debug	20.09.2017 11:01	Dateiordner	
4. Ein- und Ausgaben - Datei schreiben.sln	19.09.2017 15:19	Visual Studio-Proj...	2 KB

unter dem Namen Eishockey zu finden.

Name	Änderungsdatum	Typ	Größe
Debug	20.09.2017 11:01	Dateiordner	
4. Ein- und Ausgaben - Datei schreiben.v...	19.09.2017 15:29	VC++-Projekt	6 KB
4. Ein- und Ausgaben - Datei schreiben.v...	19.09.2017 15:29	VC++-Projektfilter...	1 KB
Eishockey	20.09.2017 11:04	Datei	1 KB
main.cpp	20.09.2017 11:01	C++-Quelle	2 KB

b) Auch um externe Dateien auslesen zu können, ist neben `#include <iostream>` und `#include <string>` die Header-Datei `#include <fstream>` mit einzubinden.

Fragen Sie dann wieder über `cin >> file_name;` den Datei-Namen der auszulesenden Datei ab (Pfadangabe nicht vergessen!) und öffnen Sie die Datei mit file.open(file_name.c_str(), ios_base::out);

Nach Deklaration einer Variablen für die zu lesende Zeichenkette `char read[100];`, können Sie aus der geöffneten Datei entweder über

file.get(read, 100, '|');
cout << read;

oder über

file.getline(read, 100);
cout << read;

maximal 100 Zeichen auslesen. Dies wird in beiden Fällen früher beendet, wenn die Zeichenkette kürzer ist (' | '). Üblicherweise befinden sich Auslesealgorithmen in

do
{
        // Auslesen
} while (!file.eof());

Schleifen, welche das Auslesen erst beenden, wenn das Ende der Datei (eof = end of file) erreicht ist. Letztendlich schließen Sie die Datei wieder mit

file.close();

▶ **Ausgabe**

a)
```
Name der zu erstellenden Datei (mit Pfadangabe!):  E:/C++/C++ Programme/4. Datei

Daten wurden geschrieben

Drücken Sie eine beliebige Taste . . .
```

b)
```
Name der zu oeffnenden Datei (mit Pfadangabe!):  E:/C++/C++ Programme/4. Datei

Eishockey-Bundesliga

1. Red Bulls Muenchen
2. Adler Mannheim
3. Koellner Haie
4. Hamburg Freezers
5. Eisbaeren Berlin
. . .


Daten wurden gelesen

Drücken Sie eine beliebige Taste . . . . _
```

2.7　Debuggen – Fehlersuche in geschriebenen Programmen

Rechtschreibkorrekturen in Programmen

Beim Schreiben eines Textes mit einem Textverarbeitungsprogramm, kann es mitunter vorkommen, dass wir uns vertippen. Wenn die uns unterlaufenen Fehler für den Text nicht sinnentstellend sind, dann werden wir den Text vielleicht mit einer kurzen Verzögerung an der Fehlerstelle im Allgemeinen fehlerfrei lesen können.

Sinnvoller ist es dennoch die Rechtschreibkorrektur einzuschalten, um dann beispielsweise in Microsoft Word die falschen Worte rot unterringeln, die Syntax-Fehler grün unterringeln, … zu lassen. Diese können dann unter Zuhilfenahme der Korrekturvorschläge meist schnell und unbürokratisch verbessert werden.

Ähnlich geht man mit Schreib- oder Syntaxfehlern beim Programmieren von Betriebssystemen und Apps vor. Der Compileer ist jedoch leider nicht fähig, kleine Programmierfehler zu überspringen. Für ein erfolgreiches Compilieren eines Programms sind vorab alle Fehler zu entfernen.

Es gibt jedoch unterschiedliche Ansätze, Programmfehler zu identifizieren. Steht ein professioneller Debugger (eine professionelle „Rechtschreibkorrektur") zur Verfügung, so wie im Microsoft Visual-Studio, dann sollte diese vorzugsweise genutzt werden. Ist dies nicht der Fall, dann gibt es auch alternative Möglichkeiten – auch Möglichkeiten ohne Debugger – ein fehleraftes Programm professionell zu debuggen.

Wie? Darauf wird im Folgenden eingegangen.

▶　**Aufgabe**　Löschen Sie aus dem Programm des Kapitels *Eingabe über die Tastatur und Ausgabe über den Bildschirm* im Bereich der Deklaration der Variablen, den Typ des Nachnamens und Compilieren Sie das Programm mit fogenden Methoden, um diesen Fehler ausfindig zu machen:
- Komplettes und schrittweises Debuggen mit dem lokalen Windows-Debugger
- Schrittweises Debuggen durch vorprogrammiertes Anhalten des Programms
- Debuggen durch Setzen eines Textmarkers

Vorgehen
- **Komplettes und schrittweises Debuggen mit dem lokalen Windows-Debugger**

Hat sich in den Quellcode eines geschriebenen Programms ein Fehler eingeschlichen, wie hier beispielsweise die vergessene Deklaration des Nachnamens, dann wird beim Compilieren

vom lokalen Windows-Debugger die unten gezeigte Fehlerliste ausgegeben, der man entnehmen kann wo (in welcher Zeile) im Quellcode der Fehler auftritt und um welche Art von Fehler es sich handelt, hier ist der Bezeichner „nachname" nicht deklariert.

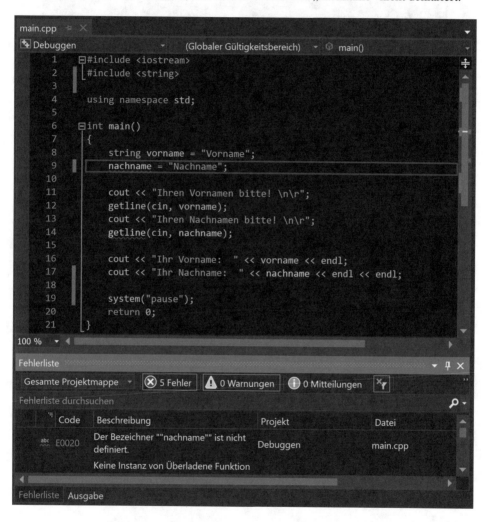

Nicht immer kann der auftretende Fehler in der Fehlerliste so deutlich identifiziert werden, dies insbesondere bei Syntax-Fehlern. In diesem Fall empfiehlt sich die Verwendung des schrittweisen Debuggens. Dieses kann im Hauptmenü unter

Debuggen / Einzelschritt

oder

Debuggen / Prozedurschritt

aktiviert werden.

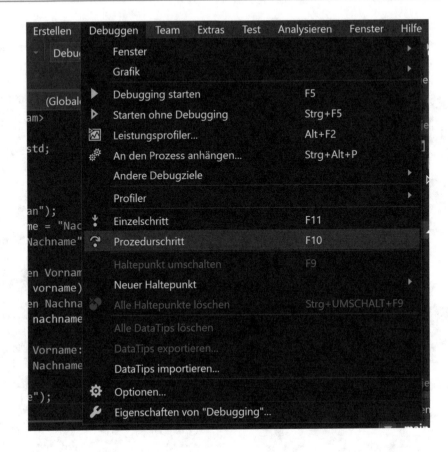

Die folgende Abfrage ist noch mit Ja zu quittieren.

Dann kann das Programm schrittweise debuggt werden – d. h. laufen gelassen werden indem man im für *Prozedurschritt* wiederholt die *Funktionstaste F10* anklickt oder für *Einzelschritt F11*. Alternativ können auch die entsprechenden Symbole, welche in der Shortcut-Leiste des Bildschirmfensters erscheinen verwendet werden.

Die einzelnen Schritte lassen sich dann im Programmfenster main.cpp, im DOS-Ausgabe Fenster und in der Fehlerliste nachvollziehen. Die für jeden Schritt nötige Dauer wird ausgegeben. Tritt ein Fehler auf, wird dieser in der Fehlerliste ergänzt und damit auch der entsprechende Prozessschritt identifiziert. Der Fehler ist erkannt und kann behoben werden.

- **Schrittweises Debuggen durch vorprogrammiertes Anhalten des Programms**

Sie können aber auch folgende beide Programmzeilen in den Programmtext kopieren, das Programm mit dem lokalen Windows-Debugger laufen lassen, nach dem Durchlauf ausschneiden und wieder weiter unten in den Programmtext kopieren … .

```
std::cout << "Test-Stop!" << std::endl;
system("pause");
```

Dieser Vorgang ist sukzessive zu wiederholen. Das Programm wird nach dem Compilieren und Starten immer ungestört bis zu diesen beiden Zeilen laufen, den Text *Test-Stop!* ausgeben und eine Pause einlegen – vorausgesetzt es ist im Quellcode davor kein Fehler enthalten.

Bricht der Programmdurchlauf vor dem Test-Stop jedoch ab, dann befindet sich der Programmfehler vor diesen beiden Zeilen und kann somit lokalisiert und entfernt werden.

```cpp
#include <iostream>
#include <string>

using namespace std;

int main()
{
    string vorname = "Vorname";

    std::cout << "Test-Stop!" << std::endl;
    system("pause");

    nachname = "Nachname";

    cout << "Ihren Vornamen bitte! \n\r";
    getline(cin, vorname);
    cout << "Ihren Nachnamen bitte! \n\r";
    getline(cin, nachname);

    cout << "Ihr Vorname:  " << vorname << endl;
    cout << "Ihr Nachname:  " << nachname << endl << endl;

    system("pause");
    return 0;
}
```

- **Debuggen durch Setzen eines Textmarkers**

  In ähnlicher Weise, jedoch ohne Ausgabe des Textes *Test-Stop!*, kann man das Programm durch Setzen eines Markers anhalten. Dies erfolgt durch einen Klick mit der linken Maustaste in den grauen, linken Rand des Programm-Editors.

```cpp
main.cpp
 Debuggen                            (Globaler Gültigkeitsbereich)        main()
  1    #include <iostream>
  2    #include <string>
  3
  4    using namespace std;
  5
  6    int main()
  7    {
  8        string vorname = "Vorname";
  9        string nachname = "Nachname";
 10
 11        cout << "Ihren Vornamen bitte! \n\r";
 12        getline(cin, vorname);
 13        cout << "Ihren Nachnamen bitte! \n\r";
 14        getline(cin, nachname);
 15
 16        cout << "Ihr Vorname:   " << vorname << endl;
 17        cout << "Ihr Nachname:  " << nachname << endl << endl;
 18
 19        system("pause");
 20        return 0;
 21    }
```

C:\Users\st\source\repos\Debuggen\Debug\Debuggen.exe
Ihren Vornamen bitte!
Andreas

100 %

Nach Compilieren und Starten wird das Programm an dieser Stelle anhalten. Entfernt werden kann dieser Text-Marker durch daraufklicken. Das gestopte Programm wird dann durch Klicken auf ▶ Weiter ▾ weiterlaufen.

2.8   Programmierparadigmen

Ein Programmierparadigma ist ein fundamentaler Programmierstil, welchem je nach Design der einzelnen Programmiersprache verschiedene Prinzipien zugrunde liegen. Diese Prinzipien leiten den Software-Entwickler bei der Erstellung des Quellcodes und ermöglichen in Folge eine reibungslose Compilierung sowie ein schnelles Ausführen der Programme beziehungsweise der Apps.

Grundsätzlich unterscheidet man imperative (lat.: imperare = anordnen) und deklarative (lat.: deklarare = bezeichnen, erklären) Programmierparadigmen. Zur Gruppe der imperativen Programmierparadigmen zählen:

- Konkatenative Programmierung: Bei der konkatenativen Programmierung besteht ein Quellcode aus einer Folge von Befehlen (z. B. cin, cout, goto, ...), welche die Reihenfolge der Aktionen des Computers festlegen.
- Strukturierte Programmierung: Erweiternd zur konkatenativen Programmierung enthält die strukturierte Programmierung Kontrollstrukturen, wie if/then, switch/case, while, do/while (anstelle des goto-Befehls).

  Ab den prozeduralen Programmiersprachen spricht man im Unterschied zur Assemblersprache von einer Hochsprache. Die auf dieses Kapitel folgenden Kapitel beschreiben folglich bereits hochsprachliche Merkmale der Programmiersprache C++.
- Prozedurale Programmierung: Das Prinzip, ein Programm in kleinere Prozeduren (Unterprogramme, Funktionen) aufzuteilen, bezeichnet man als prozedurale Programmierung.
- Generische Programmierung: In der generischen Programmierung wird versucht, die Algorithmen für mehrere Datentypen verwendbar zu gestalten.
- Modulare Programmierung: In der modularen Programmierung wird der prozedurale Ansatz erweitert, indem Prozeduren mit Variablen in Module zusammengefasst werden (Die normierte Programmierung beschreibt hierbei den Versuch, diese Abläufe zu standardisieren).

Im Gegensatz zu den historisch älteren imperativen Programmierparadigmen, bei welchen das *wie kommt die Lösung zustande* im Vordergrund steht, frägt man in der jüngeren deklarativen Programmierung nach dem, *was berechnet werden soll*. Es wird also nicht mehr der Lösungsweg programmiert, sondern nur noch selektiert, welches Ergebnis auszugeben ist. Basis hierfür sind mathematische, rechnerunabhängige Algorithmen.

Zur Gruppe der deklarativen Programmierparadigmen zählen:

- Funktionale Programmierung: Die Aufgabenstellung wird hier als funktionaler Ausdruck formuliert, welcher dann vom Interpreter oder Compiler gelöst wird. Das Programm kann als Abbildung der Eingabe auf die Ausgabe aufgefasst werden.
- Logische Programmierung (Constraintprogrammierung): Die Aufgabenstellung wird als logische Aussage formuliert. Der Interpreter bestimmt dann das entsprechende Ergebnis (wahr/falsch).
- Objektorientierte Programmierung: Bei der objektorientierten Programmierung werden Eigenschaften und damit arbeitende Methoden zu Klassen zusammengefasst, deren Instanz ein Objekt ist.

  Im Unterschied zur Modularen Programmierung, wo Variablen und Prozeduren selbständige Datentypen bleiben, werden beim objektorientierten Programmieren die

Eigenschaften (Variablen) und Methoden (Funktionen) fest zu einem neuen abstrakten Datentyp, der Klasse, miteinander verbunden.

Über dieses Buch hinaus, gehen alle folgenden Programmierparadigmen. Zu diesen gehören die Erweiterungen des Prinzips der objektorientierten Programmierung zur:

- Subjektorientierten Programmierung: Die Subjektorientierte Programmierung ist eine Erweiterung der objektorientierten Programmierung. Sie soll vor allem die Schwächen der objektorientierten Programmierung bei der Entwicklung großer Anwendungen und der Integration unabhängig entwickelter Anwendungen ausgleichen.
- Aspektorientierten Programmierung: Bei der aspektorientierten Programmierung wird der objektorientierte Begriff der Klasse zum Aspekt erweitert und ermöglicht so orthogonale Programmierung.

ebenso, wie zeitgemäße Paradigmen für moderne IT-Anwendungen im Rahmen des Internet-of-Things (IoT), ... :

- Agentenorientierte Programmierung: Bei der agentenorientierten Programmierung steht der Begriff des autonomen und planenden Agenten im Vordergrund, der selbstständig und in Kooperation mit anderen Agenten Probleme löst (z. B. Suchmaschinen im Internet).
- Datenstromorientierte Programmierung: Es wird von einem kontinuierlichen Datenfluss ausgegangen (meist Audio- oder Videodaten), der (meist in Echtzeit) verändert und ausgegeben wird (z. B. Audio- oder Videostreaming mit Klang- bzw. Bildoptimierung).
- Graphersetzung: Bei der Graphersetzung werden die Daten in Form von Graphen modelliert und die Berechnungen durch Graphersetzungsregeln spezifiziert, durch deren gesteuerte Anwendung ein gegebener Arbeitsgraph Stück für Stück umgeformt wird (z. B. Strich-Code, ...).

All diese verschiedenen Paradigmen, sind bezogen auf eine Programmiersprache, nicht als alternativ oder komplementär, sondern vielmehr als gegenseitig ergänzend und unterstützend zu verstehen.

Prozedurales Programmieren: Funktionen, Algorithmen und Pointer-Funktionen

3

3.1   Funktionen

Wie funktioniert das mit den Funktionen?

Arithmetische Berechnungen: Mathematische Funktionen weisen üblicherweise mehreren Argumenten x, aus einer Definitionsmenge X, entsprechende Funktionswerte y, aus einer Wertemenge Y, zu.

Umgekehrt gilt dies nicht: Ein Element der Wertemenge kann einem, mehreren, oder auch keinem Element der Definitionsmenge zugeordnet sein.

Wird jedoch jedem Argument x, der Definitionsmenge X, immer nur genau ein Funktionswert y, der Wertemenge Y, zugewiesen („vollständige Paarbildung"), dann handelt es sich um eine Bijektion (eine „umkehrbar eindeutige Funktion"). Eine bijektive Funktion hat immer auch eine Umkehrfunktion – für welche die Argumente und Funktionswerte die Rollen tauschen. Für den ersten Quadranten eines karthesischen Koordinatensystems gilt beispielsweise

$$Funktion : X \rightarrow Y, y = x^2; \quad Umkehrfunktion : Y \rightarrow X, x = \sqrt{y}.$$

Die Werte-Paare von Funktionen können in Funktions-Tabellen (x-Spalte: Argumente; y-Spalte: Funktionswerte) aufgelistet oder in Funktions-Graphen (x-Achse: Argumente der Definitionsmenge; y-Achse: Funktionswerte der Wertemenge) bildlich dargestellt werden. Bei Umkehrfunktionen ist der Funktionsgraph an der Winkelhalbierenden zwischen x- und y-Achse zu spiegeln (oder die x- und y-Achsen zu tauschen).

x-Spalte	y-Spalte
0	0
0,2	0,04
0,4	0,16
0,6	0,36
0,8	0,64
1	1
1,2	1,44
1,4	1,96
1,6	2,56
1,8	3,24
2	4
2,2	4,84
2,4	5,76
2,6	6,76
2,8	7,84
3	9

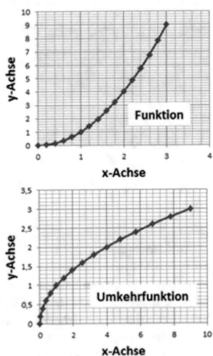

Funktionen können natürlich auch mehrdimensional sein. Eine grafische Darstellung ist jedoch nur bis zu zwei-dimensionalen Funktionen (Oberflächen: Funktionen mit zwei Argumenten) sinnvoll möglich, da das menschliche Auge nur drei Dimensionen auflösen kann und die dritte Dimension für den Funktionswert reserviert bleiben muss. Eine Ausnahme bilden zeitabhängige Funktionen, hier können sich auch die zwei-dimensionalen Graphen noch mit einer weiteren Dimension, der Zeit, ändern.

Hier ist beispielsweise die Funktion $f : X,Y \rightarrow Z, z = x \times y$ grafische dargestellt.

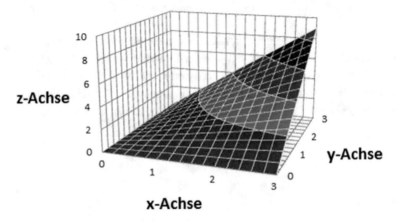

Wie werden nun Funktionen im Prozessor abgearbeitet? Es wird immer ein Funktions-wert nach dem anderen berechnet! Hier empfiehlt sich durchwegs die Verwendung von Schleifen, wie wir sie bereits im Kapitel zum Thema Datentypen kennengelernt haben. Bei mehrdimensionalen Funktionen sind dem entsprechend viele Schleifen ineinander zu schachteln.

Nebenbei: In diesem Kapitel wird auch systematisch auf Schleifen (for, while, do-while) und Entscheidungen (if-else, else-if, switch-case) eingegangen werden.

Die Berechnung eines bereits deklarierten Funktionswertes aus den wohl definierten Argumenten kann dann, innerhalb der Schleifen, auf drei grundlegend unterschiedliche Weisen erfolgen:

- Verknüpfung der Argumente über Operatoren, wie +, -, *, /, …,
- Anwendung von Standardbibliotheksfunktionen auf die Argumente, wie beispielsweise abs(), sin(), cos(), tan(), pow(), sqrt(), log10(), log(), …, aus der Standardbibliothek math.h,
- Verwendung selbst definierter Funktionen (Unterprogramme), welche einen eigenen Funktionskopf und Funktionskörper besitzen, in welchen die meist komplexeren Funktionen, unter Verwendung von Operatoren und Funktionen aus Standardbibliotheken, programmiert werden. Diese Funktionen können dann mittels eines üblichen Funktionsaufrufs aus der main-Funktion, oder jeder anderen Funktion, heraus aufgerufen werden.

Unabhängig von der verwendeten Weise, werden die berechneten Funktionswerte dann tabellarisch in Felder, Vektoren, … oder in Dateien geschrieben, aus welchen sie dann gegebenenfalls für weitere mathematische Berechnungen oder grafische Darstellungen wieder systematisch ausgelesen werden können.

Dem entsprechend lassen sich die Werte-Paare, bestehend aus Argument und Funktions-wert, auch zeilenweise als Funktions-Tabelle oder punktweise als Graph einer Funktion auf den Bildschirm ausgegeben. Wie dies prinzipiell geschieht, wird in diesem Kapitel gezeigt. Für professionelle grafische Darstellungen von Funktionen muß jedoch auf andere Kapitel und Bücher verwiesen werden.

Logische Funktionen: Funktionskurven ergeben sich aus Gleichungen (=). Die Bereiche darüber (>) oder darunter (<) lassen sich über Ungleichungen definieren. Diese *Vergleichsoperationen* können wahre oder falsche Aussagen beinhalten. So ist $0 < 1$ sicher wahr, während $0 = 1$ oder $0 > 1$ falsche Aussagen sind.

Die Ergebnisse solcher Vergleichsoperationen – wahre (1) und falsche (0) Aussagen – lassen sich über sogenannte logische Funktionen verknüpfen.

Deshalb unterscheiden Prozessoren in Computern ganz strikt zwischen

- arithmetischen Berechnungen, wie wir sie oben bereits diskutiert haben, und
- logischen Funktionen, welche in einer Tabellenspalte (oder auf der Achse eines Graphen) nur die Werte 0 (falsch) oder 1 (wahr) annehmen können. Zu den logischen Funktionen gehören grundsätzlich AND, OR und NOT. Oft verwendet werden auch das Exclusive-OR (kurz XOR), das NOT-AND (kurz NAND) und das NOT-OR (kurz NOR), deren Wahrheitstabellen wie folgt aussehen.

AND		
Argument 1	Argument 2	Funktionswert
0	0	0
0	1	0
1	0	0
1	1	1

OR		
Argument 1	Argument 2	Funktionswert
0	0	0
0	1	1
1	0	1
1	1	1

NOT	
Argument	Funktionswert
0	1
1	0

XOR		
Argument 1	Argument 2	Funktionswert
0	0	0
0	1	1
1	0	1
1	1	0

NAND		
Argument 1	Argument 2	Funktionswert
0	0	1
0	1	1
1	0	1
1	1	0

NOR		
Argument 1	Argument 2	Funktionswert
0	0	1
0	1	0
1	0	0
1	1	0

Hierbei wird der Funktionswert der logischen Funktion AND nur dann 1 (wahr), wenn beide Argumente 1 (wahr) sind. In C++ lautet die Zuweisung (Funktion):

bool <Funktionswert> = <Argument 1> && <Argument 2>;

In umgekehrter Weise wird der Funktionswert der logischen Funktion OR nur dann 0 (falsch), wenn beide Argumente 0 (falsch) sind. In C++ lautet die Zuweisung (Funktion):

bool <Funktionswert> = <Argument 1> || <Argument 2>;

Die häufig gebräuchliche Funktion Exclusive-Oder (XOR) hingegen wird dann 0 (falsch), wenn die beiden Argumente gleich sind, und 1 (wahr), wenn die beiden Argumente ungleich sind.

Die logische Funktion NOT negiert das Argument, d. h. eine 0 (falsch) wird zu einer 1 (wahr) und umgekehrt. In C++ lautet die Zuweisung (Funktion):

bool <Funktionswert> = !<Argument>;

Die logischen Funktionen NAND und NOR sind eine Verkettung zweier Funktionen, d. h. sie ergeben sich aus der sequentiellen Anwendung der Funktionen AND und NOT bzw. OR und NOT.

Prozedurale Programmierung: Abschließend wird in diesen Kapiteln noch ansatzweise auf numerische Funktionen mit einer oder mehreren Variablen eingegangen, welche auf iterativen, … Verfahren beruhen. Diese sind meist sehr anspruchsvoll und nehmen auch einen eigenen Bereich in der Mathematik ein – die Numerik. Fortgeschrittenes

Programmieren in der Informatik beruht weitestgehend ausschließlich auf diesen und ähnlichen Verfahren, auf die in folgenden Kapiteln – beispielsweise zu Sortieralgorithmen – grundlegend eingegangen wird.

3.1.1 Arithmetische Funktionen

▶ **Aufgabe** Zu den Arithmetischen Funktionen gehören die Grundrechenarten +, -, x und / genauso, wie Potenzen, Wurzeln, Logarithmen oder die Trigonometrischen Funktionen. Diese Funktionen bilden die Grundlage für alle mathematischen und physikalischen Disziplinen. Lösen Sie beispielsweise folgende einfache mathematischen Aufgaben.
- Gegeben seien die beiden Zahlen (Integer) 11 und 5. Addieren, Subtrahieren, Multiplizieren und Dividieren Sie diese beiden Zahlen bitte. Welche Besonderheit tritt bei der Division auf?
- Gegeben sei die Zahl 10; quadrieren Sie diese Zahl. Verwenden Sie das Ergebnis 100 um die Quadratwurzel daraus zu ziehen und den dekadischen sowie den natürlichen Logarithmus davon zu bestimmen! (Wie können Sie eine Zahl hoch 3 nehmen oder die 3te Wurzel aus ihr ziehen?)
- Berechnen Sie bitte den Sinus, den Cosinus und den Tangens vonis $\pi/6$. Zeigen Sie, dass gilt tan = sin / cos und dass sich über den Pythagoras aus den Achsenabschnitten (sin, cos) der Radius des Einheitskreises auch für $\pi/6$ zu 1 ergibt.
- Runden Sie bitte die Zahl π auf die erste Vorkommastelle und bilden Sie den Betrag von $-\pi$.

Quellcode-Datei main.cpp

```cpp
#include <iostream>
#include <math.h>            // Nicht notwendig für +, -, * und /

using namespace std;


int main(int argc, char **argv)
{
        cout << endl << " Grundrechenarten fuer Integer  " << endl << endl;

        int val1 = 11;
        int val2 = 5;

        int result1;
        int result2;
        int result3;
        int result4;
        int result5;
```

```
result1 = val1 + val2;
result2 = val1 - val2;
result3 = val1 * val2;
result4 = val1 / val2;        // Da result1 vom Typ integer ist, werden nur die
                              // Vorkommazahlen ausgegeben
result5 = val1 % val2;        // Der Divisionsrest - hier 1 - wird über die Funktion %
                              // (Modolo) ausgegeben
                              // val1 / val2 = result1; ist nicht möglich
cout.precision(7);            // Gibt alle folgenden Ergebnisse auf maximal 7 Stellen
                              // genau aus
cout << val1 << " + " << val2 << " = " << result1 << endl;
cout << val1 << " - " << val2 << " = " << result2 << endl;
cout << val1 << " * " << val2 << " = " << result3 << endl;
cout << val1 << " / " << val2 << " = " << result4 << endl;
cout << val1 << " % " << val2 << " = " << result5 << endl << endl;

cout << endl << " Potenzen, Wurzeln und Logarithmen (#include <math.h>!) "
<<endl << endl;

float x = 10, a = 2, y = 100;

float y1 = pow(x, a);
cout << " Potenz:  10 hoch 2 =  " << y1 << endl;
float x1 = sqrt(y);
cout << " Quadratwurzel: 100 hoch 1/2 = " << x1 << endl;
float a1 = log10(y);
cout << " Dekadischer Logarithmus: log10 100 =  " << a1 << endl << endl;
float a2 = log(y);
cout << " Natuerlicher Logarithmus: log 100 =  " << a2 << endl << endl;

cout << endl << " Trigonometrische Funktionen (#include <math.h>!) "
<< endl << endl;

float pi = 3.14159265358979323846264338327950288e+00;

float yt1 = sin(pi / 6);
cout << " Sinus:  sin(pi/6) =  " << yt1 << endl;
float xt1 = cos(pi / 6);
cout << " Cosinus:  cos(pi/6) =  " << xt1 << endl;
float tt1 = tan(pi / 6);
float tt2 = sin(pi / 6) / cos(pi / 6);
cout << " Tangens:  tan(pi/6) = " << tt1 << "  = sin(pi/6) / cos(pi/6) =  " << tt2
<< endl << endl;

float zt1 = sqrt(pow(sin(pi / 6), 2) + pow(cos(pi / 6), 2));
cout << " Einheitskreis:  sqrt( sin^2(pi/6) + cos^2(pi/6) ) =  " << zt1 << endl <<
endl;

cout << endl << " Runden und Betraege (#include <math.h>!) " << endl << endl;

float c1 = ceil(pi);
cout << " Original:       pi =  " << pi << endl;
cout << " Aufgerundet: pi =  " << c1 << endl << endl;
```

```
    float abs1 = abs(-pi);
    cout << " Negativ:  -pi  =  " << -pi << endl;
    cout << " Betrag:  |-pi| = " << abs1 << endl << endl;


    system("pause");
    return 0;
}
```

Programmbeschreibung

Sie sollten nun schon Fähig sein, diesen Quellcode ohne Erläuterungen, nur mit hilfe der im Quellcode enthaltenen Kommentare, zu verstehen und mit der unten folgenden Ausgabe in Einklang zu bringen.

Die Anwendung der in der Standardbibliothek `#include <math.h>` enthaltenen Funktionen wird unter folgendem Link umfassend beschrieben.

http://www.cplusplus.com/reference/cmath/?kw=math.h

Darin enthalten sind noch weitere grundlegende Funktionen, welche hier nicht explizit ausgeführt werden sollen – aber auch in der Umsetzung keine Schwierigkeiten bereiten dürften. Mithilfe dieser grundlegenden mathematischen Funktionen können dann beliebig komplexe mathematische oder physikalische Simulationen oder Datenauswertungen durchgeführt werden.

▶ **Ausgabe**

```
Grundrechenarten fuer Integer

11 + 5 = 16
11 - 5 = 6
11 * 5 = 55
11 / 5 = 2
11 % 5 = 1


Potenzen, Wurzeln und Logarithmen (#include <math.h>!)

Potenz:  10 hoch 2 =  100
Quadratwurzel: 100 hoch 1/2 =  10
Dekadischer Logarthmus: log10 100 =  2

Natuerlicher Logarthmus: log 100 =  4.60517


Trigonometrische Funktionen (#include <math.h>!)

Sinus:  sin(pi/6) =  0.5
Cosinus:  cos(pi/6) =  0.8660254
Tangens:  tan(pi/6) =  0.5773503  = sin(pi/6) / cos(pi/6) =  0.5773503

Einheitskreis:  sqrt( sin^2(pi/6) + cos^2(pi/6) ) =  1


Runden und Betraege (#include <math.h>!)

Original:    pi =  3.141593
Aufgerundet: pi =  4

Negativ:  -pi  =  -3.141593
Betrag:  |-pi| =  3.141593

Druecken Sie eine beliebige Taste . . .
```

▶ **Aufgabe** Die denkbar einfachsten Bewegungsgleichungen für die gleichmäßig beschleunigte Rotation ergeben sich aus dem Drehmoment $\vec{M} = J\vec{\alpha}$, wobei M das Dremoment und J das Trägheitsmoment sind. Für die Winkelbeschleunigung α, die Winkelgeschwindigkeit ω und den nach der Zeit t zurückgelegten Winkel φ gilt, nach Integration über die Zeit:

$$\vec{\alpha} = \frac{\vec{M}}{J}, \vec{\omega} = \frac{\vec{M}}{J}t, \vec{\varphi} = \frac{1}{2}\frac{\vec{M}}{J}t^2$$

Für einen Maschinenbau-Ingenieur lasse sich die vorliegende physikalische Aufgabenstellung auf einen Zylinder, der eine schiefe Ebene hinabrollt, reduzieren.

Dann ergibt sich nach dem Steinerschen Satz das gesamte Trägheitsmoment für diesen Zylinder J durch Addition des Trägheismoments um seine Symmetrieachse J_S mit mr^2, wobei m die Masse des Zylinders und r sein Radius sind, $J = J_S + mr^2$.

Kann der Schlupf, d. h. das Abgleiten des Zylinders auf der schiefen Ebene, bei dieser Bewegung vernachläßigt werden, dann kann das Drehmoment der Schwerkraft auf der schiefen Ebene dem Drehmoment des Zylinders gleichgesetzt werden,

$$mgr\,sin\delta = \left(J_S + mr^2\right)\alpha.$$

Hierin ist g = 9,81 ms^{-2} die Erdbeschleunigung und δ der Neigungswinkel der schiefen Ebene. Für die Beschleunigung des Zylinders entlang der schiefen Ebene gilt dann:

$$a = r\,\alpha = \frac{g\,sin\delta}{1 + J_S/mr^2}.$$

Berechnen Sie diese Hangabtriebsbeschleunigung bitte für einen Neigungswinkel δ = 15°, wobei das Trägheitsmoment für einen Zylinder um seine Symmetrieachse $J_S = \frac{1}{2}mr^2$ ist und g = 9,81 ms^{-1} die Erdbeschleunigung.

Natürlich können im Rahmen des folgenden Programms noch beliebige weitere physikalische Größen zu diesem physikalischen Phänomen berechnet und ergänzend ausgegeben werden – dies empfehlen wir Ihnen auch zu tun.

Quellcode-Datei main.cpp

```cpp
#include <iostream>
#include <math.h>              // Nicht notwendig für +, -, * und /

using namespace std;

int main(int argc, char **argv)
{
        cout << endl << " Hangabtriebsbeschl. fuer einen Zylinder  "
        << endl << endl;

        float g = 9.81;
        float delta_winkel;
        float delta_bogen;
        float a;
        float pi = 3.14159265359;

        cout << endl <<
        " Bitte Neigungswinkel der schiefen Ebene in ° eingeben:  delta = ";

        cin >> delta_winkel;

        delta_bogen =
        2 * pi * delta_winkel / 360;   // Umrechnung Winkel- in Bogenmaß

        a = g * sin(delta_bogen) / 1.5;     // Berechnung der Hangantriebsbeschleunigung

        cout.precision(3);      // Gibt alle folgenden Ergebnisse
                                   auf maximal 3 Stellen genau aus

        cout << endl << " Die Hangabtriebsbeschl. betraegt:  a = "
        << a << "m/s2" << endl << endl;

        system("pause");
        return 0;
}
```

Programmbeschreibung

Nach der Deklaration beziehungsweise Definition aller Variablen, wird die hier einzige einzugebende physikalische Größe, der Neigungswinkel δ der schiefen Ebene in °, abgefragt. Dieser ist noch in das Bogenmaß umzurechnen.

Wichtig ist hierbei, dass die zur Berechnung der auszugeben physikalischen Größen notwendige Formel (Arithmetische Funktion) – im Rahmen der zu berücksichtigenden Allgemeinheit – weitestmöglich vereinfacht wird. Dies vermeidet unnötige Fehlerquellen (z. B. Polstellen, …), welche letztendlich die Ausgabe mit einem unnötigen Fehler behaften.

Unter Berücksichtigung des Fehlers der eingegebenen physikalischen Größen – die Erdbeschleunigung g = 9,81 ist auf zwei Nachkommastellen genau angegeben, der Winkel δ sei hier fehlerfrei angenommen – ist die auszugebende Größe auch auf eine angemessene Anzahl von Nachkommastellen zu beschränken

cout.precision(2);

und abschließend auszugeben.

Wie groß wäre die Hangabtriebsbeschleunigung für eine Kugel bei einem Neigungswinkel der schiefen Ebene von 15°, welches Trägheitsmoment ist hierbei für die Kugel um ihre Symmetrieache anzusetzen? [Ergebnis: a = 1,81 ms^{-2}, $J_S = \frac{2}{5}mr^2$]

Versuchen Sie bitte auch weitere physikalische Größen zu berechnen und geben Sie diese dann auch tabellarisch aus. Erweitern Sie hierzu Ihr Programm entsprechend!

▶ **Ausgabe**

```
Hangabtriebsbeschl. fuer einen Zylinder


Bitte Neigungswinkel der schiefen Ebene in ▒ eingeben:  delta = 15

Die Hangabtriebsbeschl. betraegt:  a = 1.69m/s2

Drücken Sie eine beliebige Taste . . .
```

Anmerkung: Sonderzeichen, wie beispielsweise °, werden in Ausgaben mitunter nicht richtig aufgelöst.

3.1.2 Logische Funktionen und Vergleichsfunktionen – Struktogramme: Entscheidungen, Schleifen

▶ **Aufgabe**
Zahlen (Integer, Floats, …) aber auch Strings (lexikalisch sortiert!) können bezüglich Ihres Wertes verglichen werden.
  a) Veranschaulichen Sie mit den Variablen int val1 = 1; int val2 = 2;, die Vergleichsoperatoren ==, !=, <, <=, >, >=. Von welchem Typ ist das Ergebnis dieser Vergleiche?
  b) Erstellen Sie bitte mit den Variablen bool bool0 = false; bool bool1 = 1; die Werte-Tabellen für das logische NICHT (!) sowie die logischen Verknüpfungen UND (&&) und ODER (||).
  c) Zeigen Sie bitte, wie boolsche Ausdrücke in Entscheidungen (if-else) und Fallunterscheidungen (else-if, switch-case) verwendet werden.

d) Veranschaulichen Sie bitte die unterschiedliche Wirkungsweise von Präfix-
und Postfix-Inkrementoren und –Dekrementoren.
Wie sind for-, while- und do-while-Schleifen von boolschen Ausdrücken,
Inkrementoren und Dekrementoren abhängig? Was ist der Unterschied zwischen diesen Schleifen und wo muss man Vorsicht walten lassen?

Quellcode-Datei main.cpp

```cpp
#include <iostream>

using namespace std;


int main(int argc, char** argv)
{
        int val1 = 1;
        int val2 = 2;

        bool bool0 = false;
        bool bool1 = true;
        bool bool2 = 0;
        bool bool3 = 1;


        cout << endl << " a) Vergleichsoperatoren " << endl << endl;

        cout << " Gleichheit : " << endl;
        bool1 = (val1 == val1);                 // Vergleiche mit gleich
        cout << " 1 == 1 : " << bool1 << endl;
        bool1 = (val1 == val2);
        cout << " 1 == 2 : " << bool1 << endl << endl;

        cout << " Ungleichheit : " << endl;
        bool1 = (val1 != val1);                 // Vergleiche mit ungleich
        cout << " 1 != 1 : " << bool1 << endl;
        bool1 = (val1 != val2);
        cout << " 1 != 2 : " << bool1 << endl << endl;

        cout << " Kleiner (oder gleich) : " << endl;
        bool1 = (val1 < val1);                  // Vergleiche mit kleiner
        cout << " 1 < 1 : " << bool1 << endl;
        bool1 = (val1 <= val1);
        cout << " 1 <= 1 : " << bool1 << endl;
        bool1 = (val1 < val2);
        cout << " 1 < 2 : " << bool1 << endl;
        bool1 = (val2 < val1);
```

```cpp
cout << " 2 < 1 : " << bool1 << endl << endl;

cout << " Groesser (oder gleich) : " << endl;
bool1 = (val1 > val1);                      // Vergleiche mit größer
cout << " 1 > 1 : " << bool1 << endl;
bool1 = (val1 >= val1);
cout << " 1 >= 1 : " << bool1 << endl;
bool1 = (val1 > val2);
cout << " 1 > 2 : " << bool1 << endl;
bool1 = (val2 > val1);
cout << " 2 > 1 : " << bool1 << endl << endl;

cout << endl << " b) Logische Operatoren " << endl << endl;

cout << " NOT : " << endl;                  // Wertetabelle für das logische Nicht eines
                                            // boolschen Wertes
bool2 = !0;
bool3 = !bool1;
cout << " !0 : " << bool2 << endl;
cout << " !1 : " << bool3 << endl << endl;

cout << " AND : " << endl;                  // Wertetabelle für die logische Oder-
                                            // Verknüpfung zweier boolschen Werte
cout << " 0 && 0 : " << (0 && 0) << endl;
cout << " 0 && 1 : " << (0 && 1) << endl;
cout << " 1 && 0 : " << (1 && 0) << endl;
cout << " 1 && 1 : " << (1 && 1) << endl << endl;

cout << " OR : " << endl;                   // Wertetabelle für die logische Oder-
                                            // Verknüpfung zweier boolschen Werte
bool0 = (bool0 || bool0);
bool1 = (bool0 || bool1);
bool2 = (bool1 || bool0);
bool3 = (bool1 || bool1);
cout << " 0 || 0 : " << bool0 << endl;
cout << " 0 || 1 : " << bool1 << endl;
cout << " 1 || 0 : " << bool2 << endl;
cout << " 1 || 1 : " << bool3 << endl << endl;

cout << endl << " c) Entscheidungen, Fallunterscheidungen " << endl << endl;

cout << " Verzweigung if-else : " << endl;
bool0 = true;
if (bool0)                 // Entweder / Oder ist hier die Frage ...
{
        cout << " true " << endl << endl;
}
else
{                          // Fehlt die Option else, spricht man von einer bedingten
                           // Anweisung
        cout << " false " << endl << endl;
}
```

```
        cout << " Mehrfache Verzweigung – else-if : " << endl;
        if (0 == val1)     // Hier werden alle Optionen der Mehrfachauswahl durchlaufen, bis
                           // die passende Option gefunden wurde (else ist für den Fall, dass
                           // keine passende Option vorhanden ist)
        {
                cout << " 0 \n\n";
        }
        else if(1 == val1)
        {
                cout << " 1 \n\n";
        }
        else if (2 == val1)
        {
                cout << " 2 \n\n";
        }
        else
        {
                cout << " keine Ausgabe \n\n";
        }

        cout << " Fallunterscheidung - switch-case : " << endl;
        switch (val2)                             // Je nachdem, welchen Wert (0, ..., 3)
        {                                         // val2 hat, wird sofort die dem
                case 0: cout << " 0 \n\n"; break; // Doppelpunkt folgende Aktion
                case 1: cout << " 1 \n\n"; break; // durchgeführt und anschließend mit
                case 2: cout << " 2 \n\n"; break; // break die Fallunterscheidung.
                case 3: cout << " 3 \n\n"; break; // verlassen
                default: break;                   // default: Falls kein anderer
        }                                         // Wert passt wird nichts getan
        cout << endl << " d) Schleifen, Inkrementoren und Dekrementoren "<< endl << endl;

        cout << " Postfix-/Praefix-Inkrementor : " << endl;
        cout << " val1++ " << val1++ << endl;               // Addiert nach Ausgabe des Wertes
        cout << " val1 " << val1 << endl;
        cout << " ++val1 " << ++val1 << endl << endl;   // Addiert vor Ausgabe des Wertes

        cout << " Postfix-/Praefix-Dekrementor : " << endl;
        cout << " val2-- " << val2-- << endl;               // Subtrahiert nach Ausgabe des Wertes
        cout << " val2 " << val2 << endl;
        cout << " --val2 " << --val2 << endl << endl;   // Subtrahiert vor Ausgabe des Wertes

        cout << " Zaehlschleife - for : " << endl;
        for (val1 = 0; val1 < 3; val1++) // Hier wird der Körper wohl-definiert oft durchlaufen
        {
                cout << val1 << endl;
        }

        cout << endl << " Kopfgesteuerte Schleife - while : " << endl;
        val1 = 0;
        while (val1 < 3)                  // Hier wird vorab im Kopf überprüft, ob der Körper
                                         // durchlaufen werden soll und dies ggf. wiederholt
```

```
                                        // durchgeführt
    {
            cout << val1 << endl;
            val1++;
    }

    cout << endl << " Fussgesteuerte Schleife – do-while : " << endl;
    val1 = 0;
    do
    {                                   // Hier wird nach mindestens einem Durchlauf
                                        // überprüft, ob die Abbruchbedingung erfüllt ist
            cout << val1 << endl;
            val1++;
    } while (val1 < 3);

    /*
    // Vorsicht vor Endlos-Schleifen!!!

    while (true)
    {
    ...
    }

    do
    {
        ...
    } while (true);

    */


    system("pause");
    return 0;
}
```

Programmbeschreibung

a) **Vergleichsoperationen** führen letztendlich zu einer Anordnung von Variablen. Zahlen (Integer, Floats, …) oder Namen (Strings) sind nur dann gleich, wenn alle Vor- bzw. Nachkommastellen oder auch alle Buchstaben übereinstimmen, ansonsten sind sie ungleich.

Bei zwei unterschiedlichen Variablen ist im Fall zweier Zahlen immer eine größer oder kleiner als die andere und im Fall zweier Wörter immer eins weiter hinten oder weiter vorne im Wörterbuch zu finden.

Ein Vergleich führt immer zu einer wahr/Falsch-Aussage ($1 < 2$ = wahr = 1, $1 > 2$ = falsch = 0) und damit zu einer Variablen vom Typ bool.

b) Mehrere Boolsche Variablen können untereinander auch wieder mit **boolschen Opera-toren** verknüpft werden. Aufgrund der Tatsache, dass es nur zwei Zustände, wahr (1) und falsch (0), gibt, ist eine boolsche Variable, die nicht wahr ist, immer gleich falsch, oder umgekehrt. Dies schlägt sich in der Nicht-Beziehung nieder, die üblicherweise in einer Wahrheitstabelle dargestellt wird.

val1	¬val1
0	**1**
1	**0**

Soll überprüft werden, ob zwei boolsche Aussagen gleichzeitig richtig sind, ist die UND-Beziehung zu wählen (val1 && val2 = val1 $\wedge$ val2 = val1 · val2). Die entsprechende Wahrheitstabelle lautet.

val1	val2	val1 $\wedge$ val2
0	0	**0**
0	1	**0**
1	0	**0**
1	1	**1**

Für den Fall, dass nur eine von zwei boolschen Aussagen richtig sein braucht, verwendet man die ODER-Beziehung (val1 || val2 = val1 $\vee$ val2 = val1 + val2) mit folgender Wahrheitstabelle.

val1	val2	val1 $\vee$ val2
0	0	**0**
0	1	**1**
1	0	**1**
1	1	**1**

c) Entscheidungen und Fallunterscheidungen ermöglichen eine Verzweigung des Programmablaufs. Im Fall von **Entscheidungen** stehen zwei unterschiedliche Pfade (if, else) zur Verfügung um ein Programm fortzusetzen. Fehlt die Option else, spricht man von einer bedingten Anweisung, da diese nur im Fall der erfüllten Bedingung ausgeführt wird.

Die Bedingungen für eine Entscheidung sind immer entweder wahr (Ja) oder falsch (Nein) – sie führen so zwingend auf einen der beiden Pfade – und sind somit vom Typ bool.

Üblicherweise stellt man Entscheidungen und die unter d) behandelten Schleifen mit sogenannten Struktogrammen dar.

Für die Erstellung von Struktogrammen auch etwas komplexerer Programme kann unter

http://www.whiledo.de/programm.php?p=struktogrammeditor

eine Freeware heruntergeladen werden.

Das Struktogramm für die hier bearbeite Entscheidung sieht, erstellt mit dieser Freeware, beispielsweise wie folgt aus

if (bool0 == true)		
Ja		Nein
cout << "true";	cout << "false";	

und das Struktogramm für unsere **Fallunterscheidung** ergibt sich zu

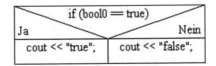

switch (val2)				
case 0:	case 1:	case 2:	case 3:	default:
cout << "0";	cout << "1";	cout << "2";	cout << "3";	cout << "Ungültige Eingabe!";

Im Gegensatz zur Entscheidung sind bei einer Fallunterscheidung die Variablen innerhalb der Bedingung vom Typ Integer (oder Aufzählungstyp!). Dies, da hier ja nicht nur zwischen wahr und falsch sondern zwischen einer ganzen Liste an Optionen entschieden werden muss.

d) Für sich wiederholende Vorgänge in einem Programm wird der Quellcode üblicherweise nicht mehrmals programmiert, sondern der immer wiederkehrende Programmteil in eine Schleife eingeschlossen, welche entsprechend der Bedingungen wiederholt durchlaufen wird.

Ist von Anfang an klar, wie oft ein Programmbereich zu durchlaufen ist, verwendet man die **for-Schleife**. Bei dieser wird eine Laufvariable initialisiert (int val1 = 0) und bis zum Endwert (val1 < 3) hochgezählt (val1++). Während jedes Schrittes wird der Programm-Körper einmal abgearbeitet. Hierbei kann es von Bedeutung sein, ob die Laufvariable vor dem Durchlaufen des Körpers erhöht wird (++val1, Präfix-Operator ++) oder nach dem Durchlaufen des Körpers (val1++, Postfix-Operator ++).

for(int val1 = 0; val1 < 3; val1++)
cout << val1 << endl; val1++;

Hat die Entwicklung im Körper einen Einfluss auf die Abbruchbedingung der Schleife, so verwendet man entweder die kopfgesteuerte **while-Schleife** oder die fußgesteuerte

do-while-Schleife. Letztere wird in jedem Fall mindestens einmal durchlaufen, bevor sie abgebrochen wird. Die Laufvariable ist hier vorab zu initialisieren und in der Schleife hoch- oder runterzuzählen.

```
while(val1 < 3)

    cout << val1 << endl;
    val1++;
```

```
    cout << val1 << endl;
    val1++;

do ... while(val1 < 3);
```

▶ **Ausgabe**

```
a) Vergleichsoperatoren

Gleichheit :
1 == 1 : 1
1 == 2 : 0

Ungleichheit :
1 != 1 : 0
1 != 2 : 1

Kleiner (oder gleich) :
1 < 1 : 0
1 <= 1 : 1
1 < 2 : 1
2 < 1 : 0

Groesser (oder gleich) :
1 > 1 : 0
1 >= 1 : 1
1 > 2 : 0
2 > 1 : 1


b) Logische Operatoren

NOT :
!0 : 1
!1 : 0

AND :
0 && 0 : 0
0 && 1 : 0
1 && 0 : 0
1 && 1 : 1

OR :
0 || 0 : 0
0 || 1 : 1
1 || 0 : 1
1 || 1 : 1
```

```
c) Entscheidungen, Fallunterscheidungen

Verzweigung if-else :
true

Mehrfache Verzweigung - else-if :
1

Fallunterscheidung - switch-case :
2


d) Schleifen, Inkrementoren und Dekrementoren

Postfix-/Praefix-Inkrementor :
val1++ 1
val1 2
++val1 3

Postfix-/Praefix-Dekrementor :
val2-- 2
val2 1
--val2 0

Zaehlschleife - for :
0
1
2

Kopfgesteuerte Schleife - while :
0
1
2

Fussgesteuerte Schleife - do-while :
0
1
2
Drücken Sie eine beliebige Taste . . . . _
```

▶ **Aufgabe** Ein Elektrotechnik-Ingenieur soll ein Simulationstool für digitale elektronische Schaltungen software-technisch über ein C++-Programm um einen Halbaddierer erweitern.

Ihm liegt lediglich die Wertetabelle vor, aus der hervorgeht, dass entsprechend der binären Addition für den Fall, dass nur einer der Summanden A oder B 1 ist, auch die Summe C 1 ist; der entsprechende Übertrag ändert sich hierbei nicht. Sind beide Eingabewerte 0, so sind sowohl das Ergebnis der Addition, als auch deren Übertrag 0; sind beide Summanden 1 erhält man für die Summe 0 und in die nächsthöhere Binärstelle wird eine 1 übergeben.

A	B	C	D
0	0	0	0
0	1	1	0
1	0	1	0
1	1	0	1

Helfen Sie bitte dem Ingenieur bei dieser Arbeit. Betrachten Sie hierfür in der Wahrheitstabelle die Spalten für die Summe C und für den Übertrag D, in Abhängigkeit der Eingaben, genau und lösen Sie diese durch logische Funktionen auf. Geben Sie bitte abschließen diese Wahrheitstabelle auf die Standardausgabe auch zeilenweise aus.

Quellcode-Datei main.cpp

```cpp
#include <iostream>

using namespace std;

int main(int argc, char** argv)
{
        bool A = 0;
        int a = 0;
        bool B = 0;
        int b = 0;
        bool C = 0;
        bool D = 0;

        cout << endl << " Halbaddierer " << endl << endl;
        cout << endl << " A B | C D " << endl;
        cout << endl << " Halbaddierer " << endl << endl;
        cout << endl << " A  B | C  D " << endl;
do
{
        do
        {
                if ((A && !B) || (!A && B))        // XOR als Software-Realisierung
                        C = 1;
                else
                        C = 0;
                if (A && B)                        // AND als Software-Realisierung
                        D = 1;
                else
                        D = 0;
                b++;
```

```
                    cout << endl << " "<< A <<" "<< B <<" | "<< C <<" "<< D << endl;
                    B = !B;
             } while (b < 2);
             a++;
             b = 0;
             A = !A;
      } while (a < 2);

             cout << endl;


             system("pause");
             return 0;
      }
```

Programmbeschreibung

In der soeben beschriebenen Software-Realisierung des Halbaddierers sind ein logisches XOR und ein AND enthalten. Über das XOR wird das eigentliche Additionsergebnis errechnet, über das AND der Übertrag des Additionsergebnisses.

Die Schleifen sorgen dafür, dass alle möglichen Permutationen der Eingaben zur Anwendung kommen, wobei die innere Schleife die logische Variable B alterniert, während über die äußere Schleife desgleichen für die Variable A erfolgt.

Nach Ausgabe des Tabellenkopfes vor den ineinander geschachtelten Schleifen, erfolgt die Vervollständigung der Wahrheitstabelle iterativ nach entsprechenden Schleifendurchläufen.

Hier liegt die Software-Version eines Halbaddierers vor. Für Halbaddierer existieren aber auch Hardware-Realisierungen, welche meist über C-MOS-Technologie ausgeführt werden. Ob nun auf Software- oder Hardware-Basis, aus zwei Halbaddierern HA lässt sich ein Volladdierer VA konstruieren. Beiden Realisierungsmöglichkeiten liegt hier in jedem Fall folgendes Blockdiagramm zugrunde.

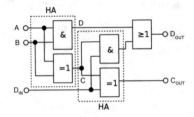

Mithilfe dieses Blockschaltbildes möchten wir Sie ermutigen selbstständig einen Volladdierer zu programmieren!

▶ **Ausgabe**

```
Halbaddierer

A  B | C  D

0  0 | 0  0

0  1 | 1  0

1  0 | 1  0

1  1 | 0  1

Drücken Sie eine beliebige Taste . . .
```

3.1.3 Numerische Funktionen – Funtionen mit einer Variablen am Beispiel Fakultät

▶ **Aufgabe** Berechnen Sie unabhängig voneinander die Fakultäten der Zahlen 6 und 49
und geben Sie diese auf der Standardausgabe aus.
Verwenden Sie hierzu eine Funktion zur Berechnung der Fakultät.
Was fällt auf?

Header-Datei math.h

```
#ifndef math_h
#define math_h

unsigned long long faktorial(int);       // Deklaration der Funktion faktorial

#endif
```

Quellcode-Datei math.cpp

```
#include <iostream>
#include "math.h"

extern int exInt;        // Deklaration der externen Variable

unsigned long long faktorial(const int n = 1)
                         // Schreibschutz 'const' für die Variable, Default-
                         // Parameter '= 1'
```

```cpp
{
        unsigned long long faktorial = 1;

        for (
                int i = 2;   // Initialisierung einmalig vor dem ersten Durchlauf der Variablen
                i <= n;   // Wiederholte Überprüfung vor Durchlauf des Befehlskörpers
                ++i       // Aktion nach Durchlauf des Befehlskörpers,
                )         // gleichbedeutend mit "i = i + 1" Kurz: for(int i=2;i<=n;++i)
        {
                faktorial *= i;    // gleichbedeutend mit "faktorial = faktorial * i"
                std::cout << i << " - " << faktorial << std::endl;
        }                          // Debug-Ausgabe: Nach dem 20ten Durchlauf wird der
                                   // der Speicherplatz für unsigned long long
                                   // überschritten => falsche Ausgabe!
        exInt = ++exInt;
        std::cout << exInt << std::endl << std::endl;        // Ausgabe der externen Variablen

        return faktorial;          // Rückgabe des Funktionswerts
}
```

Quellcode-Datei main.cpp

```cpp
#include <iostream>
#include "math.h"

// #include "math.h"            // Wäre diese Einbindung aktiv, dann führe dies zu einem
                                // Compilerfehler [C].

// Würde man ein und dieselbe Funktion in zwei *.cpp oder einer *.cpp und einer
// *.h Datei definieren, führt dies zu einem Linker-Fehler [LNK]


extern int exInt = 123;         // Globale oder externe Variable

int main(int argc, char **argv)
{
        using namespace std;

        int int1 = 6;           // Lokale oder interne Variablen
        int int2 = 49;
        unsigned long long ull1;
        unsigned long long ull2;

        ull1 = faktorial(int1);
        ull2 = faktorial(int2);
```

```
    cout << "6! : " << ull1 << endl << endl;
    cout << "49!: " << ull2 << endl << endl;

    system("pause");
    return 0;
}
```

Programmbeschreibung

Die Funktion `unsigned long long fakultaet(int);` wird in der Header-Datei math.h deklariert, wobei im Rahmen der Macro-Programmierung wieder die doppelte Verwendung zweier gleichlautender math.h Header-Dateien unterbunden wird. Diese Header-Datei ist dann in allen Dateien, hier main.cpp und math.cpp, einzubinden, in welchen die Funktion verwendet wird.

In der Quellcode-Datei main.cpp wird dann neben unserer selbst definierten Header-Datei `#include "math.h"` die Header-Datei `#include <iostream>` (aus der Standardbibliothek) mit eingebunden.

Bei doppelter Einbindung einer Header-Datei in ein und derselben Datei führt dies zu einem Compiler-Fehler [C]. Erfolgt dies über eine Dateigrenze hinweg wird ein Linker-Fehler [LNK] beim Compilieren ausgegeben.

Bei den zu deklarierenden und zu definierenden Variablen unterscheidet man zwischen externen oder globalen Variablen, welche über alle Dateien (main.cpp, math.cpp, …) hinweg gültig sind und internen oder lokalen Variablen, die lediglich in der Funktion gültig sind, in welcher sie auch deklariert und definiert wurden.

Externe Variablen sind in jeder Funktion, in welcher sie verwendet werden zu deklarieren und zumindest in einer (sinnvollerweise der main()-Funktion) auch gleich zu definieren. Ansonsten sind externe Variablen mit äußerster Sorgfalt zu handhaben und nur dann zu verwenden, wenn es unumgänglich ist, um die Fehleranfälligkeit umfangreicher Programme nicht unnötig zu erhöhen.

Alle internen Variablen werden in ordentlichen Quellcodes üblicherweise im oberen Teil des Programmkörpers einer Funktion deklariert und auch sofort definiert.

Der Befehl `using namespace std` erlaubt wieder die verkürzte Verwendung der Befehle `std::cout` und `std::endl` in Form von `cout` und `endl`.

Der Funktionsaufruf innerhalb der Funktion `main()` erfolgt dann durch

```
ull1 = faktorial(int1);
```

wobei `ull1` den gleichen Datentyp besitzen muss, wie die in math.h deklarierte Funktion `faktorial()`. Dies gilt auch für die Argumente der Funktion, hier z. B. `int1`, deren Typ sowohl in math.h als auch in main.cpp und math.cpp mit integer deklariert und in main.cpp auch sofort durch Zuweisung von 6 definiert wurde.

In der math.cpp-Datei wird dann innerhalb der Funktion `unsigned long long faktorial(const int n)` mittels einer for-Schleife iterativ die Fakultät des übergebenen Arguments berechnet, zur Kontrolle wird auch eine Debug-Ausgabe durchgeführt. Nach der Schleife wird abschließend die externe Variable berechnet und ausgegeben sowie das Ergebnis der Fakultätsberechnung an die main()-Funktion zurückgegeben.

Auf der Standarausgabe (siehe unten) ist zu sehen, dass die Einbindung einer Debug-Ausgabe durchaus sinnvoll war. Dies, da trotz Verwendung des speicherplatzintensiven Typs unsigned long long, der zur Verfügung stehende Speicherplatz zur Berechnung von Fakultäten jenseits 20! nicht aus ausreichend war und damit der von der Funktion faktorial() zurückgelieferte Wert falsch wiedergegeben wird.

Recherchieren Sie bitte im Internet, wie man dieses Problem lösen könnte.

▶ **Ausgabe**

```
2 - 2
3 - 6
4 - 24
5 - 120
6 - 720
124

2 - 2
3 - 6
4 - 24
5 - 120
6 - 720
7 - 5040
8 - 40320
9 - 362880
10 - 3628800
11 - 39916800
12 - 479001600
13 - 6227020800
14 - 87178291200
15 - 1307674368000
16 - 20922789888000
17 - 355687428096000
18 - 6402373705728000
19 - 121645100408832000
20 - 2432902008176640000
21 - 14197454024290336768
22 - 17196083355034583040
23 - 8128291617894825984
24 - 10611558092380307456
25 - 7034535277573963776
26 - 16877220553537093632
```

...

```
35 -  6399018521010896896
36 -  9003737871877668864
37 -  1096907932701818880
38 -  4789013295250014208
39 -  2304077777655037952
40 -  18376134811363311616
41 -  15551764317513711616
42 -  7538058755741581312
43 -  10541877243825618944
44 -  2673996885588443136
45 -  9649395409222631424
46 -  1150331055211806720
47 -  17172071447535812608
48 -  12602690238498734080
49 -  8789267254022766592
125

6! : 720

49!: 8789267254022766592

Drücken Sie eine beliebige Taste . . .
```

Zu erkennen ist für Fakultäten 20! und höher, dass trotz Verwendung des speicherplatzintensiven Datentyps unsigned long long ein Speicherplatz-Überlauf erfolgt!

3.1.4 Funktionen mit mehreren Variablen am Beispiel 6 aus 49

▶ **Aufgabe** Mathematiker des Deutschen Lotto- und Totoblocks, einem Zusammenschluss der Landes-Lotteriegesellschaften, benötigen zur Bestimmung der Rentabilität der Lotterie 6 aus 49, Antworten auf folgende Fragen:

a) Wie oft müssen Sie Lotto spielen um statistisch gesehen einmal 6 Richtige zu bekommen? Verwendet werden soll die folgende Formel (ist diese anwendbar?)

$$W = \frac{49!}{6!(49!-6!)} \; ?$$

b) Welches Ergebnis erbringt die folgende Formel?

$$V = \frac{49 \times 48 \times 47 \times 46 \times 45 \times 44}{6 \times 5 \times 4 \times 3 * 2 \times 1}.$$

Header-Datei math.h

```
typedef unsigned long long ull; // typedef {Datentyp} {Aliasname}
                                // zum abkürzen langer Typen

#ifndef math_h
#define math_h

unsigned long long funa(int, int);
unsigned long long funb(int, int);
ull func(int, int);

#endif
```

Quellcode-Datei math.cpp

```
#include <iostream>
#include "math.h"

unsigned long long funa(const int n, const int m)
{
        int Fak1 = 1;
        int Fak2 = 1;
        unsigned long long Funa = 1;

        for (int i = 2; i <= n; ++i)  // 6!
        {
                Fak1 *= i;
        }

        for (int i = 2; i <= m; ++i)          // 49!
        {
                Fak2 *= i;
        }
        Funa = Fak2 / (Fak1 * (Fak2 - Fak1));   // 49! : (6! * (49-6)!)

        return Funa;
}

unsigned long long funb(const int n, const int m)
```

```cpp
{
        int Fak1 = 1;
        unsigned long long Funb = 1;

        for (int i = 2; i <= n; ++i)  // 6!
        {
                Fak1 *= i;
        }

        Funb = m / Fak1;    // (49 * 48 * 47 * 46 * 45 * 44) : 6!

        return Funb;
}

unsigned long long func(int n, int m)

{

        unsigned long long  enumerator = 1;
        ull  denominator = 1;

        for (int i = m, j = 1; (i > (m - n)) || (j <= n); i--, j++)
        {
                enumerator *= i;
                denominator *= j;
        }

        return  enumerator / denominator;
}
```

Quellcode-Datei main.cpp

```cpp
#include <iostream>
#include "math.h"

int main(int argc, char **argv)
{
        using namespace std;

        int int1 = 6;
        int int2 = 49;
        int int3 = 49 * 48 * 47 * 46 * 45 * 44;
```

```cpp
unsigned long long ull1;
unsigned long long ull2;
ull ull3;

ull1 = funa(int1, int2);
ull2 = funb(int1, int3);
ull3 = func(int1, int2);

cout << " a) " << ull1 << " falsch " << endl;
cout << "    " << ull3 << " korrekt " << endl << endl;
cout << " b) " << ull2 << endl << endl;

system("pause");
return 0;
}
```

Programmbeschreibung

Diese Aufgabe ist ganz ähnlich aufgebaut, wie die vorangegangene Aufgabe. Erwäh-nenswert ist, dass hier in der Header-Datei eine Typ-Definition vorgenommen wurde, typedef unsigned long long ull;, um Schreibarbeit einzusparen. Ein so definierter Typ gilt in allen Dateien, in welchen die Header-Datei eingebunden wird.

Ansonsten sieht man hier, dass in Funktionen auch mehr als eine Variable verwendet werden kann. Dies ist natürlich sowohl in der Deklaration (math.h) als auch beim Aufruf (main.cpp) oder der Abarbeitung (math.cpp) angemessen zu berücksichtigen.

Hier erfolgt für 49! ebenfalls ein Speicherüberlauf (trotz Verwendung des Datentyps unsigned long long!), der zu einer falschen Ausgabe führt. Zu sehen ist hier jedoch auch, wie diese Aufgabe korrekt gelöst werden kann.

▶ **Ausgabe**

```
a) 0 falsch
   13983816 korrekt

b) 2053351

Drücken Sie eine beliebige Taste . . .
```

3.1.5 Tabellen und Grafiken für Funktionen

▶ **Aufgabe** Im Gymnasium sind leider keine programmierbaren, grafischen Rechner erlaubt. Um die Funktion $y = x^3$ dennoch berechnen und die Funktions-werte x und y für den Bereich von x = -3 bis x = 4 als Tabelle ausgeben und den zugehörigen Funktionsgraphen anzeigen zu können, schreibt der Schüler

auf dem Rechner im Informatikraum ein C++-Programm, ohne auf auch hierbei
verbotene Grafik-Tools zurückzugreifen.

Wie könnte dieses Programm aussehen? Legen Sie bitte einfachheitshalber
die x-Achse für den Funktionsgraphen parallel zur vertikalen, linken Kante des
Ausgabefensters. Markieren Sie den Nullpunkt mit einer 0 und alle anderen
Punkte mit einem kleinen x.

Quellcode-Datei main.cpp

```cpp
#include <iostream>

using namespace std;

int main()
{
        int xmin = -3;
        int xmax = 4;
        int x[8];
        double y[8];

        // Funktion x^3
        for (int i = 0; i < (xmax - xmin); i++)
        {
                x[i] = xmin + i;
                y[i] = x[i] * x[i] * x[i];
        }

        // Funktionstabelle
        cout << " x    y" << endl << endl;
        for (int i = 0; i < (xmax - xmin); i++)
        {
                cout << " " << x[i] << "   " << y[i] << endl;
        }
        cout << endl << endl;

        // Funktionsgraph
        double ymin = y[0];
        for (int i = 1; i < (xmax - xmin); i++) // Peak Picking
        {
                if (y[i] < ymin)
                {
                        ymin = y[i];
                }
        }
```

```
for (int i = 0; i < (xmax - xmin); i++) // Graph erstellen
{
        for (int j = 0; j < (int)(y[i] - ymin); j++)
                cout << " ";
        if (x[i] != 0)
                cout << "x" << endl;
        else
                cout << "0" << endl;
}

    system("pause");
    return 0;
}
```

Programmbeschreibung

Für die Wertetabelle und den Graphen der kubischen Funktion, $y = x^3$, sollen die Werte-paare (x, y) in zwei Felder, x[], y[], geschrieben werden. Auf Felder wird in den nächsten Kapiteln noch weit exakter eingegangen werden, machen Sie sich jedoch hier schon ver-traut mit der Deklaration, der Definition und dem Arbeiten mit Feldern. Hierzu verwendet man eine Schleife, in der über den Schleifenindex alle Wertepaare berechnet und in den beiden genannten Feldern abgespeichert werden.

Für die Wertetabelle gibt man nach deren Kopf die Wertepaare zeilenweise innerhalb einer entsprechenden Schleife wieder aus.

Für den Funktionsgraphen sind wieder in einer Schleife alle x-Werte zu durchlaufen, wobei für jeden x-Wert eine Zeile ausgegeben werden soll, die solange mit Leerzeichen gefüllt wird, bis der Funktionswert der Zeilenlänge entspricht und mit einem x markiert wird. Für den Fall, dass es sich um den Nullpunkt des Graphen handelt, der mit einer 0 zu markieren ist, ist noch eine Fallunterscheidung zu treffen.

Um auch negative Funktionswerte anzeigen zu können ist vor Ausgabe des Graphen der kleinste Funktionswert ymin zu bestimmen und alle Anderen Werte zur grafischen Dar-stellung um dieses ymin vom linken Bildschirmrand nach rechts zu befördern.

▶   **Ausgabe**

```
x       y

-3     -27
-2     -8
-1     -1
 0      0
 1      1
 2      8
 3      27


x
                         x
                            x
                              0
                               x
                                  x
                                         x
Drücken Sie eine beliebige Taste . . . ▁
```

Nebenbei

Auch zweidimensionale Grafiken können auf diese Weise ausgegeben werden. Hierzu sind Schwellwerte für die Ausgabewerte zu definieren. Wo diese überschritten werden, kennzeichnen Höhenlinien den Funktionsverlauf. Höhenlinien für unterschiedliche Höhen können sinnvollerweise mit unterschiedlichen Symbolen (Zahlenwerten!) versehen werden.

Versuchen Sie doch ruhig mal, die Eingangs dieses Kapitels gezeigte zweidimensionale Funktion, z = x * y, derart zu plotten!

3.2 Algorithmen

Funktionen und Algorithmen

In der Mathematik (Arithmetik, Logik, Numerik, …) werden beliebig einfache oder komplexe Funktionen (+, -, ×, :, …, sin(), tan(), log(), …) verwendet um mit Zahlen zu rechnen. Sollen wir beispielsweise, mit einem Stift und einem Blatt Papier bewaffnet, zwei nahezu beliebig lange Zahlen addieren, dann wissen wir, wie das geht.

Was wir hierbei tun, ist das Addieren von zwei Zahlen, beispielsweise 8 + 4 = 12 – d. h. die Funktion + auf die beiden Zahlen 8 und 4 anwenden und das Ergebnis 12 angeben.

Wie wir das tun, das beschreibt ein entsprechender Algorithmus: Im dekadischen Zahlensystem hängen wir an bereits vorhandene acht Punkte •••••••• weitere vier Punkte •••• an und erhalten eine Kette, die 8+4 Punkte (••••••••••)•• lang ist. Entsprechend unseres dekadischen Zahlensystems fassen wir immer zehn Punkte zusammen. Dann zählen wir die verbleibenden Punkte (den Rest, die „Einer-Päckchen") und geben diese an 2, dem voraus stellen wir die Anzahl der Zehner-Päckchen (den Übertrag) 1, und erhalten so das Endergebnis 12. Hätten wir mehrere Zehner-Päckchen, dann würden wir auch wieder, entsprechen unseres dekadischen Systems, zehn Zehner-Päckchen zu einem Hunderter-Päckchen zusammenstellen und nach Angabe der verbleibenden Einer- und Zehner-Päckchen () auch die Anzahl der Hunderter-Päckchen [] wieder voranstellen. Analog geht man mit Tausender-Päckchen {} usw. vor.

Insbesondere in der Informatik, bei Verwendung von Rechnern zur Lösung von (mathematischen) Aufgaben, sind Algorithmen von zentraler Bedeutung.

So arbeiten digitale Rechner grundsätzlich nicht mit dem dekadischen Zahlensystem (Basis 10), sondern mit dem dualen Zahlensystem (Basis 2), d. h. es existieren nur die beiden Zahlen 0 und 1. Die soeben durchgeführte Addition würde im Dualzahlensystem, in welchem immer zwei Punkte zusammengefasst werden wie folgt aussehen: 1000 + 100 = 1100 oder {[(••)(••)][(••)(••)]} + [(••)(••)] = {[(••)(••)][(••)(••)]}[(••)(••)].

Mit dem Begriff Algorithmus bezeichnet man jedoch auch weit komplexere Handhabungen von numerischen Größen. So durften wir in einem der vorangegangenen Kapitel bereits die Funktion Fakultät, beispielsweise 6! = 1 × 2 × 3 × 4 × 5 × 6 = 720, kennenlernen, in deren Algorithmus Addition und Multiplikation bereits anspruchsvoll verknüpft werden. Auch konnten wir hier sehen, dass Algorithmen durch die Hardware oder Software von Computern begrenzt werden können; so war 6! noch berechenbar, während 49! einen Speicherüberlauf verursachte, den man auch leicht übersehen hätte können, da ja ein Ergebnis – wenn auch falsch – ausgegeben wurde.

Darüber hinaus betrachteten wir die Wahrscheinlichkeit beim Lotto-Spielen einmal 6 Richtige zu bekommen.

$$W = \frac{49!}{6!(49!-6!)}.$$

Da mit unserem Rechner der Algorithmus von 49! (wegen Speicherüberlaufs) ein falsches Ergebnis lieferte, war zur korrekten Berechnung der soeben genannten Formel der einfache Algorithmus zur Berechnung von Fakultäten nicht anwendbar. Ein völlig andersartiger Algorithmus war zu entwickeln, um auf ein richtiges Gesamtergebnis W zu kommen.

Mit den folgenden Aufgaben entfernen wir uns noch weiter von der einfachen Mathematik (Arithmetik) und sehen, was Digital-Rechner mit entsprechenden Algorithmen noch alles bieten können – und zwar das beliebige Tauschen von Komponenten in Vektoren sowie das Sortieren von Zahlenreihen.

3.2.1   Vektoren – Vertauschen der Komponenten

▶ **Aufgabe** Erzeugen Sie bitte einen Vektor mit vier beliebigen Zahlen. Geben Sie die Länge des Vektors und seine Komponenten der Reihe nach aus und ermöglichen Sie den Tausch zweier beliebiger Komponenten.

Quellcode-Datei main.cpp

```cpp
#include <iostream>
#include <vector>


int main(int argc, char **argv)
{
        using namespace std;

        vector<int> myVec1{ 1,9,6 };      // Vektor (= Klassen-Template), dynamische
                                          // Version des Vektors
        auto myVec2 = { 7L,9L,6L };       // Durch Zuweisung von 7L (= long, 7LL = long
                                          // long, 7.0f = float, 7.0d = double, ...)
                                          // wird der Datentyp automatisch festgelegt


        myVec1.push_back(7);              // Fügt am Ende ein Element ein
        // myVec1.pop_back();             // Entfernt am Ende ein Element


        cout << "Ausgabe der Vektorlaenge:" << endl;
        cout << myVec1.size() << endl << endl;  // Länge des Vektors erfragen
```

```
cout << "Gleichwertige Ausgabemoeglichkeiten für Vektoren:" << endl;
cout << myVec1[0] << endl;      // Ausgabe, Möglichkeit 1 a)
cout << myVec1[1] << endl;
cout << myVec1.at(2) << endl;  // Ausgabe, Möglichkeit 1 b)
cout << myVec1.at(3) << endl << endl;

for (int i = 0; i < myVec1.size(); i++)      // Ausgabe, Möglichkeit 2
{
        cout << myVec1[i] << endl;
}
cout << endl;

cout << "Elemente von Vektoren tauschen:" << endl;
int i, j, dum;
bool ok = false;

do                              // Ausnahmebehandlung für falsche Eingaben
{
        cout << " Position des ersten Elements bitte (Werte zwischen 1 und " <<
        myVec1.size() << "): " ;
        cin >> dum;              // Eingabe des ersten Elements
        if (dum >= 1 && dum <= 4)
        {
                i = dum;
                ok = true;
        }
        else
        {
                ok = false;
                cout << "Falsche Eingabe!" << endl;
        }
} while (false == ok);

cout << "\n\n\r Position des zweiten Elements bitte:  ";
cin >> j;

int tmp = myVec1[i-1];          // Die zwei Elemente tauschen
myVec1[i-1] = myVec1[j-1];
myVec1[j-1] = tmp;

for (auto &elem : myVec1)       // Ausgabe
{
        cout << elem << endl;
}
cout << endl;

system("pause");
return 0;
}
```

Programmbeschreibung

Um mit Vektoren in einem Programm arbeiten zu können ist neben `#include <iostream>` die gleichnamige Standardbibliothek `#include <vector>` mit einzubinden. Einen Vektor definiert man mit

```
std::vector<Type> Vector_Name{ Value1, …, ValueN };
```

Man kann Vektoren aber auch über den Typ `auto` indirekt definieren

```
auto Vector_Name = { 7L,9L,6L };
```

wobei die Definition dann über die Werte und mögliche Typ-Zusätze erfolgt. Im Fall von Zahlen sind u. a. folgende Kürzel möglich: … L = long, LL = long long, f = float, d = double, … .

Vektoren können mit

```
Vector_Name.push_back(Value);
```

um einen Wert verlängert werden, der am Ende angehängt wird, und mit

```
Vector_Name.pop_back(Value);
```

um einen Wert verkürzt werden. Mit

```
Vector_Name.size()
```

kann die Länge eines Vektors bestimmt werden. Einzelne Komponenten eines Vektors können über unterschiedliche Ausdrücke angesprochen werden, z. B.

```
Vector_Name[Position]
Vector_Name.at(Position)
```

In professionellen Programmen sind mögliche Fehler, beispielsweise durch falsche Eingaben von Personen grundsätzlich über Ausnahmebehandlungen (siehe Kapitel *Ausnahmebehandlungen*!) abzufangen.

Sind beispielsweise nur Zahlen zwischen 1 und 4 als Eingaben erlaubt, dann könnte eine Ausnahmebehandlung für die Eingabe etwa so aussehen: Die eingegebene Zahl wird in Quarantäne gegeben, d. h. vorerst einem dummy zugewiesen und erst nach erfolgreicher Überprüfung der Eingangs-Variable zugeschrieben. Erfolgt die Überprüfung nicht erfolgreich, dann wird über eine Textausgabe auf den Eingabefehler hingewiesen.

```
do
{
        std::cout << " Bitte eine Zahl zwischen 1 und 4: " ;
        std::cin >> dummy;
        if (dummy >= 1 && dummy <= 4)
        {
                Value_In = dummy;
                ok = true;
        }
}
```

```
    Else
    {
            ok = false;
            std::cout << "Falsche Eingabe!";
    }
} while (false == ok);
```

In professionellen Programmen fängt man Eingaben nicht über Integer ab, sondern über einzugebende Strings, welche dann ggf. zeichenweise in Integer oder auch andere Datentypen konvertiert werden. Anregungen dazu können in den Kapiteln *Deklarationen und Definitionen, Datentypen und deren Konvertierung* und *Strukturen mit Strings – Zum Betriebssystem* nachgelesen werden.

Auch der Tausch zweier Komponenten eines Vektors erfolgt über eine temporäre Variable `tmp` (dummy), indem zuerst eine der beiden Variablen der temporären Variable zugewiesen wird und nach der Zuweisung der zweiten an die erste Variable, abschließend die temporäre Variable der zweiten Variablen einbeschrieben wird. Im Fall von Integern sieht dies folgendermaßen aus:

```
int tmp = Vector_Name[Position1];
Vector_Name[Position1] = Vector_Name[Position2];
Vector_Name[Positon2] = tmp;
```

▶ **Ausgabe**

```
Ausgabe der Vektorlaenge:
4

Originaler Vektor:
1
9
6
7

Elemente von Vektoren tauschen:
 Position des ersten Elements bitte (Werte zwischen 1 und 4):  6
Falsche Eingabe!
 Position des ersten Elements bitte (Werte zwischen 1 und 4):  4

 Position des zweiten Elements bitte:  3
1
9
7
6

Drücken Sie eine beliebige Taste . . .
```

3.2.2   Bubble Sort, Quick Sort und Insertion Sort

▶   **Aufgabe** Informatiker des Bundesamtes für Statistik benötigen für eine Big Data Analyse einen effizienten Sortier-Algorithmus, um aus den immens vielen, zufällig verteilten Messwerten die Verteilungsfunktion experimentell ermitteln und dann auch durch eine Verteilungskurve fitten zu können.

Für erste Tests sortieren sie 25 zufällig generierte Zahlen zwischen 0 und 24 der Größe nach, wobei sie folgende Sortier-Algorithmen verwenden:
a) Den vergleichsweise langsamen Bubble-Sort,
b) den sehr schnellen Quick-Sort und
c) den Insertion-Sort.

Helfen Sie ihnen bitte bei dieser Arbeit! Welcher dieser Sortieralgorithmen ist der schnellste?

Header-Datei rndFunc.h

```
#include <vector>

std::vector<int> getRandomVector(int size, int min, int max);
```

Header-Datei mySort.h

```
#ifndef MYSORT_H
#define MYSORT_H

#include <vector>

void bubbleSort(std::vector<int> &unsortedVector);
void quickSort(std::vector<int> &unsortedVector);
std::vector<int> insertionSort(std::vector<int> &unsortedVector);

#endif // MYSORT_H
```

Quellcode-Datei Main.cpp

```
#include "mySort.h"
#include "rndFunc.h"

#include <iostream>
#include <vector>
#include <time.h>
```

```cpp
int main(int argc, char **argv)
{
        using namespace std;

        cout << "Unsortierter Vektor:" << endl;
        vector<int> unsortedVector1 = getRandomVector(25, 1, 24);
        vector<int> unsortedVector2 = unsortedVector1;
        vector<int> unsortedVector3 = unsortedVector1;
        float t;
        int end = unsortedVector1.size();

        for (int i = 0; i < end; i++)
        {
                cout << "  " << unsortedVector1[i] << endl;
        }
        cout << endl;


        cout << "a) Mit Bubble-Sort sortierter Vektor:" << endl;
        int start1, end1;

start1 = time(0);                       // Beginn der Zeitmessung
bubbleSort(unsortedVector1);            // Aufruf der Funktion BubbleSort
end1 = time(0);                         // Ende der Zeitmessung
cout << "Dauer: " << (end1 - start1) << " Sekunden" << endl;
                                        // Ausgabe der Zeitmessung (Sekundengenau)

for (int i = 0; i < end; i++)
{
        cout << "  " << unsortedVector1[i] << endl;
}
cout << endl;


cout << "b) Mit Quick-Sort sortierter Vektor:" << endl;
t = clock();
quickSort(unsortedVector2);             // Aufruf der Funktion QuickSort
t = clock() - t;
cout << "Dauer: " << t << " Sekunden" << endl;
                                        // Ausgabe der Zeitmessung (ms-genau!)

for (auto &val : unsortedVector2)
{
        cout << "  " << val << endl;
}
cout << endl;
```

```cpp
        cout << "c) Mit Insertion-Sort sortierter Vektor:" << endl;
        t = clock();
        vector<int> sortedVector = insertionSort(unsortedVector3);
                                                    // Aufruf der Funktion InsertSort
        t = clock() - t;
        cout << "Dauer: " << t << " Sekunden" << endl;

        for (auto &val : sortedVector)
        {
                cout << "  " << val << endl;
        }
        cout << endl;


        system("pause");
        return 0;
}
```

Quellcode-Datei rndFunc.cpp

```cpp
#include "rndFunc.h"

#include <stdlib.h>
#include <time.h>

std::vector<int> getRandomVector(int size, int min, int max)
{
        srand((unsigned int)time(0));    // Initialisieren der rand()-Funktion mit der Uhrzeit
        int tmp;
        std::vector<int> returnVector;

        for (int i = 0; i < size; ++i)
        {
                tmp = rand() % (max - min + 1) + min ;
                                        // Zufallszahl generieren
                returnVector.push_back(tmp);
                                        // Zufallszahl an das Ende des Vektors anhängen
                                        // returnVector.push_back((rand() % (max - min)) + min);
                                        // möglich aber unübersichtlich!!!
        }
        return returnVector;
}
```

Quellcode-Datei mySort.cpp

```cpp
#include "mySort.h"


void quickSort(std::vector<int> &unsortedVector, int lo, int hi);
int partition(std::vector<int> &unsortedVector, int lo, int hi);
void swap(std::vector<int> &unsortedVector, int i, int j);


void bubbleSort(std::vector<int> &unsortedVector)
{
        bool stop = false;
        int end = unsortedVector.size() - 1;
        int tmp = 0;
        int newPos = 0;

        do
        {
                stop = true;
                for (int i = 0; i < end; i++)        // Reihe einmal durchsuchen
                {
                        newPos = i + 1;
                        if (unsortedVector[i] > unsortedVector[i + 1])
                                                        // Bedingung für Tausch
                        {
                                tmp = unsortedVector[i];        // Tauschen
                                unsortedVector[i] = unsortedVector[i + 1];
                                unsortedVector[i + 1] = tmp;
                                stop = false;
                        }
                }
                --end;                          // Durch --end beschl. der Funktion

        } while (false == stop);                // ...  bis kein Tausch mehr erfolgte
}



void quickSort(std::vector<int> &unsortedVector)  // Überladen einer Funktion,
                                                  // d.h. mehr Argumente


{
        quickSort(unsortedVector, 0, (int)unsortedVector.size() - 1);
}
```

```cpp
void quickSort(std::vector<int> &unsortedVector, int lo, int hi)
{
        if (lo < hi)        // Nach Partitionierung werden beide Hälften sortiert
        {
                int p = partition(unsortedVector, lo, hi);
                quickSort(unsortedVector, lo, p);
                quickSort(unsortedVector, p + 1, hi);
        }
}

int partition(std::vector<int> &unsortedVector, int lo, int hi)
{
        int pivot = unsortedVector[lo];
                        // Partitionieren durch aufeinander Zugehen von hi- und lo-Wert
        int i = lo - 1;
        int j = hi + 1;
        while (true)
        {
                do      // Bewegung von lo-Wert
                {
                        i += 1;
                } while (unsortedVector[i] < pivot);
                do      // Bewegung von hi-Wert
                {
                        j -= 1;
                } while (unsortedVector[j] > pivot);
                if (i >= j)
                        return j;
                swap(unsortedVector, i, j);                     // Tauschen
        }
}

void swap(std::vector<int> &unsortedVector, int i, int j)        // Tauschen
{
        int tmp = unsortedVector[i];
        unsortedVector[i] = unsortedVector[j];
        unsortedVector[j] = tmp;
}



std::vector<int> insertionSort(std::vector<int> &unsortedVector)
{
```

```
for (int i = 1; i < (int)unsortedVector.size(); i++)
                                    // Ab 2. Element nach links "Durchvergleichen"
{
        int j = i;
        while (j > 0 && unsortedVector[j - 1]
        > unsortedVector[j]) {    // Durchvergleichen
                swap(unsortedVector, j, j - 1);
                j--;
        }
}
return unsortedVector;
}
```

Programmbeschreibung

In diesem Programm wird ein Vektor mit Zufallszahlen gefüllt (rndFunc.h, rndFunc.cpp) und dann mit unterschiedlich schnellen Sortieralgorithmen (mySort.h, mySort.cpp) sortiert. Die Dauer des Sortiervorgangs soll gemessen werden um den schnellsten Algorithmus zu identifizieren.

Stehen Sie vor der Frage, wie Sie in C++ Zufallszahlen generieren oder eine Zeitmessung vornehmen sollen, dann könnten Sie beispielsweise mit den Suchbegriffen random oder clock googlen und finden beispielsweise

http://www.cplusplus.com/reference/cstdlib/rand/

http://www.cplusplus.com/reference/ctime/clock/

Mit den hierin enthaltenen Informationen sollten Sie die Generation einer Zufallszahl oder eine Zeitnahme nachvollziehen können.

Ein Vektor wird mit Zufallszahlen gefüllt, indem in einer Schleife schrittweise die Komponenten mit Zufallszahlen einbeschrieben werden.

Eine Zeitmessung besteht aus Zeitnahmen vor und nach dem Funktionsaufruf eines Sortier-Algorithmus und der anschließenden Differenzbildung.

Um sich den Ablauf eines Sortier-Algorithmus vorab zu veranschaulichen, könnten Sie durchaus auch auf youtube.com zurückgreifen. Wie ein BubbleSort, ein QuickSort oder ein InsertionSort abläuft finden Sie z. B. unter

https://www.youtube.com/watch?v=lyZQPjUT5B4

https://www.youtube.com/watch?v=ywWBy6J5gz8

https://www.youtube.com/watch?v=ROalU379l3U

Ausgehend davon können Sie dann entweder selbst versuchen den Algorithmus zu programmieren oder wie oben nach möglichen Lösungsvorschlägen im Internet nachsehen. Dazu bieten sich www.cplusplus.com, www.wikipedia.com oder andere Plattformen an. Dort können Sie unabhängig von der Programmiersprache einen entsprechenden sogenannten Pseudocode finden.

https://de.wikipedia.org/wiki/Bubblesort

https://de.wikipedia.org/wiki/Quicksort

https://en.wikipedia.org/wiki/Insertion_sort

Im Falle des BubbleSort sieht der Pseudocode abweichend vom oben gezeigten Programm wie folgt aus.

```
bubbleSort(Array A)
   for (n=A.size; n>1; n=n-1){
      for (i=0; i<n-1; i=i+1){
         if (A[i] > A[i+1]){
            A.swap(i, i+1)
         } // ende if
      } // ende innere for-Schleife
   } // ende äußere for-Schleife
```

Die hierin zitierte swap-Funktion ist in C++ auch als Standardfunktion (#include <vector>) implementiert. Eine Anregung dafür, wie sie selbst geschrieben werden könnte finden Sie im oben gezeigten Programmbeispiel.

Dieser Pseudocode ist dann noch als C++-Quellcode zu formulieren, die nötigen Header.h Dateien einzubinden, zu kompilieren und laufen zu lassen! Versuchen Sie es einmal und vergleichen Sie die Ausgabe mit der unten gezeigten. Welcher Algorithmus ist schneller, der aus dem Pseudocode gewonnene oder der im oben gezeigten Programm dargestellte? Warum?

▶ **Ausgabe**

```
Unsortierter Vektor:
   13
   7        Mit Bubble-Sort sortierter Vektor:
   16       Dauer: 0 Sekunden int
   13            1        Mit Quick-Sort sortierter Vektor:
   19            1        Dauer: 0 Sekunden float
   10            1
   19            6             1        Mit Insertion-Sort sortierter Vektor:
   11            7             1        Dauer: 0.001 Sekunden float
   22            7             6             1
   6             7             7             1
   7             9             7             1
   13            9             9             6
   21            10            9             7
   15            11            9             7
   1             13            10            7
   9             13            11            9
   17            13            13            9
   22            13            13            10
   13            15            13            11
   9             16            13            13
   19            17            15            13
   22            19            16            13
   1             19            17            13
   7             19            19            15
   1             21            19            16
                 22            19            17        Drücken Sie eine beliebige Taste . . .
```

3.3   Pointer und Pointer-Funktionen

Zeig mir eine Variable und deren Wert!

Nehmen wir an, Sie gehen in einen Lesesaal. Sie nehmen Ihren Rucksack mit, in welchen Sie vorsichtshalber einen Regenschirm legen. Im Vorraum des Lesesaals lassen Sie den Rucksack in einem Schließfach zurück.

Sie erhalten dafür einen Schlüssel, mit dessen Nummer Sie das Schließfach, in welchem sich Ihr Rucksack (incl. Regenschirm) befindet, wiederfinden können.

Mit hilfe der Nummer auf dem Schlüssel, können Sie jederzeit nachsehen, ob der Rucksack, incl. Regenschirm, noch im Schließfach ist.

Verlieren Sie den Schlüssel, so bleibt Ihr Rucksack weggeschlossen.

Wagen wir nun den Analogieschluss zu Pointern (Zeigern): Der Rucksack entspricht einer deklarierten Variable, welche durch die Zuweisung eines Wertes (eines Regenschirms) definiert wurde. Beim Auslagern der Variablen in das Register (Zurücklassen des Rucksacks im Vorraum), wird der Variablen ein Speicherplatz zugewiesen (wird der Rucksack in ein Schließfach gesperrt).

Sie definieren einen Pointer (Sie erhalten dafür einen Schlüssel), dessen Adresse (dessen Nummer) Ihnen das Wiederfinden der Variablen (des Rucksacks) ermöglicht.

Mit hilfe des Pointers (Schlüssels) können Sie jederzeit auf den Inhalt der Variablen (Inhalt des Rucksacks – den Regenschirm) zugreifen.

Weisen Sie dem Pointer eine neue Adresse zu (verlieren Sie den Nummernanhänger des Schlüssels), so bleibt Ihre Variable (Ihr Rucksack) unerreichbar, obwohl die Variable physikalisch noch ihren Platz unter den zahlreichen, aufeinanderfolgenden Registerplätzen (ihr Rucksack in aufeinanderfolgenden Schließfächern) einnimmt.

Wichtig ist hierbei, dass Adressen hier immer eine hexadezimale Zahl enthalten. Dies führt dazu, dass Variablen vom Typ Integer im Zusammenhang mit Pointern etwas anders zu behandeln sind, wie Variablen anderer Typen (so wie Rucksäcke von unterschiedlichen Herstellern auch unterschiedliche Positionierungen von Reißverschlüssen haben können).

```cpp
char *myPointer1 = "Zeiger";            // Pointer bezieht sich auf die Adresse
                                        // (eine mehrstellige Zahl) des Startpunkts
                                        // der Datenwerte (Z)
cout << myPointer1 << endl;             // Ausgabe der Datenwerte (Zeiger)
cout << *myPointer1 << endl;            // Ausgabe des Startpunkts der Datenwerte (Z)
cout << &myPointer1 << endl << endl;    // Ausgabe der Adresse im Speicher
                                        // (einer mehrstelligen Zahl), wo der Startpunkt der
                                        // Datenwerte (Z) liegt
int myInt1 = 17;                        // Definition einer Variablen
const int *myPoint1 = &myInt1;          // Definition eines konstanten Pointers
// int *myPoint1 = 17;                  // Liefert Fehler, da *myPoint1 ein Pointer ist
                                        // und kein Integer,
cout << myPoint1 << endl;               // Ausgabe der Adresse (einer mehrstellige Zahl)
                                        // des zugewiesenen Integers (myInt1)
cout << *myPoint1 << endl;              // Ausgabe der Werte des Pointers (17)
cout << &myPoint1 << endl << endl;      // Ausgabe der Adresse (einer mehrstelligen Zahl)
                                        // des Pointers (myPoint1)
```

Dies wird in den folgenden Aufgaben dezidiert erarbeitet werden.

Grundsätzlich ist die Implementierung von Pointern in C++ die Grundlage dafür, dass mit C++ hardwarenah programmiert werden kann (Schnittstellenprogrammierung, …), was den Leistungsumfang dieser Programmiersprache gegenüber anderen höheren Programmiersprachen auszeichnet, so können mit C++ nicht nur Applications (Apps: Libre Office, Open Office, …), sondern auch insbesondere Betriebssysteme (Unix, Linux, iOS, Android, …) programmiert werden.

3.3.1   Character Pointer

▶ **Aufgabe**
   a) Deklarieren Sie einen Character, weisen Sie ihm einen Wert zu und geben Sie diesen aus.
   b) Deklarieren und definieren Sie ein- und mehrdimensionale Character-Felder. zeigen Sie, dass man durch Anhängen des Endzeichens '\0' ein Character-Feld wie einen String behandeln kann und geben Sie das Character-Feld aus. Was fällt auf, wenn Sie es nicht komponentenweise ausgeben?
   c) Deklarieren Sie Pointer, arbeiten Sie mit deren Werten (Strings, Char-Feldern), deren Zeigern und Adressen. Kopieren Sie Strings zeichenweise und verbinden Sie zwei Strings bevor Sie sie ausgeben.
   d) Wenden Sie die sizeof-Funktion auf Character und Felder an, was fällt auf.
   e) Wenden Sie die sizeof-Funktion auf Pointer an. Offensichtlich wird in diesem Fall immer nur der Wert 1 ausgegeben – warum? Wie kann man dennoch über Pointer die Länge ihrer Werte ermitteln?

Header-Datei myString.h

```
unsigned int strLen1(const char* str);
unsigned int strLen2(const char* str);
unsigned int strLen3(const char* str);

char *strCopy(const char* str);        // const schützt die übergebenen Parameter vor
                                       // dem Überschreiben
char *strMerge(const char* str1, const char* str2);
void wait();
```

Quellcode-Datei myString.cpp

```
#include <conio.h>                     // Für die Fuktion _getch();
#include "myString.h"

unsigned int strLen1(const char * str)    // Funktion mit for-Schleife
```

```cpp
{
        int cn = 0;
        for (int i = 0; str[i] != '\0'; i++)
        {
                cn++;
        }

        return cn;
}

unsigned int strLen2(const char* str)           // Funktion mit while-Schleife
{
        int cn = 0;
        while ('\0' != str[cn])
                cn++;

        return cn;
}

unsigned int strLen3(const char * str)          // Funktion mit do-while-Schleife
{
        int cn = 0;
        do
        {
                cn++;
        } while (str[cn] != '\0');

        return cn;
}


char *strCopy(const char* str)
{
        int length = strLen1(str);
        char *retVal1 = new char[length + 1];   // new erzeugt neuen dynamischen
                                                // Speicherplatz der nach
                                                // beenden des Funktionsaufrufs durch
                                                // delete wieder freizugeben ist
        for (int i = 0; i < length; ++i)
        {
                retVal1[i] = str[i];
        }
        retVal1[length] = '\0';

        return retVal1;
}
```

```
char *strMerge(const char* str1, const char* str2)
{
        int length = strLen1(str1) + strLen1(str2);
        char *retVal2 = new char[length + 1];

        for (int i = 0; i < strLen1(str1); ++i)        // Befüllen der ersten Hälfte
                retVal2[i] = str1[i];

        for (int j = strLen1(str1); j < length; ++j) // Befüllen der zweiten Hälfte
                retVal2[j] = str2[j - strLen1(str1)];

        retVal2[length] = '\0';

        return retVal2;
}


void wait()              // Alternative zu system("pause");
{
        std::cout << "Bitte jedwede Taste druecken ..." << std::endl;
        _getch();
                                                                          }
```

Quellcode-Datei main.cpp

```cpp
#include <iostream>
#include <string>
#include "myString.h"

using namespace std;

int main(int argc, char **argv)
{
        cout << "a) Character (immer 1-dim.!)" << endl;
        char myChar1 = 'z';      // Character weisen kein String-Endzeichen auf
        char myChar2;            // Deklaration
        myChar2 = 'B';           // Definition, Zuweisung
        cout << " Zwei Zeichen (char): " << myChar1 << " " << myChar2 << endl << endl;
                                 // Ausgabe

        cout << "b) Character-Felder und Strings, 1-dim. (statisch)" << endl;
        char myArray1[5] = { 'T','a','g','!','\0' };  // char- und const char-Felder müssen mit
                                                      // [Länge + Endzeichen] deklariert werden,
```

```
string myString = myArray1;       // dann können sie als string verwendet werden.
const char myArray2[2] = "T";
cout << myArray1 << endl;
cout << " Array: " << myChar1 << endl;
cout << " Array: " << myArray1 << endl;
cout << " String: " << myString << endl;
cout << " Array: " << myArray2 << endl << endl;

cout << "  Character-Felder, mehr-dim. (statisch)" << endl;
char myArray3[2][6] = { { '3','8','3','1','7','\0' },
                        { ')','&',' ',';',')','\0' } };
cout << " Array: " << myArray3 << endl;
cout << " Components:" << endl;
for (int i = 0; i < 2; i++) {                // zeilenweise
        for (int j = 0; j < 6; j++) {        // spaltenweise
                cout << myArray3[i][j];
        }
        cout << endl;
}
cout << endl;

cout << "c) Character-Pointer, 1-dim.: Datenwerte, Startpunkt, Adresse für Pointer"
     << endl;
char *myPointer1 = "Hallo!"; // Pointer bezieht sich auf die Adresse(eine mehrstellige
                             // Zahl) des Startpunkts der Datenwerte (H)
cout << myPointer1 << endl;          // Ausgabe der Datenwerte (Hallo!)
cout << *myPointer1 << endl;         // Ausgabe des Startpunkts der Datenwerte (H)
cout << &myPointer1 << endl << endl; // Ausgabe der Adresse im Speicher (einer
                                     // mehrstelligen Zahl), wo der Startpunkt der
                                     // Datenwerte (H) liegt
cout << "  Ausgabe zugewiesener, kopierter und verbundener Pointer" << endl;
myPointer1 = "Servus!";              // Zuweisung für einen Pointer
//myPointer1[0] = '.';               // Als statischer Pointer so nicht änderbar
//char *myPointerX = myChar1;        // So nicht möglich, da '\0' fehlt
char *myPointer2 = myArray1;    // Zuweisung eines Character-Arrays (String, Vektor)
char *myPointer3 = myPointer1;       // Zuweisung eines Pointerwerts
char **myPointer4 = &myPointer1;     // Zuweisung einer Pointeradresse
char *myPointer5 = strCopy(myPointer1);   // In der Funktion wird dynamischer
                                          // Speicherplatz reserviert, deshalb myPointer5
char *myPointer6 = strMerge(myPointer1, myPointer3);
myPointer6[0] = '.';                 // Ändern eines Elements
cout << "Assign: " << myPointer2 << endl;   // Ausgabe der zugewiesenen Character
cout << "        " << myPointer3 << endl;   // Ausgabe eines kopierten Strings
cout << "        " << myPointer4 << endl;   // Ausgabe eines kopierten Strings
cout << "Copy:   " << myPointer5 << endl;   // Ausgabe eines zeichenweise
                                            // kopierten Strings
cout << "Merge:  " << myPointer6 << endl << endl;  // Ausgabe zweier verbundener
                                                   // Strings
```

```
    delete[] myPointer5;                    // Freigabe des dynamischem Speicherplatzes
    delete[] myPointer6;

    cout << "  Character-Pointer, mehr-dim. (dynamisch)" << endl;
    int length = 7;
    char **myPointer7 = new char*[length];
    myPointer7[0] = new char[6]{ '3','8','3','1','7','\0' };
    myPointer7[1] = "7353";
    cout << myPointer7[1] << " " << myPointer7[0] << endl;
    cout << myPointer7[0][4] << endl << endl;


    cout << "d) Sizeof fuer Character und Character-Felder:" << endl;
    cout << sizeof(myChar1) << endl ;       // Ausgabe Länge einer Zeichenkette ohne
                                            // Endzeichen ('\0')
    cout << sizeof(myArray1) << endl << endl;      // Ausgabe ... incl. Endzeichen ('\0')

    cout << "  Sizeof fuer Character-Pointer:" << endl;
    cout << sizeof(*myPointer1) << endl;    // Ausgabe lediglich der Länge des ersten
                                            // Zeichens, d.h. 1, deswegen ...
    cout << strLen1(myPointer1) << endl;    // ... eigene Funktion definieren
    cout << strLen2(myPointer1) << endl;
    cout << strLen3(myPointer1) << endl << endl;


    wait();                                 // Alternative zu system("pause");
    return 0;
}
```

Programmbeschreibung

In der Header-Datei myString.h werden die Funktionen zur Bestimmung einer String-Länge und zum Kopieren eines Strings deklariert. In alle Funktionen wird der String als Pointer übergeben. Während bei den strLenX-Funktionen ein Integer entsprechend der Länge des Strings zurückgegeben wird, wird bei der *strCopy-Funktion ein Zeiger auf den Kopierten String zurückgegeben. Hierbei ist es völlig unerheblich, ob sich das Sternchen * am Ende der Typangabe oder am Anfang des Funktionsnamens befindet – oder auch in der Mitte zwischen beiden. Die Verwendung von Pointern sowohl bei der Übergabe als Argumente in eine Funktion, als auch (wie im Fall der *strCopy- und der *strMerge-Funktion) bei der Rückgabe des Funktionswertes z. B. in die main()-Funktion, spart im Rechner Speicherplatz und beschleunigt das Programm. Dies, da ja nur die Adresse des initialen Characters übergeben wird und letztendlich die Zeichenkette auch nur in ihrer tatsächlichen Länge im Programm genutzt wird.

Die Auslegung der Argumente der Funktion als Konstanten schützt diese in der Funktion vor unbeabsichtigtem Überschreiben – denn in den allermeisten Fällen soll ja der Funktionswert aus den übergebenen Argumenten berechnet werden.

In der main()-Funktion wird neben unserer soeben beschriebenen "myString.h"-Datei für Ein- und Ausgaben wieder die <iostream>-Header-Datei eingebunden. Auch verwenden wir den Namensraum Standard (`using namespace std;`), um dessen Befehle zugunsten der Übersichtlichkeit des Programms in der kurzen Form verwenden zu können.

Zu a): Character sind einzelne, beliebige Zeichen, die durch eine Variable repräsentiert werden. durch voranstellen des Typs wird diese deklariert, weist man ihr über das = Zeichen auch einen Wert zu ist sie definiert. Grundsätzlich sind alle Variablen eingangs des Programms auf diese Weise zu initialisieren.

```
char myChar1 = 'T';
char myChar2;
myChar2 = 'T';
```

Zu b): Nun lassen sich daraus char-Felder beliebiger Länge definieren, welche – schließt man sie mit dem Endzeichen ' \0 ' ab – auch als Strings verwendet werden können. Das Endzeichen ist in der Längenangabe des Feldes zu berücksichtigen.

```
char myArray1[5] = { 'T','a','g','!','\0' };
string myString = myArray1;
const char myArray2[2] = "T";
```

Bei mehrdimensionalen Character-Feldern, welche i.a. statisch sind, sind für alle Dimensionen die Werte einzeln zuzuweisen und dann auch über Schleifen (siehe unten) auch wieder einzeln auszulesen. Gibt man nur die Feld-Variable aus, wie hier `myArray3`, dann wird der Pointer auf den Anfangswert des Feldes ausgegeben – was schon einen deutlichen Hinweis auf den Zusammenhang zwischen Feldern und Pointern gibt.

```
char myArray3[2][6] = { { '3','8','3','1','7','\0' },
                        { ')','&',' ',';',')','\0' } };
cout << " Array: " << myArray3 << endl;
```

Zu c): Wird ein Character-Pointer über `char *myPointer;` deklariert bedeutet dies, dass über

```
std::cout << myPointer1;
```

der zugehörige Character oder das entsprechende char-Feld ausgegeben wird. Ein Pointer zeigt aber immer nur auf das erste Zeichen und dessen Adresse im Speicher. Diese werden über

```
std::cout << *myPointer1;
std::cout << &myPointer1;
```

ausgegeben. Man kann Pointern sowohl Werte als auch Adressen von Charaktern, ein- und mehr-dimensionalen Feldern und Pointern zuweisen. Dies gilt auch für Funktionen, welche einen char-Pointer zurückliefern, wie beispielsweise `char *strCopy(const char* str)` und `char *strMerge(const char* str)`. Hierauf werden wir in einem der folgenden Kapitel im Rahmen der Callback-Funktion noch eingehen. Das Arbeiten mit Pointern ist maschinennah und spart somit Recourcen und Zeit.

Wichtig ist in diesem Zusammenhang auch, dass sich mehrdimensionale Pointer-Felder auch im Gegensatz zu char-Feldern sehr effizient dynamisch definieren lassen.

```
int length = 7;
char **myPointer7 = new char*[length];              // dynamisch
myPointer7[0] = new char[6]{ '3','8','3','1','7','\0' };   // dynamisch
myPointer7[1] = "7353";                             // statisch
```

Zu d) Während mit der `sizeof()`-Funktion die Längen von Charactern, Character-Felder und Strings richtig wiedergegeben werden

```
sizeof(myChar1)
sizeof(myArray1)
```

wird entsprechend des unter c) ausgeführten von

```
sizeof(*myPointer1);
```

auch immer nur eine 1 für den ersten Character zurückgegeben (siehe Ausgabe!). Um dies zu vermeiden, wurden hier drei Funktionen (strLenX, X = 1, 2 oder 3) geschrieben, welche die Anzahl der im String – auf den der Pointer verweist – enthaltenen Character zählen. Die Agumente der Funktionen `strLenX` sind also Pointer (auf den String) und diese Funktionen liefern einen Integer (die Anzahl der Character im String) zurück.

Funktionen, deren Deklaration (in der Header.h-Datei), deren Definition (i.a. in der Funktion.cpp-Datei), deren Aufruf (meist in der main.cpp-Datei), Argumente und Rückgabewerte wurden bereits im vorangegangenen Kapitel behandelt. Über die in der myString.cpp Quellcode-Datei enthaltenen X = 1, …, 3 strLenX-Funktionen wird nun das Zählen mit drei unterschiedlichen Schleifen ausgeführt.

In der for-Schleife werden z. B. für i = 0 (Initialisierung) bis i == imax (oder imin / wird wiederholt überprüft) die Aktionen im Körper ausgeführt und dann i inkrementiert (i++, ++i) (oder dekrementiert (i--, --i)).

```
for (Initialisierung; Wiederholte Überprüfung, vor Durchlauf des Körpers;
Aktion, nach Durchlauf des Körpers)
{
      Körper;
}
```

Während, oder besser solange die Bedingung (z. B. `i == imax`) in der while-Schleife noch nicht erfüllt ist, wird der Körper wiederholt ausgeführt. Eine mögliche Initialisierung muss vor der while-Schleife erfolgen, die Inkrementierung oder Dekrementierung einer Laufvariablen im Körper.

```
while (Abbruch-Bedingung (vom Typ bool))
{
        Körper;
}
```

Die do-while-Schleife ist eine while-Schleife, in der sich die Überprüfung der Abbruch-Bedingung am Ende der Schleife befindet. Dies kann je Aufgabenstellung vorteilhafte Lösungen ermöglichen.

```
do
{
        Körper;
} while (Abbruch-Bedingung (vom Typ bool));
```

Aus char-Feldern und Strings lassen sich dann wiederum einzelne Elemente, Character, auslesen oder ändern. Strings können zugewiesen, kopiert (`strCopy`) oder auch zusammengefügt (`strMerge`) werden. Hierbei lassen sich die Pointer sehr effizient einsetzen, da sich über den Befehl new in

```
char *Pointer = new char[Länge]
```

ein sogenannter dynamischer Pointer definieren lässt, welcher sich nur auf die tatsächliche Länge des Strings beschränkt, was Speicherplatz und Rechenzeit spart. Dieser Speicherplatz bleibt erhalten, wodurch der Pointer nicht nur lokal in einer Funktion verwendet werden kann, sondern auch public in einem Programm. Dieser Speicherplatz wird erst bei Beendigung des Programms gelöscht, wenn er nicht zuvor über den Befehl

```
delete[] Pointer;
```

gelöscht wurde.

Verdeutlichen Sie sich bitte nun anhand des Programmbeispiels, wie mit Pointern gearbeitet wird und wie die Funktionen `strCopy` und `strMerge` arbeiten. Versuchen Sie dem entsprechend ein Programm zu schreiben, welches einen langen String in zwei Hälften zerlegt.

Das Programm wird mit der Funktion `wait()` beendet, welche neben Ausgabe des Textes `"Bitte jedwede Taste druecken ..."` mit der Funktion `_getch();` nur noch solange wartet, bis eine beliebige Taste gedrückt wird. Zurück in der main()-Funktion beendet `return 0;` dann das Programm.

▶   **Ausgabe**

```
a) Character (immer 1-dim.!)
 Zwei Zeichen (char): z B

b) Character-Felder und Strings, 1-dim. (statisch)
Tag!
 Array: z
 Array: Tag!
 String: Tag!
 Array: T

   Character-Felder, mehr-dim. (statisch)
 Array: 010FFE50
 Components:
38317
)& ;)
```

```
c) Character-Pointer, 1-dim.: Datenwerte, Startpunkt, Adresse fuer Pointer
Hallo!
H
001EF7D8

   Ausgabe zugewiesener, kopierter und verbundener Pointer
Assign: Tag!
        Servus!
        001EF7D8
Copy:   Servus!
Merge:  .ervus!Servus!

   Character-Pointer, mehr-dim. (dynamisch)
7353 38317
7

d) Sizeof fuer Character und Character-Felder:
1
5

   Sizeof fuer Character-Pointer:
1
7
7
7

Bitte jedwede Taste druecken ...
```

3.3.2   Integer Pointer

▶   **Aufgabe**

a) Definieren Sie einen *konstanten* Integer-Pointer, den Sie über die Zuweisung eines variablen Integers *variieren*.

b) Geben Sie bitte den Wert und die Adresse eines Integers aus (kein Integer-Pointer!).

c) Geben Sie bitte auch den Wert und die Adresse eines Integer-Pointers aus. Was kann man hier noch ausgeben, wenn man diesem Pointer zuvor einen Integer zugewiesen hat?

d) Welche drei Möglichkeiten haben Sie, einen Integer in eine Funktion zu übergeben?

e) Welche zwei grundsätzlichen Möglichkeiten bestehen, um einen Pointer in eine Funktion zu übergeben?

f) Welche drei grundsätzlichen Möglichkeiten bestehen, Werte von einer Funktion zurückzugeben? Welche der drei verwendet man eher nicht?

Header-Datei math.h

```cpp
// d) Uebergabe von Integern in Funktionen
float volume_CallByValue(const float);
float area_CallByReference(const float&);
float perimeter_Pointer(const float*);

// e) Uebergabe von Integer-Pointern in Funktionen
void increment_CallByPoi_1(int);
void increment_CallByPoi_2(int*);
void increment_Pointer(int&);

// f) Rueckgabewerte von Funktionen
float volume_ReturnValue(const float);
float& area_ReturnReference(const float);
float* perimeter_ReturnPointer(const float);
```

Quellcode-Datei math.cpp

```cpp
#include <iostream>
#include "math.h"

extern float pi = 3.141592653;
```

```cpp
// d) Uebergabe von Integern in Funktionen

float volume_CallByValue(const float radius)
{
        float volume = 4 * pi * pow(radius, 3) / 3;

        return volume;
}

float area_CallByReference(const float& radius)
{
        float area = 4 * pi * pow(radius, 2);

        return area;
}

float perimeter_Pointer(const float* radius)
{
        float perimeter = 2 * pi * *radius;

        return perimeter;
}

// e) Uebergabe von Integer-Pointern in Funktionen

void increment_CallByPoi_1(int i)
{
        i++;
}       // void-Funktionen haben grundsätzlich keinen Rückgabewert, ...

void increment_CallByPoi_2(int *i)
{
        *i = *i + 1;
}

void increment_Pointer(int &i)
{
        i = i + 1;
}

// f) Rueckgabewerte von Funktionen

float volume_ReturnValue(const float radius)
{
        float volume = 4 * pi * pow(radius, 3) / 3;

        return volume;
}
```

```
float& area_ReturnReference(const float radius)
{
        float area = 4 * pi * pow(radius, 2);

        return area;
}

float* perimeter_ReturnPointer(const float radius)
{
        float perimeter = 2 * pi * radius;

        return &perimeter;
}
```

Quellcode-Datei main.cpp

```cpp
#include <iostream>
#include "math.h"

using namespace std;


int main(int argc, char **argv)
{
        int myInt1 = 17;                // Definition einer Variablen
        const int *myPoint1 = &myInt1;  // Definition eines konstanten Pointers
        // int *myPoint1 = 17;          // Liefert Fehler, da *myPoint1 ein Pointer ist
                                        // und kein Integer,
        int *myPoint2 = new int(17);    // ... deshalb dynamisch definieren


        cout << "a) Variable und constante Integer:" << endl;
        cout << myInt1 << endl;         // Über myInt1 wird auch *myPoint1 variabel!
        cout << *myPoint1 << endl;
        myInt1 = 12;
        cout << myInt1 << endl;
        cout << *myPoint1 << endl << endl;


        cout << "b) Ausgabe Integer: Wert und Adresse" << endl;
        cout << myInt1 << endl;         // Ausgabe des Integers
```

```
// cout << *myInt1 << endl;            // Liefert Fehler, da Integer und kein Pointer!
cout << &myInt1 << endl << endl;       // Ausgabe der Adresse des Integers

cout << "c) Ausgabe Pointer: Adresse des zugew. Int., Wert, Adresse" << endl;

cout << myPoint1 << endl;              // Ausgabe der Adresse (einer mehrstelligen
                                       // Zahl) des zugewiesenen Integers (myInt1)

cout << *myPoint1 << endl;             // Ausgabe der Werte des Pointers (17)
cout << &myPoint1 << endl << endl;     // Ausgabe der Adresse (einer
                                       // mehrstelligen Zahl) des Pointers
                                       // (*myPoint1)
cout << "d) Uebergabe von Integern in Funktionen" << endl;
float radius = 1;
cout << "Volumen (Call By Value):       " << volume_CallByValue(radius) << endl;
cout << "Oberflaeche (Call by Reference): " << area_CallByReference(radius)
<< endl;
cout << "Umfang ('roher Zeiger'):       " << perimeter_Pointer(&radius)
<< endl << endl;

cout << "e) Uebergabe von Integer-Pointern in Funktionen" << endl;
increment_CallByPoi_1(*myPoint2);      // Dynamisch definierter Pointer als
                                       // Argument (Call By Reference)

cout << "Inkrement (Call By Pointer): " << *myPoint2 << endl;
                                       // Pointer-Sternchen entweder im
                                       // Funktionsaufruf

increment_CallByPoi_2(myPoint2);       // 'oder' in der aufgerufenen Funktion
                                       // verwenden

cout << "Inkrement (Call by Pointer): " << *myPoint2 << endl;
increment_Pointer(*myPoint2);          // Dynamisch definierter Pointer als
                                       // Argument ("roher Zeiger")
cout << "Inkrement ('roher Zeiger'):  " << *myPoint2 << endl << endl;

cout << "f) Rueckgabewerte von Funktionen" << endl;
cout << "Volumen (Value):       " << volume_ReturnValue(radius) << endl;
cout << "Oberflaeche (Reference): " << area_ReturnReference(radius) << endl;
cout << "Umfang ('roher Zeiger'): " << perimeter_ReturnPointer(radius) <<
" (gibt man besser nicht zurueck!)" << endl << endl;

system("pause");
return 0;
}
```

Programmbeschreibung

Sowohl die Adressen als auch die Werte von Integer-Pointern sind vom Typ Integer. Deshalb bedürfen Integer-Pointer einer besonderen Behandlung.

a) Um Verwechslungen zwischen Werten und Adressen zu vermeiden, können zur Definition von Integer-Pointern Integer als solche definiert werden und deren Adressen const int-Pointern zugewiesen werden. Dynamische Integer-Pointer lassen sich über die Funktion `new int()` definieren.

```
int myInt1 = 17;

const int *myPoint1 = &myInt1;
int *myPoint2 = new int(17);
```

Der Versuch einer Definition über `int *myPoint1 = 17;` ist nicht zugelassen und erbringt beim Compilieren einen Fehler (um Verwechslungen zwischen Werten und Adressen zu vermeiden). Um einen über `const int` deklarierten Integer-Pointer im Programmverlauf zu ändern, muss zuerst der ihm zugewiesene variable Integer geändert werden, damit ist dann auch der Pointer-Wert geändert.

```
myInt1 = 12;
std::cout << *myPoint1;
```

b) Dennoch kann man in einem Programm sowohl mit Werten als auch mit Adressen von Integern und Integer-Pointern arbeiten. Der Wert und die Adresse eines Integers verbergen sich hinter:

```
std::cout << myInt1;        // Ausgabe des Integers
std::cout << &myInt1;       // Ausgabe der Adresse des Integers
```

Hier liefert `cout << *myInt1;` einen Fehler, da es sich `myInt1` um einen Integer und nicht um einen Pointer handelt.

c) Für definierte Pointer werden Wert und Adresse wie folgt ausgegeben.

```
std::cout << *myPoint1;     // Ausgabe der Werte des Pointers
std::cout << &myPoint1;     // Ausgabe der Adresse des Pointers
```

Bei Integer-Pointern werden nicht wie bei char-Pointern mit `*myPoint1` die ersten Ziffern des Integers ausgegeben sondern nur die gesamte Zahl. Damit steht myPointer für eine zusätzliche Ausgabe zur Verfügung und zwar für die Adresse des ihm zugewiesenen Integers und das macht nach der oben gezeigten Deklaration von `myInt1`und `myPoint1` auch wirklich Sinn.

```
std::cout << myPoint1;    // Ausgabe der Adresse des zugewiesenen Integers (myInt1)
```

d) Bei der Übergabe eines Integers in eine Funktion stehen drei Möglichkeiten zur Verfügung. Die erste ist bereits aus den vorangegangenen Kapiteln hinlänglich bekannt: Die Übergabe des Integer-Wertes selbst, wobei für diesen in der Funktion neuer Speicherplatz geschaffen wird. (Call By Value). Speicherplatz für übergebene und originale Variable bleiben erhalten.

```
float volume_CallByValue(const float);
float area_CallByReference(const float&);
float perimeter_Pointer(const float*);
```

```
volume_CallByValue(radius)
area_CallByReference(radius)
perimeter_Pointer(&radius)
```

Bei der zweiten Möglichkeit wird lediglich die Adresse des Integers übergeben (Call By Reference), weshalb für diesen auch kein neuer Speicherplatz angelegt wird.

Die dritte Methode ist die klassische (aus C bekannte) Übergabe der Adresse einer Variablen an die Funktion (Pointer = roher Zeiger).

e) Bei der Deklaration von Pointern ist es unerheblich, ob man das Sternchen * an das rechte Ende des Typs oder an das linke Ende der Variable setzt (oder auch dazwischen). Ebenso ist es bei der Übergabe von Integer-Pointern unerheblich, ob man das Sternchen in den Funktions-Aufruf oder in der Funktion verwendet (Call By Pointer). Verwendet man es in der Funktion, muss es dort aber auch durch den Körper beibehalten werden.

```
Funktion(*myPoint2);     // Aufrufende Funktion und
cout << *myPoint2;       // Rücknahme
Funktion(myPoint2);
cout << *myPoint2;
```

```
void Funktion(int i) {    // Aufgerufenes Programm
        i++;
}
void Funktion(int *i) {
        *i=*i+1;
}
```

Auch möglich ist folgende Parameter-Übergabe eines Pointers in eine Funktion (roher Zeiger).

```
Funktion(*myPoint2);
std::cout << *myPoint2;
```

```
void Funktion(int &i) {
        i=i+1;
}
```

Vergleichen Sie diese Übergabe des Pointers mit der dritten Möglichkeit unter d).

f) Grundsätzlich kann man Werte, Referenzen oder Pointer von einer Funktion zurückgeben lassen. Der Funktionsaufruf erfolgt in allen drei Fällen über

```
Funktion(radius);
```

Die Rückgabe aus der Funktion erfolgt mit

```cpp
float Funktion(const float radius)
{
        float volume = 4 * pi * pow(radius, 3) / 3;
        return volume;
}

float& Funktion(const float radius)
{
        float area = 4 * pi * pow(radius, 2);
        return area;
}

float* Funktion(const float radius)
{
        float perimeter = 2 * pi * radius;
        return &perimeter;                                         }
```

Den abschließend gezeigten Pointer gibt man in der Regel nicht zurück, da hier lediglich die Adresse des Speicherplatzes (Stack) zur Verfügung gestellt wird.

▶   **Ausgabe**

```
a) Variable und constante Integer:
17
17
12
12

b) Ausgabe Integer: Wert und Adresse
12
0133F78C

c) Ausgabe Pointer: Adresse des zugew. Int., Wert, Adresse
0133F78C
12
0133F780

d) Uebergabe von Integern in Funktionen
Volumen (Call by Value):         4.18879
Oberflaeche (Call by Reference): 12.5664
Umfang ('roher Zeiger'):         6.28319

e) Uebergabe von Integer-Pointern in Funktionen
Inkrement (Call By Pointer):  17
Inkrement (Call by Pointer):  18
Inkrement ('roher Zeiger'):   19

f) Rueckgabewerte von Funktionen
Volumen (Value):         4.18879
Oberflaeche (Reference): 12.5664
Umfang ('roher Zeiger'): 0133F664 (gibt man besser nicht zurueck!)

Drücken Sie eine beliebige Taste . . .
```

▶ **Wichtig** Grundsätzlich wird die Übergabe von Variablen aller Basisdatentypen in Funktionen so gehandhabt, wie dies hier für Integer (und Character) gezeigt wurde.

Von Variablen mit Datentypen höheren Datenumfangs (Structure, Class, …) werden meist nur die Adressen übergeben. Dies, da so schneller auf die Variablen zugegriffen werden kann und kein zusätzlicher Speicherplatz benötigt wird.

3.3.3 Callback, die Adressen von Funktionen

▶ **Aufgabe** Nicht nur auf Character und Integer kann über Pointer zugegriffen werden. Auch Funktionen haben zumindest einen Rückgabewert, welcher einen wohldefinierten Typ aufweist.

Deshalb können auch Funktionen über den sogenannten Callback mit ihrer Start-Adresse aufgerufen werden. Dies ist von besonderem Interesse, wenn man schnelle Schnittstellen programmieren will.

a) Deklarieren Sie bitte den Zugriff auf Funktionen so, dass Sie die Adressen zweier unterschiedlicher Funktionen ausgeben können.

b) Geben Sie bitte auch die Funktionswerte für eine Exponential-Funktion und eine Wurzel-Funktion zurück, wenn der Übergabe-Parameter 9 ist.

Quellcode-Datei Main.cpp

```cpp
#include <iostream>

typedef int(*funcPointer)(int i);      // typedef für eine Typ-Funktion vom Typ
                                       // Integer-Pointer mit einem Argument vom Typ Integer
// typedef unsigned int uint;          // typedef für einen Typ uint
using namespace std;

int func1(int i);                      // Definition zweier Funktionen vom gleichen
int func2(int i);                      // Typ mit einem Argument vom gleichen Typ

funcPointer get_func(const int i);     // Definition der Funktion get_func(), mit welcher der
                                       // Pointer auf die Funktion im Argument ausgelesen
                                       // werden kann, d.h. die Start-Adresse dieser Funktion

int main(int argc, char **argv)        // Callback: Zurückgabe der Adresse von
{                                      // auszuwählenden Funktionen
        funcPointer myCallback;
        // oder: int(*myCalback(int i)); ohne typedef
```

```
        cout << "a) Zugriff auf die Adressen von Funktionen: " << endl;
        myCallback = get_func(1);        // myCallback ist die Adresse für eine Funktion,
        cout << myCallback << endl;      // die mit get_func(Argument) ausgewählt wird

        myCallback = &func1;             // Beleg dafür
        cout << myCallback << endl;
        myCallback = get_func(2);
        cout << myCallback << endl << endl;


        cout << "b) Zugriff auf die Werte von Funktionen: " << endl;
        cout << func1(9) << endl;
        cout << func2(9) << endl << endl;


        system("pause");
        return 0;
}

// Liste der zu wählenden Funktionen: Typ der Funktionen und Typen sowie
Anzahl der Argumente müssen identisch sein, ...

int func1(int i)
{
        return exp(i);
}
int func2(int i)
{
        return sqrt(i);
}

// ... dass sie über get_func aufgerufen werden können

funcPointer get_func(const int i)
{
        if (i == 1)                      // Wenn ...
        {
                return func1;            // ... dann tue ...,
        }
        else                             // ansonsten ...
        {
                if (i == 2)              // Schachtelungen von if/else-Entscheidungen besser
                {                        // durch switch/case-Auswahl ersetzen
                        return func2;
                }
                else
                {
                        cout << "Fehler!" << endl;
                }
        }
}
```

Programmbeschreibung

Für Ein- und Ausgabezwecke ist die Header-Datei `#include <iostream>` einzubinden und sinnvollerweise auch der Namensraum `std` zu nutzen, `using namespace std;`.

Über `typdef` wird die Funktion `funcPointer(int i)` vom Typ Integer-Pointer (mit einem Argument vom Typ Integer) als Typ mit dem Alias `funcPointer` versehen.

```
typedef int(*funcPointer)(int i);
```

Anmeldung zweier Test Funktionen, deren Funktionsköpfe sich lediglich im Namen unterscheiden dürfen. Typen der Funktionen selbst und Typen der Übergabe-Parameter müssen identisch sein.

```
int func1(int i);
int func2(int i);
```

Auf diese Funktionen wird unser Callback später zeigen, d. h. unser Callback wird über die Funktion `get_func()` die Adresse dieser Funktion zurückgeben – weshalb sie auch identisch zu definieren sind.

```
funcPointer get_func(const int i);
```

Derart kann man Funktionen über ihre Adressen sehr effizient und schnell aufrufen und ausführen, was insbesondere für Schnittstellenkomunikationen (Geheimhaltungsaspekt) gern verwendet wird.

Im Hauptprogramm `int main(int argc, char **argv)` ist nun eine Variable anzulegen, in welche die Adresse einer Funktion eingelesen werden kann. Dies kann nun ohne oder mit unserem Alias `funcPointer` erfolgen.

```
int (*myCallback)(int i);
funcPointer myCallback;
```

Die Adresse einer Funktion holen wir uns mit der Funktion `get_func(Funktion)` und schreiben diese in die Variable `myCallback`. Danach koennen wir diese Variable wie eine Funktion nutzen.

Die Selektion der Funktion wurde mit zwei ineinander geschachtelten if/else Entscheidungen vorgenommen.

```
funcPointer get_func(const int i)
{
        if (i == 1)                 // Wenn ...
        {
                return func1;       // ... dann tue ...,
        }
        else                        // ansonsten ...
        {
                if (i == 2)         // Schachtelungen von if/else-Entscheidungen besser
                {                   // durch switch/case-Auswahl ersetzen
                        return func2;
                }
```

```
            else
            {
                    cout << "Fehler!" << endl;
            }
        }
}
```

Sollten mehrere ineinander geschachtelte if/else Entscheidungen nötig sein, dann sollte im Allgemeinen die Mehrfachauswahl switch/case vorgezogen werden. Diese kann vom Rechner sehr schnell abgearbeitet werden. Sollte keiner der Fälle case auftreten werden die default-Aktionen ausgeführt.

```
funcPointer get_func(const int i)
{
        switch (1 == i)
        {
        case 1:
                return func1;
                break;
        case 2:
                return func2;
                break;
        default:
                cout << "Fehler!" << endl;
        }
}
```

Beim Aufrufen der Funktion `myCallback(Parameter)` müssen natürlich auch die geforderten Parameter übergeben werden.

```
cout << myCallback(9) << endl;
```

Dieser Vorgang wird hier für eine zweite Funktion wiederholt,

```
myCallback = get_test_func(2);
cout << myCallback(9) << endl;
```

was zu einem der Funktion entsprechendem Funktionswert führt.

```
int test1(int i)
{
        return exp(i);
}

int test2(int i)
{
        return sqrt(i);
}
```

▶ **Ausgabe**

```
a) Zugriff auf die Adressen von Funktionen:
00F110EB
00F11118

b) Zugriff auf die Werte von Funktionen:
8103
3

Drücken Sie eine beliebige Taste . . . ▄
```

Nebenbei

Weiter Informationen zu Callbacks sind unter den folgenden beiden Links einzusehen.

https://en.wikipedia.org/wiki/Callback_(computer_programming)

https://msdn.microsoft.com/en-us/library/windows/desktop/aa382280(v=vs.85).aspx

3.4 Projekt-Aufgabe: Datenbank-Erweiterung für physikalische Konstanten und Funktionen

▶ **Aufgabe** Ein Physiker will seine Datenbank für physikalische Konstanten und Funktionen um ein paar akustische Beiträge erweitern. So sollen zukünftig auch die beiden Konstanten

- Boltzmann-Konstante $k = 1{,}38 \times 10^{-23}$ J/K und
- Avogadro-Konstante $N_0 = 6{,}02 \times 10^{23}$ / mol

sowie die beiden empirischen Funktionen

- $L \approx \dfrac{10}{U^{1/4}},$ \qquad L in dB, U in V,

- $c \approx 0{,}6\,T + 332,$ \qquad c in m/s, T in °C,

welche den Schalldruckpegel L, angepasst an das menschliche Gehör, als Funktion der am Lautsprecher angelegten Spannung U und die Schallgeschwindigkeit c als Funktion der Umgebungstemperatur T angeben.

In der Datenbank wird auf die Adressen aller Konstanten und Funktionen über Callback zugegriffen. Zudem sollen die Werte der Konstanten und Funktionen auf die Standardausgabe ausgegeben werden.

Helfen Sie bitte dem Physiker, in einem kleinen Testprogramm ausschließlich diese Zugriffe mit einem geeigneten C++-Programm zu realisieren. Fragen Sie über eine Fallunterscheidung eine der Konstanten oder Funktionen an und geben Sie

- sowohl die Adresse,
- als auch den Wert

der Konstanten oder Funktion aus. Handelt es sich nicht um Konstanten, so ist zur Erlangung des Funktionswertes vorab ein Argument anzufragen und zu übergeben.

▶ **Lösungsvorschlag:** Fragen Sie eingangs ab, auf welche konstante oder variable physikalische Größe Sie zugreifen wollen.

Definieren Sie eine Funktion get_addr(fun_x), mit welcher der Pointer auf die Funktion im Argument fun_x ausgelesen werden kann (d. h. die Start-Adresse dieser Funktion) und eine Funktion get_val(fun_x), mit welcher deren Funktionswert ermittelt werden kann.

Greifen Sie entsprechend der Abfrage über die Funktionen get_addr() und get_val() über eine Auswahl einerseits auf die Adresse, andererseits auf die Werte der Funktionen const_boltzmann(), const_avogadro(), fun_pegel() und fun_schallgeschwindigkeit zu. Geben Sie diese auch auf den Bildschirm aus.

Quellcode main.cpp

```cpp
#include <iostream>

typedef int(*funPointer)(int i);   // typedef für eine Typ-Funktion vom Typ
                                   // Integer-Pointer mit einem Argument vom Typ Integer
using namespace std;

funPointer get_addr(const int i);   // Deklaration der Funktion get_addr(), mit welcher der
                                    // Pointer auf die Funktion im Argument
                                    // ausgelesen werden kann, d.h.die Start-Adresse dieser
                                    // Funktion
int get_val(int i);

int const_boltzmann(int i);       // Deklaration einer Funktion für die Boltzmann- und
int const_avogadro(int i);        // Avogadro-Konstante
int fun_pegel(int U);             // Deklaration der empirischen Funktion für den Pegel und
int fun_schallgeschw(int T);      // für die Schallgeschwindigkeit

int main(int argc, char **argv)
{
        funPointer myCallback;  // Deklaration von myCallback für die Zurückgabe der
        int myVal;              // Adresse von auszuwählenden Funktionen
        int i = 1;
        cout << " Bitte Konstante oder Funktion auswaehlen: " << endl;
        cout << " 1 = Boltzmann-Konstante/JK-1 " << endl;
        cout << " 2 = Avogadro-Konstante/mol-1 " << endl;
        cout << " 3 = Schalldruckpegel/dB (Spannung/V) " << endl;
        cout << " 4 = Schallgeschwindigkeit/ms-1 (Temperatur/°C) " << endl << endl;
        cout << " Auswahl: ";
```

```cpp
        cin >> i;

        cout << endl << " Speicheradresse: ";
        myCallback = get_addr(i);  // myCallback liefert die Adresse für eine Funktion,
                                   // die mit get_addr(Argument) ausgewählt wird
        cout << myCallback << endl << endl;

        myVal = get_val(i);                    // myVal liefert den Wert für eine Funktion
        cout << endl << endl;

        system("pause");
        return 0;
}

// Zugriff auf die Adressen der Funktionen

funPointer get_addr(const int i)
{
        switch (i)                             // Für den Fall, dass ...
        {
        case 1: return const_boltzmann; break;         // i = 1, tue ...,
        case 2: return const_avogadro; break;
        case 3: return fun_pegel; break;
        case 4: return fun_schallgeschw; break;

        default: cout << " Keine Angaben! " << endl;
        }
}

int get_val(const int i)
{
        switch (i)                             // Für den Fall, dass ...
        {
        case 1: return const_boltzmann(i);  break;    // i = 1, tue ...,
        case 2: return const_avogadro(i); break;
        case 3: return fun_pegel(i); break;
        case 4: return fun_schallgeschw(i); break;

        default: cout << " Keine Angaben! " << endl;
        }
}

// Zugriff auf die "Konstanten" und Funktionen

int const_boltzmann(int i)
{
        cout << " Wert:  k = " << 1.38E-23;
        return (1);
}
```

```
int const_avogadro(int i)
{
        cout << " Wert:  N = " << 6.02E23;
        return (1);
}
int fun_pegel(int i)
{
        int U = 0;
        do {
                cout << " Bitte Spannung eingeben, U = ";
                cin >> U;
        } while (U == 0);
        cout << " Wert:  L = " << (10 / U ^ (1 / 4));
        return (1);
}

int fun_schallgeschw(int i)
{
        int T = 0;
        cout << " Bitte Temperatur eingeben, T = ";
        cin >> T;
        cout << " Wert:  c = " << (0.6 * T) + 332;
        return (1);
}
```

▶   **Ausgabe**

```
Bitte Konstante oder Funktion auswaehlen:
1 = Boltzmann-Konstante/JK-1
2 = Avogadro-Konstante/mol-1
3 = Schalldruckpegel/dB (Spannung/V)
4 = Schallgeschwindigkeit/ms-1 (Temperatur/°C)

Auswahl:  1

Speicheradresse: 00A3143D

Wert:  k = 1.38e-23

Drücken Sie eine beliebige Taste . . .
```

...

```
Bitte Konstante oder Funktion auswaehlen:
1 = Boltzmann-Konstante/JK-1
2 = Avogadro-Konstante/mol-1
3 = Schalldruckpegel/dB (Spannung/V)
4 = Schallgeschwindigkeit/ms-1 (Temperatur/ C)

Auswahl:  4

Speicheradresse: 00A31433

Bitte Temperatur eingeben, T = 20
Wert:  c = 344

Drücken Sie eine beliebige Taste . . .
```

Modulares Programmieren: Namensräume

4

4.1   Überladungen und Namensräume

Nenne Dein Kind beim Namen!

Modulares Programmieren: Vielleicht ist es Ihnen auch schon mal so gegangen, dass Sie in einer Klasse gesessen sind, in welcher mehrere Klassenkameraden den gleichen Vornamen hatten. Sieht man von der Verwendung von Spitznamen zur Unterscheidung der Personen ab, dann bleibt nur der Nachname als Unterscheidungskriterium. Sollte auch dieser gleich sein (was zugegebenermaßen so gut wie nie vorkommt), zieht man entweder das Geburtsdatum oder den Wohnort zur Identifikation heran. Formal werden Vornamen, Nachnamen und beispielsweise Ort üblicherweise durch ein Leerzeichen oder ein Komma, gefolgt von einem Leerzeichen, getrennt.

Marieke Stadler, München

Ebenso ist es bei Variablen und Funktionen, welche zwar den gleichen Variablennamen (Vornamen), aber doch unterschiedliche Werte (Personen) vertreten. Auch hier werden üblicherweise unterschiedliche Namensräume (Familiennamen) verwendet, um deren Werte (Personen) unterscheiden zu können. Namensräume können ineinander geschachtelt werden, analog der Erweiterung um den Wohnort oder das Geburtsdatum zur Identifizierung einer Person. In C++ werden Elemente von Namensräumen – welche Variablen, Funktionen oder auch wieder Namensräume sein können – formal durch zwei Doppelpunkte von ihrem entsprechenden Namensraum getrennt.

Muenchen::Stadler::Marieke

Wie bei der Gründung einer Familie gleichen Namens, durch Heirat oder Geburt, jede Person in den Trauschein oder die Geburtsurkunde einzutragen ist, ist auch bei der Deklaration eines Namensraums jedes Element (Variable, Funktion, Namensraum) im Deklarationsbereich (Header-Datei) eines Moduls anzugeben.

© Springer Fachmedien Wiesbaden GmbH, ein Teil von Springer Nature 2018
A. Stadler, M. Tholen, *Das C++ Tutorial*,
https://doi.org/10.1007/978-3-658-21100-4_4

```
#include <string>
using namespace std;

namespace Stadler {      // Deklaration des Namensraums
        std::string Marieke;
        std::string Andreas;
}
```

Der Aufruf eines Elements des Namensraums in einer Funktion (z. B. Main), setzt die ausdrückliche Verwendung des Namensraums durch

```
using namespace Stadler;
```

voraus und erfolgt dann mittels

```
Stadler::Marieke = schlau;
```

Auch die Standardbibliothek wird über Namensräume strukturiert. Wird beispielsweise die Header-Datei `<string>` mit eingebunden, dann kann durch Verwendung des Namensraums Standardbibliothek, mit `using namespace std`, dem Element `std::string` der Wert Marieke oder der Wert Andreas zugewiesen werden.

Generisches Programmieren: Gehen wir wieder von einer Schulklasse aus, in welcher zwei Kinder den gleichen Namen Jakob haben. Jeder der Klassenkameraden weiß, dass einer der beiden Jakobs in seiner Freizeit Fußball, der andere Hockey spielt. Hält nun der Lehrer im Sportunterricht einen Hockey-Schläger in der Hand und fordert Jakob auf, seinen Klassenkameraden zu zeigen, wie man Vor- und Rückhandschläge ausführt (der Ball darf nur mit der flachen Seite geschlagen werden, so dass er ggf. zu drehen ist), dann ist hier sofort klar, welcher der beiden Jakobs sich angesprochen fühlt und diese Aktionen ausführen wird.

In C++ spricht man im Fall von Funktionen, Operatoren oder Methoden gleichen Namens, aber unterschiedlicher Signatur, von Überladung oder Funktions-, Operatoren- bzw. Methoden-polymorphie. Überladene Funktionen, ... unterscheiden sich also durch ihre Signatur, d.h. durch den Funktionstyp, den Typ oder die Anzahl der Übergabeparameter. Überladene Funktionen, ... sind wie üblich zu definieren und können dann wie folgt aufgerufen werden.

Auch in der Standardbibliothek sind überladene Funktionen enthalten, wie das folgende Beispiel zeigt.

```
std::string str = "Guten Tag!";
int i = 7;

std::cout(str);
std::cout(i);
```

Grundsätzlich ist es nicht möglich, dass sich überladene Funktionen, ... in allen Signaturen gleichen – dies würde der Compiler als wiederholte Deklaration ein und derselben

Funktion, ... beanstanden. Ansonsten geht der Compiler vergleichsweise großzügig mit (überladenen) Funktionen um:

- Findet der Compiler eine Funktion, die perfekt auf eine Signatur passt, dann führt er diese aus.
- Ist dies nicht der Fall, dann Sucht der Compiler eine Funktion, ... mit der er eine einfache integrale Promotion durchführen kann – z. B. von bool oder char nach int.
- Ist auch das nicht zielführend, dann versucht der Compiler eine Standard-Typumwandlung durchzuführen, um die Übereinstimmung mit einer Funktion zu ermöglichen.
- Als letzte Möglichkeit zieht der Compiler auch noch eine benutzerdefinierte Typumwandlung für einen möglichen Funktionsaufruf in Betracht,
- bevor er eine Fehlermeldung ausgibt.

Abschließend ist noch zu bemerken, dass in diesem Kapitel – wie auch im vorausgegangenen Kapitel mit der Callback-Funktion – mit der Funktion `my_itoa_s` wieder auf hardwarenahe Programmierung eingegangen wird. Diese unterscheidet C++ von nahezu allen anderen Programmiersprachen und ermöglicht das Generieren von Quellcode nicht nur für Applikationen (Apps), wie Word, Excell, ..., sondern insbesondere auch für Betriebssysteme, wie Linux, iOS oder Windows.

▶ **Aufgabe**
   a) Schreiben Sie bitte eine Funktion print(Argument), die unabhängig vom Typ des Arguments – integer oder string – diesen auf der Standardausgabe fehlerfrei ausgibt – Überladung (overloading).
   b) Entwickeln Sie eine Funktion printLine(unsigned int), die einen unsigned int in ein char-Array umwandelt – Typ-Konvertierung (type conversion). Legen Sie den string Line mit der Funktion (Dynamische Speicherplatzreservierung)

   char *Line = new char[Größe des Strings]

   an um Speicherplatz zu sparen.
   c) Erzeugen Sie bitte einen neuen Namensraum (namespace) und geben Sie Vor-, Nachname und Körpergröße zweier Personen einmal über den Namensraum std und einmal über den neuen Namensraum myNS auf die Standardausgabe aus.
   d) Ergänzen Sie bitte im Namensraum myNS eine Funktion mycout, die unabhängig vom Datentyp – integer oder string – Ausgaben auf die Standardausgabe tätigt.
   e) Erstellen Sie den Namensraum myTypeConv, in welchem Sich eine Funktion my_itoa_s() befindet, die einen integer in einen char-Array umwandelt.

Header-Datei myNamespace.h

```
#include <iostream>
#include <string>

using namespace std;

namespace myNamespace {      // Namespace, dessen Funktionen in
                             // der Header-Datei sind

        std::string first_name;
        std::string family_name;
        unsigned short height;

        int mycout(int i)
        {
                cout << "Integer: " << i << endl;
                return 1;
        }

        int mycout(char* y)     // Überladung möglich, wenn mindestens ein
                                // Typ oder Anzahl der Argumente geändert
        {                       // Keine Überladung, wenn nur Variablennamen
                                // geändert werden (Fehler bei Compilierung!)
                cout << "String: " << y << endl;
                return 1;
        }
}

namespace myTypeConv {       // Namespace, dessen Funktionen in die
                             // printLine.cpp Datei ausgelagert sind
        void my_itoa_s(const int i);    // Typ-Konvertiertung Integer -> String
}
```

Header-Datei myOLNS.h

```
#include <iostream>
#include <vector>

using namespace std;

int print(int);
int print(char *);

int strLen(const char*);
void printLine(const int);
void printLine(const char *);
```

Quellcode-Datei myOLNS.cpp

```cpp
#include <iostream>
#include <vector>
#include "myOLNS.h"

using namespace std;

namespace myTypeConv {                      // Ausgelagerter Namespace

        void my_itoa_s(const int i)         // Typ-Konvertierung Integer -> String
        {                                   // vgl. Funktion printLine!
                int cn = 0;
                int vari = i;
                int count = 1;
                int tmp1, mod;
                int tmp2 = i;

                cout << "Integer: " << i << endl;

                do
                {
                        cn++;
                        count *= 10;
                } while ((vari /= 10) > 0);

                char *Line = new char[cn + 1];

                for (int j = 0; j < cn; j++)
                {
                        count /= 10;
                        mod = tmp2 % count;   // Divisionsrest (tmp2 modolo count)
                        tmp1 = (tmp2 - mod) / count;// Selektion der Ziffer
                        Line[j] = tmp1 + 48;      // Typ-Konvertierung ASCII-Code
                                                  // (Ziffer + ('0' = 48))
                        tmp2 = mod;
                }
                Line[cn] = '\0';
                cout << "String: " << Line << endl;
        }
}
int print(int i)                            // Explizite Typumwandlungen
{
        cout << "Integer: " << i << endl;
        return 1;
}
```

```
int print(char* y)              // Überladung möglich, wenn mindestens ein Typ oder Anzahl der
                                // Argumente geändert
{                               // Keine Überladung, wenn nur Variablennamen geändert werden
                                // (Fehler bei Compilierung!)
        cout << "String: " << y << endl;
        return 1;
}

int strLen(const char* str)
{
        int cn = 0;
        while ('\0' != str[cn])
                cn++;
        return cn;
}

void printLine(const int i)                    // Typ-Konvertiertung Integer -> String
{
        int cn = 0;
        int vari = i;
        int count = 1;
        int tmp1, mod;
        int tmp2 = i;

        cout << "Integer: " << i << endl;

        do
        {                                      // Bestimmen der Dezimalstellen einer Zahl
                cn++;
                count *= 10;
        } while ((vari /= 10) > 0);

        char *Line = new char[cn + 1];

        for (int j = 0; j < cn; j++)
        {
                count /= 10;              // Unbetrachtete Dezimalstellen filtern mit ...
                mod = tmp2 % count;       // ... Divisionsrest (tmp2 modolo count)
                tmp1 = (tmp2 - mod) / count;   // Selektion der zu betrachtenden Ziffer
                Line[j] = tmp1 + '0';     // Typ-Konvertierung mit ASCII-Code (Ziffer + '0'))
                tmp2 = mod;
        }
        Line[cn] = '\0';

        cout << "String: " << Line << endl;
}

void printLine(const char *str)         // Hier werden positive und negative ganze Zahlen
                                        // zurückgegeben, keine Fließkommazahlen
```

```
{                                      // Bei anderen Eingaben wird -1 zurück gegeben
                                       // (Doppeldeutigkeit von 1-)
        int Val = 0;
        int length = strLen(str);
        const int asciiCodeMin = '0';   // Mögliche Eingaben: Zeichen, const
                                        // Variablen, ASCII-Code
        const int asciiCodeMax = '9';
        int tmp = 0;
        bool negVal = false;

        cout << "String: " << str << endl;

for (int i = 0; i < length; ++i)
{
        tmp = str[i];

        switch (tmp)            // switch ist deutlich schneller als if und if/else
        {
        case asciiCodeMin:      // Mögliche Eingaben: const Variablen, ASCII-Code, Zeichen
        case 49:
        case '2':
        case '3':
        case '4':
        case '5':
        case '6':
        case '7':
        case 56:
        case asciiCodeMax:
                Val *= 10;
                Val += (int)tmp - asciiCodeMin;
                break;
        case '-':
                if (0 == i)         // nur wenn '-' ein Vorzeichen ist berücksichtigen
                {
                        negVal = true;
                }
                else
                        cout << "Fehler" << endl;        // wenn '-' innerhalb der Zahl
                break;
        default:
                cout << "Fehler" << endl;
        }
}

        if (negVal == true)
                Val *= -1;

        cout << "Integer: " << Val << endl;

}
```

Quellcode-Datei Main.cpp

```cpp
#include <iostream>
#include <vector>
#include "myNamespace.h"
#include "myOLNS.h"

using namespace std;
using namespace myNamespace;
using namespace myTypeConv;


int main(int argc, char ** argv)
{
        cout << "a) Ueberladung zur typunabhaengigen Ausgabe" << endl;

        print(1);                   // Funktionsaufruf mit Integer
        print("Tag!");              // Funktionsaufruf mit String
        cout << endl;


        cout << "b) Ueberladung zur Typ-Konvertierung" << endl;

        int i = 157;
        char *str = "158";
        printLine(i);               // Integer-Übergabe, String-Ausgabe
        printLine(str);             // String-Übergabe, Integer-Ausgabe
        cout << endl;


        cout << "   Ueberladung zur Typkonvertierung mit Systemfunktionen" << endl;

        char buffer[33];

        _itoa_s(i, buffer, 10);   // Konvertierungsfunktion (_itoa_s(integer, ASCII-Zeichen,
                                  // Zahlensystem)): Integer i -> ASCII buffer im Zahlensystem
        cout << "Dezimal: " << buffer << endl;
        _itoa_s(i, buffer, 2);
        cout << "Binaer: " << buffer << endl;
        _itoa_s(i, buffer, 8);
        cout << "Oktal: " << buffer << endl;
        _itoa_s(i, buffer, 10);
        cout << "Hexadezimal: " << buffer << endl << endl;
```

```
cout << "c) Ausgaben von Namen ueber unterschiedliche
Namensraeume" << endl;

std::string first_name = "Christian";
std::string family_name = "Keller";
int height = 189;

myNamespace::first_name = "Tobias";
myNamespace::family_name = "Keller";
myNamespace::height = 183;


cout << "std: " << first_name << endl;
cout << "std: " << family_name << endl;
cout << "std: " << height << endl << endl;

cout << "myNamespace: " << myNamespace::first_name << endl;
cout << "myNamespace: " << myNamespace::family_name << endl;
cout << "myNamespace: " << myNamespace::height << endl << endl;


cout << "d) Typunabhaengige Ausgabe mit und ohne
Verweis auf den Namensraum" << endl;

myNamespace::mycout(157);
mycout(169);
myNamespace::mycout("Servus");
mycout("Ciao");
cout << endl;

cout << "e) Typ-Konvertierung mit und ohne
Verweis auf den Namensraum" << endl;

myTypeConv::my_itoa_s(157);
my_itoa_s(169);                    // vgl. printLine-Funktion!
cout << endl;

system("pause");
return 0;
}
```

Programmbeschreibung

Man spricht von **Überladung**, wenn eine Funktion mit demselben Namen mehrfach verwendet wird. Hierbei müssen sich die Funktionen gleichen Namens mindestens durch
einen Typ oder die Anzahl der Argumente unterscheiden. Wenn nur Variablennamen

geändert werden handelt es sich nicht um eine Überladung, sondern um eine unerlaubte Dopplung einer Funktion (Fehler bei Compilierung!).

Überladungen lassen sich vorteilhaft verwenden um oft verwendete Funktionen in Paketen zur Verfügung zu stellen. Damit können Programme übersichtlicher und ordentlicher gestaltet werden.

In der Header-Datei myOLNS.h wurden beispielsweise die Funktionen `int print(int);` und `int print(char *);` sowie `void printLine(const int);` und `void printLine(const char *);` mit demselben Namen aber unterschiedlichen Argumenten-Typen deklariert.

In der Quellcode-Datei myOLNS.cpp befinden sich dann die Definitionen der Funktionen. So werden dann mit den Funtktionen `int print(int)` und `int print(char *)` lediglich die übergebenen Integer bzw. Strings auf die Standardausgabe ausgegeben, und dies mit ein und demselben Funktionsaufruf,

```
print(1);
print("Tag!");
```

wobei sich lediglich der Typ des Arguments bei der Übergabe unterscheidet (siehe Main.cpp).

Ganz analog wird mit den Funktionen `void printLine(const int)` und `void printLine(const char *)` verfahren, wobei diese jedoch entweder einen Integer in einen String umwandeln oder umgekehrt. Je nach Typ der Variablen, welche der Funktion printLine übergeben wird, wird der jeweils andere Typ von der Funktion zurückgeliefert.

```
int i = 157;
char *str = "158";
printLine(i);
printLine(str);
```

Im Fall der Umwandlung von Integer zu String werden in der Funktion zuerst die Dezimalstellen des Integers gezählt und dann schrittweise die den Dezimalstellen entsprechenden Ziffern durch die äquivalenten ASCII-Zeichen ersetzt.

Im Fall der Umwandlung von String zu Integer wird der String zeichenweise ausgelesen und unter der Verwendung einer Fallunterscheidung (Switch/Case) wieder mittels ASCII-Code die Character in Integer konvertiert. So kann auch das Vorzeichen elegant berücksichtigt werden, wobei Fallunterscheidungen vom Prozessor schneller abgearbeitet werden können als beispielsweise schlichte if-Abfragen. Machen Sie sich bitte mit der Syntax der Fallunterscheidung vertraut.

Zur Konvertierung von Integern in Strings steht auch die systemimmanente Funktion

```
_itoa_s(int Integer, char ASCII-Zeichen[255], int Zahlensystem)
```

zur Verfügung, in welche der zu konvertierende Integer, das Variablefeld, in welche der generierte String zu übergeben ist und das zu verwendende Zahlensystem (Binär = 2, Octal = 8, Dezimal = 10, Hexadezimal = 16) übergeben werden müssen.

Mit **Namensräumen** erzeugt man einen Gültigkeitsbereich, in welchem man beliebige Bezeichner (Variablen, Typen, Funktionen oder auch weitere Namensräume, Strukturen und Klassen) deklarieren kann. Dies ist insbesondere bei umfangreichen Projekten (an welchen mehrere Personen arbeiten) von Bedeutung, um eventuelle Konflikte mit gleichnamigen Bezeichnern zu vermeiden.

Namensräume können in einer Headerdatei, wie myNamespace.h, deklariert und dort auch gleich definiert werden, indem die in ihnen enthaltenen Variablen und Funktionen definiert werden.

```cpp
namespace myNamespace {
        std::string family_name;
        std::string first_name;
        unsigned short height;

    int mycout(int i)
    {
            cout << "Integer: " << i << endl;

            return 1;
    }
...
}
```

Üblicherweise werden Funktionen, …, von Namensräumen jedoch in Header-Dateien deklariert, hier myNamespace.h,

```cpp
namespace myTypeConv {
    void my_itoa_s(const int i);
}
```

und die Funktion, …, selbst in eine Quellcode-Datei auszulagert, hier myOLNS.cpp,

```cpp
namespace myTypeConv {

    void my_itoa_s(const int i)
    {
            int cn = 0;
            int vari = i;

            ...

            cout << "String: " << Line << endl;
    }
}
```

Bezeichner (Variablen, Funktionen, …), welche in einem Namensraum definiert wurden, können dann durch

```
Namensraum::Variable = Wert;
Namensraum::Funktion(Argumente);
...
```

unmissverständlich auf unterschiedlichste Weisen angesprochen werden, wie beispielsweise:

```
std::string family_name = "Christian";        // Namensraum std
std::string first_name = "Keller";
int height = 189;

myNS::family_name = "Tobias";                  // Namensraum myNamespace
myNS::first_name = "Keller";
myNS::height = 183;

cout << "std: " << family_name << endl;        // Namensraum std
cout << "std: " << first_name << endl;
cout << "std: " << height << endl << endl;

cout << "myNamespace: " << myNamespace::family_name << endl;
                                               // Namensraum myNamespace
cout << "myNamespace: " << myNamespace::first_name << endl;
cout << "myNamespace: " << myNamespace::height << endl << endl;
```

Wenn eine Verwechslung mit anderen Namensräumen ausgeschlossen ist könnte auch auf den Namensvorsatz verzichtet werden. Dies sollte aber aus Sicherheitsgründen vermieden werden, da beim Aufruf von Bezeichnern gleichen Namens Doppeldeutigkeiten zu Kompilierungsfehlern führen.

```
myTypeConv::my_itoa_s(157);
my_itoa_s(169);
```

▶   **Ausgabe**

```
a) Ueberladung zur typunabhaengigen Ausgabe
Integer: 1
String: Tag!

b) Ueberladung zur Typ-Konvertierung
Integer: 157
String: 157
String: 158
Integer: 158

    Ueberladung zur Typkonvertierung mit Systemfunktionen
Dezimal: 157
Binaer: 10011101
Oktal: 235
Hexadezimal: 157

c) Ausgaben von Namen ueber unterschiedliche Namespaces
std: Christian
std: Keller
std: 189

myNS: Tobias
myNS: Keller
myNS: 183

d) Typunabhaengige Ausgabe mit und ohne Verweis auf den Namespace
Integer: 157
Integer: 169
String: Servus
String: Ciao

e) Typ-Konvertierung mit und ohne Verweis auf den Namespace
Integer: 157
String: 157
Integer: 169
String: 169

Drücken Sie eine beliebige Taste . . .
```

Objektorientiertes Programmieren: Strukturen und Klassen

5

5.1 Strukturen

Vom strukturierten zum objektorientierten Programmieren

Wir hatten im Kapitel *Erste Schritte und strukturiertes Programmieren: Programme und Daten* bereits den Datentyp Union kennengelernt. In diesem komplexen Datentyp wurden mehrere strukturell zusammengehörende Variable zusammengefasst, auf welche separat zugegriffen werden konnte.

Im Kapitel *Prozedurales Programmieren: Funktionen, Algorithmen und Pointer-Funktionen* hatten wir Funktionen, Algorithmen und Pointer-Funktionen kennengelernt, mit welchen Variablen variiert werden konnten.

Im Kapitel *Modulares Programmieren: Namensräume* lernten wir Namensräume kennen, welche Variablen, Funktionen aber auch Namensräume in einem gemeinsamen Namensraum sammeln und über diesen verfügbar machen.

All diese Eigenschaften finden sich in der Definition einer Struktur, d. h. eines eigenen, komplexen Datentyps – der selbst wieder Variablen, Funktionen und Strukturen beinhalten kann – wieder. Hierbei bezeichnet man die Variablen in einer Struktur als Eigenschaften und die Funktionen als Methoden (siehe auch Operatoren).

In der Funktion main() oder auch allen anderen Funktionen können dann Variablen vom Typ der Struktur deklariert werden, welche nicht zwingend definiert bzw. initialisiert werden müssen. Diese Variablen bezeichnet man als Objekte oder Instanzen – die Verwendung von Objekten zur Erstellung von Programmen (Apps) als objektorientiertes Programmieren.

Die objektorientierte Programmierung tendendiert zu einer Vielzahl systematisch angelegter Methoden mit überschaubarem Funktionsumfang, welche zur Erfüllung der Programmieraufgabe strategisch sinnvoll miteinander verknüpft werden.

Hierfür werden Objekte (incl. Speicherplatz) üblicherweise von speziellen Methoden, den Konstruktoren, erzeugt und von Destruktoren beendet.

© Springer Fachmedien Wiesbaden GmbH, ein Teil von Springer Nature 2018
A. Stadler, M. Tholen, *Das C++ Tutorial*,
https://doi.org/10.1007/978-3-658-21100-4_5

Zur Plausibilisierung betrachten wir uns eine Schulklasse, denn auch Lehrer geben in ihren Klassen Strukturen vor: So werden zu jedem Schuljahrsbeginn Listen mit dem Schulbedarf (Federmäppchen mit Bleistift, Füller, …, Hefte liniert, Hefte kariert, …) an die Schüler ausgegeben. Dies entspricht der Definition von Strukturen in der Header-Datei Structure.h und der Quellcode-Datei Structure.cpp eines C++ Programms.

Nun werden für jeden Schüler in der Klasse entsprechend der vorgegebenen Struktur der Schulbedarfsliste die Hefte und das Federmäppchen mit Stiften gekauft. Dies entspricht dem Anlegen eines Objekts für jeden Schüler in der Quellcode-Datei Main.cpp.

Wenngleich folglich jeder Schüler auch ein Federmäppchen mit der gleichen Anzahl an Stiften und eine entsprechende Anzahl Hefte mit gleicher Umschlagsfarbe hat, werden diese doch unterschiedliche Eigenschaften (Hersteller, …) haben. Dies gilt auch für die Objekte, welchen in der Main-Funktion entsprechende Eigenschaften zugewiesen werden können – und dies statisch (konstante Länge eines Lineals) oder dynamisch, d. h. veränderbar, (Variable Länge der Stifte, welche durch das Spitzen kürzer werden).

Mit dem Konstruktor können Objekte ergänzt werden – Schüler (zu Schuljahrsbeginn) in die Klasse aufgenommen und mit einem Schulranzen (normgerechtem Schulbedarf) versehen werden. Über den Destruktor können Objekte gelöscht werden – für den Fall, dass Schüler die Klasse verlassen oder das Schuljahr endet.

Betrachten wir uns diesen Sachverhalt als Programmbeispiel, dann werden in der Header-Datei myStructure.h die verwendeten Strukturen mit den entsprechenden Eigenschaften, Methoden und Strukturen über das Schlüsselwort struct deklariert.

```cpp
struct Federmaeppchen
{
        // Eigenschaften
        char *Bleistift;  // Hier bevorzugt mit Pointern arbeiten, spart Speicherplatz
};


struct Schulranzen        // Struktur (Klasse) wird definiert Eigenschaften müssen
                          // nicht initialisiert werden, machen Konstruktoren

{
        // Eigenschaften (Properties) sind Variablen in einer Struktur
        char *Heft;                // Deklaration von statischen Eigenschaften
        Federmaeppchen *Stift = new Federmaeppchen; // Dynamische Eigenschaft
                                   // legt neuen Speicherplatz an

        // Konstruktoren und Destruktoren
        Schulranzen();             // Konstruktoren eröffnen eine Instanz,
                                   // hier sollte "erzeugt" werden,

        ~Schulranzen();            // Destruktoren beenden eine Instanz,
                                   // hier sollte "aufgeräumt"
        // Methoden (Methods) sind Funktionen in einer Struktur
        void getHeft();            // Getter
        void setHeft(const char *n);   // Setter
};
```

In der Quellcode-Datei myStructure.cpp werden die Methoden definiert, indem der Strukturname gefolgt von : : und dem Methodennamen, sowie in { } den Aktionen, welche in dieser Methode ausgeführt werden, anzugeben sind. Zu den Methoden gehören grundsätzlich Konstruktoren und Destruktoren, welche Objekte sowie deren Speicherplatz erzeugen und vernichten; üblich sind auch sogenannte Getter und Setter, welche den Zugriff auf bestimmte Eigenschaften des Objekts sowie deren Änderung ermöglichen. Für die Eigenschaften der Objekte verwendet man vorzugsweise Eigenschafts-Pointer (Zeiger, siehe Header-Datei), auf welche durch Verwendung des Pfeil-Operators (–>) in ihrem originalen Speicherplatz zugegriffen werden kann, an Stelle der Arbeit mit speicherplatzintensiven Kopien der Eigenschaften ohne Pointer (Vorsicht: Einmal verändert ist geändert!). Mit *this* bezieht man sich auf Eigenschaften und Methoden *dieser* Struktur – soll auf Eigenschaften anderer Strukturen zugegriffen werden, sind deren Pfade anzugeben (siehe unten).

```
#include "myStructure.h"
#include <iostream>

using namespace std;

// Konstruktoren und Destruktoren

Schulranzen::Schulranzen()      // Konstruktor
{

        this->setHeft("Deutsch");
}

Schulranzen::~Schulranzen()     // Destruktor
{
        delete[] this->Heft;
}

// weitere Methoden

void Schulranzen::getHeft()                    // Getter = Dynamische Methode!
{
        this->Heft;        // Entsprechendes Heft auswählen
}

void Schulranzen::setHeft(const char *Wort)     // Setter = Dynamische Methode!
{
        // Umschlagbeschriftung des Heftes vornehmen
}

// Weitere Methoden zum Schreiben von Aufsätzen, zum Rechnen, zum Malen, ...
```

In der Quellcode-Datei Main.cpp wird dann vom Konstruktor ein Objekt erstellt, welchem eine statische oder dynamische Eigenschaft zugewiesen werden kann. Dynamisch definierte Eigenschaften können verändert werden. Abschließend löscht der Destruktor das Objekt wieder – Dies darf nicht vergessen werden, da ansonsten der über den Konstruktor angelegte, anonyme Speicherplatz unwiderruflich dauerhaft belegt bleibt, ohne dass darauf zugegriffen werden kann.

```cpp
#include <iostream>
#include "myStructure.h"

int Main(int argc, char **argv)
{
        Schulranzen *Peter = new Schulranzen("Information");
                                        // Konstruktor erstellt eine Instanz zu
                                        // Beginn des Schuljahres
        Peter->Heft = "Mathematik";     // statisch definierte Eigenschaft
        Peter->setHeft("Informatik");   // dynamisch definierte Eigenschaft (über
                                        // die Methode setHeft!) ...
        Peter->Heft[9] = 'c';           // ... ist veränderbar

        // Das Objekt (der Schüler) Peter besitzt nun Eigenschaften (Stifte, Hefte),
        // auf welche mit Methode(n) zugegriffen werden kann. So lassen
        // sich über das Schuljahr Aufsätze schreiben, Rechenaufgaben
        // lösen, Bilder malen, ..., Programme schreiben, ...
        delete Peter;           // Der Destruktor löscht die Instanz (Speicherplatz)
                                // am Ende des Schuljahres
}
```

Die folgenden Kapitel zeigen systematisch wesentliche Eigenschaften und Anwendungen dieser Strukturen – beziehungsweise der durch sie begründeten objektorientierten Programmierung.

5.1.1   Objekte, Eigenschaften und Methoden – Personalverwaltung

▶   **Aufgabe** Legen Sie eine Struktur (structure) persData an, in welcher Sie die Eigenschaften Namen und Alter einer Person verwalten. Diese Struktur greife auf eine weitere Struktur persAdress zu, in welcher Adressen bestehend aus Straße, Hausnummer, Postleitzahl und Ort angelegt sind.

   Deklarieren Sie im Hauptprogramm main() eine Person (Objekt, Instanz), weisen Sie dieser einen Namen und ein Alter zu, ändern Sie diese auch zeichenweise und geben Sie die Eigenschaften der Person, wie auch die Anzahl der Buchstaben in ihrem Namen aus.

Nutzen Sie auch Objekt-Felder und Objekt-Vektoren um Gruppen von Personen zu verwalten und Nutzen Sie für deren Verwaltung auch Funktionen, in welche Sie Personen (Objekte) übergeben.

Header-Datei myStructure.h

```
// Anlegen der Strukturen "persAdresse" und "userInformation"

struct persAdress
{
        // Eigenschaften
        char *street;     // Hier bevorzugt mit Pointern arbeiten, spart Speicherplatz
        char *housenumber;
        char *zip;
        char *city;
};

struct persData        // Struktur (Klasse) wird definiert Eigenschaften müssen nicht
                       // initialisiert werden, machen Konstruktoren
{
        // Eigenschaften (Properties) sind Variablen in einer Struktur
        char *name;             // Deklaration von Eigenschaften
        short age = 0;          // Definition von Eigenschaften
        persAdress pAdress;     // Statische Eigenschaft
        persAdress *pAdress2 = new persAdress; // Dynamische Eigenschaft
                                // legt neuen Speicherplatz an, welcher in der
                                // Struktur wieder zu löschen ist (delete[] ...)


        // Konstruktoren und Destruktoren
                        // Konstruktoren und Destruktoren müssen den
                        // Namen der Struktur besitzen, in welcher sie arbeiten
                        // Konstruktoren werden in Header-Dateien nur
                        // Deklariert, Definition erfolgt in der entsprechenden
        persData();     // Quellcode-Datei Konstruktoren eröffnen eine
                        // Instanz, hier sollte "erzeugt" werden, z.B. Dateien
                        // öffnen, Datenbankverbindungen öffnen, dyn.
                        // Speicher generieren
        persData(const char *n);
        persData(const int a);
        ~persData(); // Destruktoren beenden eine Instanz, hier sollte "aufgeräumt"
                        // werden, z.B. geöffnete Dateien schließen,
                        // Datenbankverbindungen schließen, Speicher freigeben


        // Methoden (Methods) sind Funktionen in einer Struktur
                        // Methoden werden in Header-Dateien nur Deklariert, Definition
                        // erfolgt üblicherweise in der entsprechenden Quellcode-Datei
```

```cpp
        void getName();                    // Getter
        void setName(const char *n);   // Setter

        static int nameLength(const char *n); // Statische Methoden sind schneller
                                    // aber der Pointer this -> funktioniert nicht mehr
};


void persHandling();  // Deklaration (Voranmelden) einer Funktion ausserhalb
                    // der Struktur

// Wichtig: Es gibt zwei Möglichkeiten eine Methode (Methode0, Methode1)
// zu definieren!
// 1. In der Header-Datei:
//
//struct Struktur
//{
//      void Methode0()            // Deklaration und Definition einer Methode
//      {
//
//      }
//
//      void Methode1();           // Ausschließlich Deklarieren einer Methode
//};
//
// 2. In der Header- und der zugehörigen Quellcode-Datei:
//
//      void Struktur::Methode1()   // Ausschließlich Definition der Methode
//      {
//
//      }
```

Quellcode-Datei myStructure.cpp

```cpp
#include"myStructure.h"
#include<iostream>
#include<vector>

using namespace std;

// Konstruktoren und Destruktoren


    persData::persData()    // Konstruktoren
    {
            std::cout << "\t reserviere Speicher" << std::endl;
                                    // '\t' bzw. "\t" sind Tabulatoren
            this->setName("");
    }
```

```cpp
persData::persData(const char *n)
{
        std::cout << "\t reserviere Speicher mit Argument *str" << std::endl;
        this->setName(n);
}

persData::persData(const int a)
{
        std::cout << "\t reserviere Speicher mit Argument int" << std::endl;
        this->age = a;
}

persData::~persData()   // Destruktor
{
        std::cout << "\t gebe den reservierten Speicher frei" << std::endl;
        delete[] this->name;
}

// Methoden

void persData::getName()                         // Getter = Dynamische Methode!
{
        this->name;
}

void persData::setName(const char *n)       // Setter = Dynamische Methode!
{
        int length = this->nameLength(n);   // innerhalb derselben Struktur this-> (-> =
                                             // Pointer-Operator) verwenden
        this->name = new char[length + 1];   // Generierte Instanzen sollten auch innerhalb
                                             // der eigenen Struktur wieder gelöscht
                                             // werden (delete[]), siehe main()!

        for (int i = 0; i < length; i++)     // Kopiert zeichenweise
                this->name[i] = n[i];

        this->name[length] = '\0';           // hier nicht den '\0' von str übernehmen,
                                             // sondern sicherheitshalber immer
                                             // selbst setzen!
}


int persData::nameLength(const char *n)     // Statische Methode! (als static int deklariert)
{
        int cn = 0;
        while ('\0' != n[cn])
                cn++;
        return cn;
}
```

```cpp
// Funktion zum Hauptprogramm main()

void persHandling()
{
        // Statische Deklaration der Variablen pData01 mit dem Struktur-Typ
        // persData
        persData pData01;              // Speicherplatz für Wert wird angelegt

        // Zugriff auf die Variable pData01 mit Variable.Eigenschaft (Eigenschaft aus
        // Struktur-Typ)
        pData01.name = "Horst";        // Wert wird dem Speicherplatz zugewiesen
        pData01.age = 66;
        pData01.pAdress.city = "Muenchen"; // Kaskadierung statischer
                                           // Struktur-Typen
        // Dynamische Deklaration der Variable pData02 (Pointer der Variable!) mit
        // Struktur-Typ *Variable = new Struktur-Typ;
        persData *pData02 = new persData;   // Speicherplatz für Wert wird angelegt

        // Zugriff auf die Variable pData02 mit Variable->Eigenschaft = ...;
        // (als Pointer mit dem Zeigeroperator ->!)
        pData02->name = "Matz";        // Wert wird dem Speicherplatz zugewiesen
        pData02->age = 27;
        pData02->pAdress.city = "Dortmund"; // Kaskadierung statischer und
                                            // dynamischer Struktur-Typen
        pData02->pAdress2->city = "München";
                                       // Kaskadierung von dynamischen Struktur-Typen
        delete pData02;                // Wert und Speicherplatz löschen

        // Deklaration der Variablen pData03 als dynamisches Array mit Struktur-Typ
        // *Variable = new Struktur-Typ[Anzahl der Elemente];
        persData *pData03 = new persData[2]; // Speicherplatz für das Feld anlegen

        // Zugriff auf eine der Variablen pData[0], pData[1] mit Variable[Element].
        // Eigenschaft; (Eigenschaft aus Struktur-Typ)
        pData03[0].name = "Clyde";             // Speicherplatz füllen
        pData03[0].age = 29;
        pData03[1].name = "Bonny";
        pData03[1].age = 28;

        delete[] pData03;                      // Feld und Speicherplatz löschen

        // Deklaration eines Vektors vom Struktur-Typ persDaten mit
        // Vektor<Struktur-Typ> Variable;
        vector<persData> pDataVector;
        // Zugriff auf den Vektor pDataVektor mit Vektor.Funktion(Variable);
        pDataVector.push_back(pData01);
}
```

Quellcode-Datei main.cpp

```cpp
#include <iostream>
#include "myStructure.h"

int main(int argc, char **argv)
{
        std::cout << "Anlegen und Loeschen einer Person (Verwendung von
        Konstruktoren und Destruktoren)" << std::endl;
        // Anlegen eines Objektes bzw. einer Instanz

        persData *myData1 = new persData("Mirco");
                                        // Konstruktor erstellt eine Instanz
        persData *myData2;
        myData2 = new persData; // Konstruktor erstellt eine Instanz (Speicherplatz)

        std::cout << "Aendern und Ausgeben der Daten fuer eine Person
        (Zuweisungen, Methoden,...)" << std::endl;

        // Bearbeiten der Eigenschaften eines Ojektes, einer Instanz
        myData2->name = "Marco"; // statisch definierte Eigenschaft ...

        //myData2->name[1] = 'i';  // ... kann nicht verändert werden
                                // (Compilerfehler!)

        myData2->setName("Mario");  // dynamischer definierte Eigenschaft (über
                                // die Methode setName!)
        std::cout << "Name:  " << myData2->name << std::endl;
        myData2->name[3] = 'c';          // ... ist veränderbar
        myData2->age = 34;
        std::cout << "Name:  " << myData2->name << std::endl;
        std::cout << "Alter: " << myData2->age << std::endl;

        // Methodisches bearbeiten der Eigenschaften eines Objekts, einer Instanz
        std::cout << "Anzahl der Buchstaben im Namen:  " << persData
        ::nameLength("Marco") << std::endl << std::endl;

        std::cout << "Aendern und Ausgeben der Daten fuer eine Person
        (Funktionen ...)" << std::endl;
        // Funktionsaufruf zur Bearbeitung der Eigenschaften und ggf. Methoden
        // eines Objekts, einer Instanz ... versuchen Sie es selbst einmal ...

        delete myData1;          // Destruktor löscht eine Instanz (Speicherplatz)
        delete myData2;          // Destruktor löscht eine Instanz (Speicherplatz)

        system("pause");
        return 0;
}
```

Programmbeschreibung

Die Definition einer Struktur ist die Definition eines eigenen, komplexen Typs – der selbst wieder Variablen und Funktionen beinhalten kann, wobei man die Variablen in einer Struktur als Eigenschaften bezeichnet und die Funktionen als Methoden (siehe auch Operatoren).

In der Funktion main(), oder auch allen anderen Funktionen, können dann Variablen vom Typ der Struktur deklariert werden, eine Definition oder Initialisierung ist nicht zwingend notwendig. Diese Variablen bezeichnet man als Objekte oder Instanzen – das Programmieren mit ihnen als objektorientiertes Programmieren.

Strukturen werden üblicherweise (nicht zwingend) in einer Header-Datei unter Auflistung aller Eigenschaften (Variablen), Methoden (Funktionen), … deklariert (diese können initialisiert werden.

```
struct Struktur-Name1
{
        // Eigenschaften
        Eigenschafts-Typ Eigenschafts-Name = z.B. Integer;          // statisch
        Eigenschafts-Typ *Eigenschafts-Name = new Eigenschafts-Typ(z.B. Integer);
                                                            // dynamisch
        Struktur-Name2 *Objekt-Name = new Struktur-Name2(z.B. "String");
                                // Eigenschaften sind Variablen und ...
        // Methoden
        Methoden-Typ Methoden-Name(Eigenschafts-Typ Eigenschafts-Name,
                                Methoden-Typ Methoden-Name, ...);
                                // ... Methoden sind Funktionen innerhalb
        ...                     // einer Struktur
};
```

In einer Quellcode-Datei selben Namens definiert man üblicherweise die Methoden (Funktionen), … wobei auf Objekte der eigenen Struktur mit dem this-Operator (this->) zugegriffen wird.

```
void Struktur-Name1::Methoden-Name(Eigenschafts-Typ Eigenschafts-Name)
                                // Setter = Dynamische Methode!
{
        // Methoden
        Typ Eigenschafts-Name = this->Methoden-Name(Eigenschafts-Name);
                                // Diese Methode wurde in dieser Struktur
                                // definiert (-> = Pointer Operator verwenden)
        this->Eigenschafts-Name = Struktur-Name2::Methoden-Name
        (Eigenschafts-Name);
                                // Diese Eigenschaft wurde in dieser Struktur.
                                // definiert, die Methode stammt aus einer
        ...                     // anderen Struktur
}
```

Unter den in einer Struktur enthaltenen Methoden gibt es vier besondere Methoden, Konstruktoren, Destruktoren, Getter und Setter.

Konstruktoren und Destruktoren müssen den Namen der Struktur besitzen, in welcher sie definiert sind – sie sind jedoch optional. Das heißt, werden vom Programmierenden selbst keine Konstruktoren oder Destruktoren geschrieben, dann werden diese vom Compiler automatisch zur Verfügung gestellt.

Konstruktoren eröffnen eine Instanz, hier sollte "erzeugt" werden, z. B. dyn. Speicher generieren, Dateien öffnen, Datenbankverbindungen öffnen, … . Im folgenden Beispiel wird Speicherplatz generiert

```
Struktur-Name();                        // Deklaration (Überladungen sind möglich!)
Struktur-Name(const char *n);
Struktur-Name(const int);

Struktur-Name::Struktur-Name()          // Definition
{
        this->setName("");
}

Struktur-Name::Struktur-Name(const char *n)
{
        this->setName(n);
}
```

Destruktoren beenden eine Instanz, hier sollte "aufgeräumt" werden, z. B. Speicher freigeben, geöffnete Dateien schließen, Datenbankverbindungen schließen, …

```
~Struktur-Name();
```

Getter ermöglichen das Lesen einer Eigenschaft der Struktur – hier der Eigenschaft name.

```
void Struktur-Name::getName()                    // Getter = Dynamische Methode!
{
        this->name;
}
```

Der Setter besitzt einen Schreibzugriff auf eine Eigenschaft. So weist der folgende Setter der Eigenschaft name aus der Struktur Struktur-Name die eingegebene Zeichenkette n zeichenweise zu. Da die Eigenschaften einer Struktur in dieser definiert sind, müssen sie nicht explizit zurückgegeben werden (Funktionentyp void üblich). Ergänzend: Die Methode nameLength nameLength(n) innerhalb dieser Struktur bestimmt lediglich die Anzahl der Zeichen eines Strings, Char-Arrays und liefert diesen zurück.

```
void Struktur-Name::setName(const char *n) // Setter = Dynamische Methode!
{
        int length = this->nameLength(n);
        this->name = new char[length + 1];

        for (int i = 0; i < length; i++)  // Kopiert zeichenweise
                this->name[i] = n[i];

        this->name[length] = '\0';  // hier nicht den '\0' von str übernehmen,
}                                   // sondern sicherheitshalber immer
                                    // selbst setzen!
```

Innerhalb einer Funktion – beispielsweise der Funktion main() – kann auf Eigenschaften, Methoden, ... einer Struktur zugegriffen werden, indem man bei statisch definierten Objekten den Objekt-Namen, durch einen Punkt (Punktoperator) getrennt mit dem Eigenschafts- oder Methoden-Namen angibt. Bei dynamisch definierten Objekten (Pointern) ist der Punktoperator (.) durch den Pfeiloperator (->) zu ersetzen.

```
Struktur-Name *Objekt-statisch;              // müssen nicht initialisiert werden
Struktur-Name *Objekt-dynamisch = new Struktur-Name("Marco");
```

Den Eigenschaften von Objekten können Werte und Variablen zugewiesen werden, sie können ausgegeben werden ... .

```
Objekt-statisch.Eigenschafts-Name = "Mario";
Objekt-dynamisch->Eigenschafts-Name = Variable;
...
```

Bei dynamisch definierten Objekten (Instanzen) ist es sogar möglich auf die Komponenten einer Eigenschaft zuzugreifen ... . Dies ist bei statisch definierten Objekten nicht möglich!

```
Objekt-dynamisch->Eigenschafts-Name[1] = 'i'
```

Bei Verwendung von Objekt-Feldern wird in der Regel die Anzahl der Komponenten des Feldes dynamisch definiert, die Komponenten selbst jedoch statisch – siehe Programmbeispiel.

Müssen neben der Anzahl der Komponenten auch die Komponenten selbst in ihrem Umfang varibel sein, ist auf Vektoren zurückzugreifen (Hier nicht vergessen #include <vector> mit einzubinden). Hier kann die Anzahl der Komponenten z. B. über push_back erhöht werden, während über die dynamische Definition der Komponenten, diese in ihrem Umfang variabel gehalten sind.

▶ **Ausgabe**

```
Anlegen und Loeschen einer Person (Verwendung von Konstruktoren und Destruktoren)
        reserviere Speicher mit Argument *str
        reserviere Speicher
Aendern und Ausgeben der Daten fuer eine Person (Zuweisungen, Methoden, ...)
Name:  Mario
Name:  Marco
Alter: 34
Anzahl der Buchstaben im Namen:  5

Aendern und Ausgeben der Daten fuer eine Person (Funktionen ...)
        gebe den reservierten Speicher frei
        gebe den reservierten Speicher frei
Drücken Sie eine beliebige Taste . . . ▄
```

5.1.2 Konstruktoren und Destruktoren – Statische und automatische Variablen

▶ **Aufgabe** Deklarieren Sie bitte eine Eigenschaft **static** int cn_instan-zen;, sowie einen Konstruktor und einen Destruktor innerhalb einer struct Struktur1 derart, dass
- der Konstruktor den Zähler cn_instanzen um 1 erhöht und
- der Destruktor die Zahl der Instanzen um 1 senkt.

Definieren Sie innerhalb der Struktur1 auch eine
- Methode int countInstanzen() const;
mit welcher Sie den Counter cn_instanzen immer wieder zurückgeben.

Rufen Sie in der Funktion main() den Zähler cn_instanzen
- zuerst ohne Konstruktor,
- nach Anwendung eines statischen Konstruktors, d. h. nach Generation eines Objekts1,
- nach Anwendung eines dynamischen Konstruktors, d. h. nach Generation eines Objekts2 und
- schließlich nach Anwendung eines Destruktors auf das Objekt2

ab. Betrachten Sie sich die Objekt-Eigenschaft cn_instanzen, die Funktions-Ausgaben countInstanzen() und die Struktur-Eigenschaft des Zählers.

Warum muss der Counter als statische Variable definiert werden, um die Anzahl der Instanzen korrekt zurückzugeben. Was würde geschen, wenn der Counter nicht statisch definiert würde?

Definieren Sie zwei Variablen mit dem **Typ auto** und addieren Sie diese.

auto var1 = 's';
auto var2 = 1;

Wie lässt sich das Ergebnis erklären?

Header-Datei myKonstDest.h

```
struct Structure1
{
        int var = 0;
        static int cn_inst;   // static notwendig, da sonst jede erzeugte Klasse eine eigene
                              // Variable cn_inst bekäme. Damit ließe sich diese durch
                              // erzeugen einer neuen Instanz nicht hochzählen, sondern
                              // würde immer wieder neu auf 1 gesetzt.

        Structure1();         // Konstruktor
        ~Structure1();        // Destruktor

        int countInst() const;   // Konstante Methoden sind in *.h-Datei und *.cpp-Datei
                                 // als const zu markieren
};
```

Quellcode-Datei myKonstDest.cpp

```
#include "myKonstDest.h"

int Structure1::cn_inst = 0;        // Eigenschaften immer in der Header-Datei Initialisieren!!

Structure1::Structure1()
{
        this->cn_inst++;
}

Structure1::~Structure1()
{
        this->cn_inst--;
}

int Structure1::countInst() const

{
        // this->var = 7;        // Fehler: Diese Methode ist gänzlich als const definiert
        return this->cn_inst;
}
```

Quellcode-Datei main.cpp

```cpp
#include <iostream>
#include "myKonstDest.h"


int main()
{
    using namespace std;

    auto var1 = 's';          // = 115 (Dezimalwert aus der ASCII-Tabelle für 's')
    auto var2 = 1;            // = 1 (zugewiesener Integer-Wert)

    auto var3 = var1 + var2;// = 116 (Rechner rechnen mit Zahlen!)
    cout << " Tpy auto: " << var3 << endl << endl;

    cout << " Tpy static: " << endl << endl;

    cout << " Ohne Konstruktor: " << endl << endl;

    cout << " Struktur1::cn_inst " << Structure1::cn_inst << endl << endl;

    cout << " Konstruktor Objekt1 (statisch): " << endl << endl;

    Structure1 Object1;                    // Konstruktor, statisch
    cout << " Object1.cn_inst " << Object1.cn_inst << endl;
    cout << " Object1.counterInst() " << Object1.countInst() << endl;
    cout << " Structure1::cn_inst " << Structure1::cn_inst << endl << endl;

    cout << " Konstruktor Object2 (dynamisch): " << endl << endl;

    Structure1 *Object2 = new Structure1; // Konstruktor, dynamisch
    cout << " Object1.cn_inst " << Object1.cn_inst << endl;
    cout << " Object1.counterInst() " << Object1.countInst() << endl;
    cout << " Structure1::cn_inst " << Structure1::cn_inst << endl << endl;

    cout << " Object2.cn_inst " << Object1.cn_inst << endl;
    cout << " Object2.counterInst() " << Object1.countInst() << endl << endl;

    cout << " Destruktor Object2: " << endl << endl;

    delete Object2;                        // Destruktor
    cout << " Object1.cn_inst " << Object1.cn_inst << endl;
    cout << " Object1.counterInst() " << Object1.countInst() << endl;
    cout << " Structure1::cn_inst " << Structure1::cn_inst << endl << endl;
```

```
        system("pause");
        return 0;
}
```

Programmbeschreibung

Konstruktoren und Destruktoren müssen den Namen der Struktur besitzen. Beim Destruktor ist dem Namen eine Tilde voranzustellen. Hier soll der Konstruktor

```
Structure1();                    // Konstruktor
```

einerseits ein Objekt (Instanz) dieses Struktur-Typs erstellen und andererseits die Eigenschaft

```
static int cn_inst = 0;
```

inkrementieren, während der Destruktor

```
~Structure1();                   // Destruktor
```

eine Instanz (Objekt) löscht und diese Eigenschaft dekrementiert.

```
Structure1::Structure1()                    // Konstruktor
{
        this->cn_inst++;
}

Structure1::~Structure1()                   // Destruktor
{
        this->cn_inst--;
}
```

Die Methode

```
int countInst() const;
```

soll lediglich die Eigenschaft `static int cn_inst = 0;` als Integer zurückliefern.

```
int Structure1::countInst() const        // Konstante Methode
{
        return this->cn_inst;
}
```

Wird der Counter `cn_inst` als statische Eigenschaft definiert, so ist er global verwendbar (sein Speicherplatz bleibt erhalten). Mit jeder neu deklarierten Instanz wird somit der Counter inkrementiert.

```
Structure1 Object1;                        // Konstruktor, statisch, wird aufgerufen
Structure1 *Object2 = new Structure1;      // Konstruktor, dynamisch, wird aufgerufen
```

Würde der Counter nicht statisch definiert, dann würde für jede Instanz ein eigener Counter erstellt, wobei jeder einzelne Counter nur seine eigene Instanz zählen würde, d. h. auf 1 stünde.

Grundsätzlich gilt für einen static-Typ:

static für Variablen: Variable bleibt bis zum Programmende im Arbeitsspeicher

* kann auch weder mit `new` noch durch Zuweisung geändert werden.

* Arbeitsspeicher wird nach Übergabe in eine Funktion auch nach Beenden dieser Funktion nicht gelöscht.

static für Funktionen: Einschränkung des Gültigkeitsbereichs der Funktion.

Das genaue Gegenteil des static-Typs ist der auto-Typ:

auto für Variablen und Funktionen: Dieses Schlüsselwort wird für automatische Initialisierungen verwendet, in welchen der Typ des Objekts nicht explizit festgelegt werden muss, da er ohnehin – z. B. durch entsprechende Zuweisung eines Wertes – implizit schon festgelegt ist (Typinferenz).

Im soeben gezeigten Programmbeispiel ergibt sich der Wert 116 aus der Summe des Dezimalwerts 115 (ASCII-Tabelle) für den Buchstaben s und dem Integer 1.

```
auto var1 = 's';        // = 115 (Dezimalwert aus der ASCII-Tabelle für 's')
auto var2 = 1;          // = 1 (zugewiesener Integer-Wert)
auto var3 = var1 + var2;// = 116 (Rechner rechnen mit Zahlen!)
```

▶   **Ausgabe**

```
Tpy auto:   116

Tpy static:

Ohne Konstruktor:

Struktur1::cn_inst   0

Konstruktor Objekt1 (statisch):

Object1.cn_inst   1
Object1.counterInst()   1
Structure1::cn_inst    1

Konstruktor Object2 (dynamisch):

Object1.cn_inst   2
Object1.counterInst()   2
Structure1::cn_inst    2

Object2.cn_inst   2
Object2.counterInst()   2

Destruktor Object2:

Object1.cn_inst   1
Object1.counterInst()   1
Structure1::cn_inst    1

Drücken Sie eine beliebige Taste . . . _
```

5.1.3   Strukturen mit Strings – Zum Betriebssystem

▶ **Aufgabe** Wenn wir ein Programm schreiben, geben wir Befehlszeilen in einen Editor ein, die mit einem Semikolon abgeschlossen werden. Diese Befehlszeilen werden dann strukturiert vom Betriebssystem abgearbeitet.

Üblicherweise werden auch Betriebssysteme mit C++ geschrieben, so dass wir uns nun selbst strukturierte Komponenten unseres Betriebssystems programmieren wollen, um verstehen zu können, mit welcher Systematik unser Betriebssystem den eingegebenen Programmiercode abarbeitet.

Legen Sie hierzu die Struktur `myString` an, welche folgende Methoden enthält:

a) Schreiben Sie eine Methode (Funktion) `char   *get_string()`, die lediglich eine Eigenschaft zurückgibt. Weisen Sie mit einer Methode (Funktion) `void set_string(const   char  *)` dieser Eigenschaft dann eine Reihe von Werten zu. Verwenden Sie bitte auch die bereits bekannte Methode (Funktion) `int strLen(char *)`, welche die Länge einer übergebenen Zeichenkette bestimmt.

b) Schreiben Sie eine Methode (Funktion) `void concat(const char*, const char*)`, die zwei Zeichenketten miteinander verknüpft und einer Eigenschaft (Variable) der Struktur zuweist. Schreiben Sie bitte unter Verwendung der Überladung eine ganz analoge Methode (Funktion) `void concat(const char*, const char *)`, die eine Zeichenkette mit einer Eigenschaft verknüpft.

c) Wie können Sie entsprechend dem bislang erarbeiteten eine Methode `void append(char *)` formulieren, die an eine festgelegte Eigenschaft eine Zeichenkette anhängt.

Wie gesagt verwendet die Programmiersprache C++ selbst auch eine Struktur mit dem Bezeichner `std` (`#include <iostream>`, `#include <string>, using namespace std`), die ganz analog zu unserer Struktur `myString` arbeitet. Machen Sie sich bitte klar wo die Struktur `std` die in dieser Aufgabe erarbeiteten Methoden `get_string`, `set_string`, `concat`, `append` ganz selbstverständlich verwendet.

Header-Datei myString.h

```
struct myString
{
        // Eigenschaften (Variablen)
        char *str;
        int length = 0;
```

```
        // Konstruktoren und Destruktoren
        myString();                              // Konstruktoren: weisen Variblen Werte zu
        myString(const char *str);
        ~myString();                             // Destruktoren: löschen Werte von Variablen
        // Methoden (Funktionen)
        char *get_string();                      // Getter
        void set_string(const char *str);           // Setter

        int strLen(const char *str);
        void concat(const char *str1, const char *str2);
        void concat(const char *str, myString &Cstr2);
        void append(const char *str);
};
```

Quellcode-Datei myString.cpp

```
#include "myString.h"


// Konstruktoren und Destruktoren

myString::myString()                  // Konstruktor
{
        this->str = new char[1]; // Deklaration (Speicherplatz wird angelegt)
        this->str[0] = '\0';         // Definition (Initialisierung mit dem Endzeichen)
}

myString::myString(const char *str)
{
        this->str = new char[1]; // Deklaration
        this->set_string(str);      // Definition (Zeichenkette mit Funktion
                                    // myString::set_string gefüllt)

}

myString::~myString()                 // Destruktor
{
        delete[] this->str;         // Zeichenkette wird gelöscht
}


// Methoden

char *myString::get_string()       // Getter
{
        return this->str;           // Lediglich Rückgabe der Eigenschaft str
}
```

```cpp
void myString::set_string(const char *str) // Setter
{
        int length = this->strLen(str);     // Länge der Zeichenkette
        delete[] this->str;                  // Löschen bestehender Werte (Speicherplatz)
        this->str = new char[length + 1];// Erzeugen von Speicherplatz für neue Werte
        for (int i = 0; i < length; ++i)     // Füllen des Speicherplatzes mit neuen Werten
                this->str[i] = str[i];
        this->str[length] = '\0';            // Abschließen des Strings mit Endzeichen
}


int myString::strLen(const char *str)
{
        int cn = 0;                  // Bestimmung der Länge cn der Zeichenkette
        while ('\0' != str[cn])
                cn++;
        return cn;
}

void myString::concat(const char *str1, const char *str2)
{
        int length1 = this->strLen(str1);             // Länge der 1. Zeichenkette
        this->length = length1 + this->strLen(str2);  // Länge der gesamten Zeichenkette
        char *newStr = new char[this->length + 1];    // Dynamische Variable für die
                                                      // verbundene Zeichenkette
                                                      // (Speicherplatz)
        for (int i = 0; i < length1; ++i)      // Buchstabenweises Einlesen der 1. Zeichenkette
                newStr[i] = str1[i];

        for (int i = length1, j = 0; i < this->length; ++i, ++j)
                newStr[i] = str2[j];   // Buchstabenweises Einlesen der 2. Zeichenkette

        newStr[this->length] = '\0';  // Abschließen der verbundenen Zeichenkette

        delete[] this->str;       // Löschen der alten 1. Zeichenkette und ... (Speicherplatz)
        this->str = newStr;       // ... zuweisen der verbundenen Zeichenkette
}

void myString::concat(const char *str1, myString &Cstr2)
{
        this->concat(str1, Cstr2.str); // Nutzung der Überladung (Selektion der Eigenschaft)
}

void myString::append(const char *str) // Nutzung der Überladung
                                        // (gesetzter vorderer Wert)
{
        this->concat(this->str, str);
}
```

Quellcode-Datei Main.cpp

```cpp
#include <iostream>
#include <string>
#include "myString.h"

using namespace std;

int main(int argc, char **argv)
{
        cout << "Verwendung unserer myString Struktur" << endl << endl;
        myString Inst1;                         // Deklaration
        myString Inst2("Franz ");               // Deklaration und Definition (Initialisierung!)

        cout << "a )Die Funktionen char *get_string() und void set_string(char *)" << endl;
        Inst1.set_string("Tag! ");              // Zeichenkette in Inst1 schreiben
        cout << Inst1.get_string() << endl;     // Zeichenketten ausgeben
        cout << Inst2.get_string() << endl << endl;

        cout << "b) Die Funktion void concat(char *, char *)" << endl;
        Inst1.concat("Gruess ", "Gott! ");      // Zwei Zeichenketten verknüpfen
        cout << Inst1.get_string() << endl;     // Verknüpfte Zeichenketten ausgeben
        Inst1.concat("Hallo! ", Inst2);         // Zeichenkette "Hallo" vor die Struktur-
                                                // Eigenschaft Inst2 hängen
        cout << Inst1.get_string()              // Zeichenkette "Hallo" & Inst2 ausgeben
        << endl << endl;

        cout << "c) Die Funktion void append(char *)" << endl;
        Inst1.append(Inst2.get_string());       // Zeichenkette Inst2 anhängen
        cout << Inst1.get_string() << endl << endl;   // Zeichenkette Inst1 + Inst2 ausgeben


        cout << "Verwendung der string-Struktur (#include <string>)" << endl << endl;
        std::string myString1;                  // Konstruktor: get_string
        myString1 = "Tag! ";                    // set_string
        std::string myString2("Hallo! ");       // get_string und set_string
        std::string myString3("Servus! ");

        std::cout << "get_string:   " << myString1 << std::endl;
        std::cout << "              " << myString2 << std::endl;
        std::cout << "              " << myString3 << std::endl;

        myString1 = myString2 + " " + myString3;      // entspricht concat bzw. append
        std::cout << "concat / append:   " << myString1 << std::endl;
```

```
        std::cout << "get_string:  " << myString1.c_str() << std::endl;
        std::cout << "Komponente:  " << myString1[0] << std::endl << std::endl;


        system("pause");
        return 0;
}
```

Programmbeschreibung

In der Header-Datei myString.h wird eine Struktur myString fuer eine einfache Zei-
chenketten-Verwaltung angelegt (Das Komma nach der geschlossenen Klammer nicht
vergessen!).

```
struct myString
{
        ...
};
```

Hierzu werden folgende Eigenschaften innerhalb der Struktur definiert

```
char *str;       enthält die Zeichenkette in der Struktur
int length = 0;  enthält die laenge der Zeichenkette in der Struktur
```

Der Default-Konstruktor beraumt Speicherplatz an und setzt die interne Zeichenkette auf
eine leere Zeichenkette,

```
myString();
```

während der Konstruktor mit Übergabeparameter die interne Zeichenkette auf die übergebene Zeichenkette setzt

```
myString(const char *str);
```

Der Destruktor gibt den dynamisch reservierten Speicher wieder frei und löscht damit
auch die Zeichenkette

```
~myString();
```

Unter den Methoden ermittelt

```
int strLen(const char *str);
```

die Länge einer Zeichenkette.

```cpp
void concat(const char *str1, const char *str2);
```

führt zwei Zeichenketten `*str1` und `*str2` zusammen und speichert die Ergebniszeichenkette in der internen Zeichenkette. Zudem wird die alte interne Zeichenkette geloescht.

Das Zusammenführen von einer Zeichenkette und einer Zeichenkette von einer myString-Instanz erfolgt mit,

```cpp
void concat(const char *str1, myString &Cstr2);
```

wobei die Methode `concat` mit zwei Zeichenketten aufgerufen wird (Überladung, Weiterleitung) und dieser die beiden Zeichenketten übergeben werden.

```cpp
void append(const char *str);
```

Der Getter gibt einen Pointer auf die aktuelle Zeichenkette, angehängt an die myString-Instanz zurück.

```cpp
char *get_string();
```

Der Setter

```cpp
void set_string(const char *str);
```

setzt die übergebene Zeichenkette auf die aktuelle Zeichenkette dieser myString-Instanz.

Sehen Sie sich bitte genau an, wie diese in der Header-Datei myString.h. deklarierten Eigenschaften und Methoden in der entsprechenden Quellcode-Datei myString.cpp definiert sind, und welche Aktionen sie ausführen.

Nach der Deklaration der Instanzen unserer Struktur (unseres Typs)

```cpp
myString Inst1;                 // Deklaration
myString Inst2("Franz ");       // Deklaration und Definition (Initialisierung!)
```

können auf diese der Setter und der Getter angewandt werden. Mit dem Setter werden beispielsweise noch nicht initialisierte Variablen initialisiert und mit dem Getter kann auf Struktur-Eigenschaften zugegriffen werden um sie über `std::cout` auszugeben.

```cpp
cout << "a )Die Funktionen char *get_string() und void set_string(char *)" << endl;
Inst1.set_string("Tag! ");                  // Zeichenkette in Inst1 schreiben
cout << Inst1.get_string() << endl;         // Zeichenketten ausgeben
cout << Inst2.get_string() << endl << endl;
```

Mit der überlagerten Methode `concat` können entweder zwei Zeichenketten zeichenweise zusammengefügt oder eine Zeichenkette mit einer Struktur-Eigenschaft verbunden werden.

```
cout << "b) Die Funktion void concat(char *, char *)" << endl;
Inst1.concat("Gruess ", "Gott! ");          // Zwei Zeichenketten verknüpfen
cout << Inst1.get_string() << endl;          // Verknüpfte Zeichenketten ausgeben
Inst1.concat("Hallo! ", Inst2);              // Zeichenkette "Hallo" vor die Struktur-
                                             // Eigenschaft Inst2 hängen
cout << Inst1.get_string() << endl << endl;  // Zeichenkette "Hallo" & Inst2 ausgeben
```

Auch kann mittels `append` eine Struktur-Eigenschaft an eine vorgegebene Zeichenkette angehängt und dann ausgegeben werden.

```
cout << "c) Die Funktion void append(char *)" << endl;
Inst1.append(Inst2.get_string());            // Zeichenkette Inst2 anhängen
cout << Inst1.get_string() << endl << endl;  // Zeichenkette Inst1 + Inst2 ausgeben
```

Auf diese Weise werden Zeichenketten auch in allen gängigen Betriebssystemen verwaltet, wie in `main()` abschließend noch ansatzweise gezeigt wird.

▶   **Ausgabe**

5.1.4   Strukturen mit Integern – Zufallszahlen

▶   **Aufgabe** Schreiben Sie ein Programm, mit welchem Sie Zufallszahlen generieren. Verwenden Sie den C++ Standart Zufallszahlengenerator und überladen Sie die Funktion `get_rnd()` dreifach, so dass

a) bei Übergabe keiner Argumente in die Funktion `get_rnd()`, gewürfelt wird, d. h. Zahlen zwischen 1 und 6 ausgegeben werden.

b) bei Übergabe eines Arguments `get_rnd(max)`, die obere Grenze für mögliche Zufallszahlen von 6 auf 100 erweitert wird.

c) durch Übergabe zweier Argumente `get_rnd(min, max)` zwischen zwei beliebigen Grenzen, hier 0 und 100, Zufallszahlen ausgegeben werden können.

Verwenden Sie bitte auch zwei weitere C++11 Zufallszahlengeneratoren, um Zufallszahlen auszugeben.

Header-Datei rndFunc.h

```
typedef unsigned int uint;          // typedef {Datentyp} {Aliasname} zum
                                    // abkürzen langer Datentypen


struct rndStd
{
        // Eigenschaften
        uint min = 1;
        uint max = 6;

        // Konstruktoren und Destruktoren
        rndStd();
        ~rndStd();

        // Methoden
        uint get_rnd(uint min, uint max);
        uint get_rnd(uint max);
        uint get_rnd();             // Deligieren an überlagerte Methoden
                                    // (von unten nach oben)
};

struct rndMt
{
        // Eigenschaften
        uint min = 1;
        uint max = 6;

        // Konstruktoren und Destruktoren
        rndMt();
        ~rndMt();

        // Methoden
        uint get_rnd(uint min, uint max);
        uint get_rnd(uint max);
        uint get_rnd();             // Deligieren an überlagerte Methoden
                                    // (von unten nach oben)
};
```

```
struct rndRndDev
{
        // Eigenschaften
        uint min = 1;
        uint max = 6;

        // Konstruktoren und Destruktoren
        rndRndDev();
        ~rndRndDev();

        // Methoden
        uint get_rnd(uint min, uint max);
        uint get_rnd(uint max);
        uint get_rnd();                    // Deligieren an überlagerte Methoden
                                           // (von unten nach oben)
};
```

Quellcode-Datei rndFunc.cpp

```
#include <iostream>
#include <stdlib.h>
#include <time.h>
#include <random>
#include "rndFunc.h"


// Methoden für die Struktur rndStd

rndStd::rndStd()                             // Konstruktor
{
        srand((unsigned int)time(NULL));    // Zufallszahlengenerator wird
                                            // mit Uhrzeit initialisiert
}

rndStd::~rndStd() { }                        // Destruktor

uint rndStd::get_rnd(const uint min, const uint max)     // Getter
{
        return rand() % (max - min + 1) + min;   // Zufallszahl generieren
}

uint rndStd::get_rnd(uint max)
{
        return this->get_rnd(1, max);
}

uint rndStd::get_rnd()    // Deligieren an überlagerte Methoden (von unten nach oben)
```

```cpp
{
        return this->get_rnd(1, 6);
}
// Methoden für die Struktur rndMt

rndMt::rndMt() { }                              // Konstruktor

rndMt::~rndMt() { }                             // Destruktor

uint rndMt::get_rnd(const uint min, const uint max)     // Getter
{
        std::random_device rn;
        std::mt19937 engine(rn());
        std::uniform_int_distribution<uint> Rand(min, max);
        return Rand(engine);
}

uint rndMt::get_rnd(uint max)
{
        return this->get_rnd(1, max);
}

uint rndMt::get_rnd()   // Deligieren an überlagerte Methoden (von unten nach oben)
{
        return this->get_rnd(1, 6);
}



// Methoden für die Struktur rndRndDev

rndRndDev::rndRndDev() { }                    // Konstruktor

rndRndDev::~rndRndDev() { }                   // Destruktor

uint rndRndDev::get_rnd(const uint min, const uint max)      // Getter
{
        std::random_device rd;
        /*
        std::cout << "minimum: " << rd.min() << std::endl;
        std::cout << "maximum: " << rd.max() << std::endl;
        std::cout << "entropy: " << rd.entropy() << std::endl;
        */
        return rd() % (max - min + 1) + min;     // Zufallszahl generieren
}

uint rndRndDev::get_rnd(uint max)
{
        return this->get_rnd(1, max);
}
```

```cpp
uint rndRndDev::get_rnd() // Deligieren an überlagerte Methoden (von unten nach oben)
{
        return this->get_rnd(1, 6);
}
```

Quellcode-Datei Main.cpp

```cpp
#include <iostream>
#include "rndFunc.h"
#include <random>                          // C++11 Zufallszahlengenerator


int main(int argc, char **argv)
{
        using namespace std;

        uint min = 0;
        uint max = 100;


        cout << endl << " C++-Standard Zufallszahlen-Generator " << endl << endl;

        rndStd myStd;
        cout << " a)  " << myStd.get_rnd() << endl;
        cout << " b)  " << myStd.get_rnd(max) << endl;
        cout << " c)  " << myStd.get_rnd(min, max) << endl << endl;


        cout << endl << " mt19937 Zufallszahlen-Generator " << endl << endl;

        rndMt myMt;
        cout << " a)  " << myMt.get_rnd() << endl;
        cout << " b)  " << myMt.get_rnd(max) << endl;
        cout << " c)  " << myMt.get_rnd(min, max) << endl << endl;

        cout << endl << " Random Device Zufallszahlen-Generator (der Beste) "
        << endl << endl;
        rndRndDev myRndDev;
        cout << " a)  " << myRndDev.get_rnd() << endl;
        cout << " b)  " << myRndDev.get_rnd(max) << endl;
        cout << " c)  " << myRndDev.get_rnd(min, max) << endl << endl;


        system("pause");
        return 0;
}
```

Programmbeschreibung

In der Header-Datei rndFunc.h werden für alle drei Zufallszahlen-Generatoren das kleinste und größte mögliche Würfel-Ergebnis über die Eigenschaften min = 1 und max = 6 initialisiert. Es werden jeweils ein Konstruktor und ein Destruktor angelegt und die Methoden zur Erzeugung des Würfel-Ergebnisses dreifach überladen.

In der Quellcode-Datei rndFunc.cpp wird lediglich der Konstruktor für den C++-Standard-Zufallszahlen-Generator mit der Uhrzeit initialisiert (`srand((unsigned int) time(NULL));`), alle weiteren Konstruktoren und Destruktoren sind leer.

Für eine anspruchsvollere Bestimmung von Zufallszahlen werden mehrere im Rechner enthaltenen Sensoren (Uhr (clock), Lüftergeschwindigkeit, Signalrauschen, …) verwendet um einen beliebigen Startwert für i. a. immer wieder gleich ablaufende Algorithmen zu erhalten. So ist im Fall der anderen beiden Zufallszahlengeneratoren (siehe http://www.cplusplus.com/reference/random/) eine entsprechende Initialisierung nicht notwendig.

Die überladenen Random-Funktionen (rnd…-Funktionen) erlauben dann ohne, mit nur einem (dem Maximalwert) oder mit zwei Argumenten (Min- und Max-Wert) eine Zufallszahl entsprechend dem Algorithmus des ausgewählten Zufallszahlengenerators zu bestimmen.

In der Quellcode-Datei main.cpp ist zum Arbeiten mit Zufallszahlen die entsprechende Header-Datei einzubinden – `#include <random>`. In Folge werden alle drei Zufallszahlengeneratoren ohne, mit nur einem und mit zwei Argumenten aufgerufen und die entsprechenden Zufallszahlen ausgegeben.

▶   **Ausgabe**

```
C++-Standard Zufallszahlen-Generator

a)   2
b)   16
c)   8


mt19937 Zufallszahlen-Generator

a)   5
b)   65
c)   15


Random Device Zufallszahlen-Generator (der Beste)

a)   3
b)   93
c)   59

Drücken Sie eine beliebige Taste . . .
```

5.1.5   Projekt-Aufgabe: Master-Mind

▶ **Aufgabe** Programmieren Sie ein Master-Mind Spiel. Verwenden Sie hierzu jedoch nur drei Positionen, die einerseits von einem Zufallszahlengenerator in Form von drei beliebigen Kombinationen von Großbuchstaben zwischen A, ..., C vorgegeben werden und andererseits von Ihnen zu erraten sind.

Nach jeder Ihrer Eingaben von drei Buchstaben gibt Ihnen Ihr Programm zurück, wieviele Ihrer Buchstaben exakt mit der Lösung übereinstimmen und wieviele Buchstaben zwar in der Lösung enthalten sind, sich aber an der falschen Position befinden (siehe auch: https://de.wikipedia.org/wiki/Mastermind_(Spiel)).

▶ **Lösungsvorschlag** Den folgenden Lösungsvorschlag sollten Sie selbständig nachvollziehen können.

Header-Datei myString.h

```
struct myString
{
        // Eigenschaften
        char *str;
        int length = 0;

        // Konstruktoren und Destruktoren
        myString();                                         // Konstruktoren
        myString(const char *str);
        ~myString();                                        // Destruktor

        // Methoden
        char *get_string();                                 // Getter
        void set_string(const char *str);                   //Setter

        int strLen(const char *str);
        void concat(const char *str1, const char *str2);
        void concat(const char *str, myString &Cstr2);
        void append(const char *str);

        char *get_rnd_random_device();                      // neue Methoden
        void fix_string(const char *str);
        int get_rightChar_rightPlace(const char *str);
        int get_rightChar_wrongPlace(const char *str);
};
```

Quellcode-Datei Main.cpp

```cpp
#include <iostream>
#include <string>
#include "myString.h"

using namespace std;

int main(int argc, char **argv)      // Master-Mind
{
        // Zu eratende Werte (theCode) werden vom Zufallsgenerator gesetzt
        myString theCode;
        theCode.get_string();
        for (int i = 1; i < 4; i++)
                theCode.append(theCode.get_rnd_random_device());
        char *Code = theCode.get_string();

        // Meine Werte (myCode) werden mit theCode verglichen
        string myInput;
        myString myCode;
        int rCharrPl, rCharwPl;

        do {
                cout << " Bitte drei Grossbuchstaben (A, B, C): ";

                myCode.get_string();
                getline(cin, myInput);
                myCode.set_string(myInput.c_str());
                // Methode zum Abfangen zu langer oder zu kurzer Strings
                myCode.fix_string(myCode.get_string());
                // Methode zur Bestimmung "richtiger Buchstabe am
                // richtigen Platz" (Ganz richtig)
                rCharrPl = myCode.get_rightChar_rightPlace(Code);
                // Methode zur Bestimmung "richtiger Buchstabe am
                // falschen Platz" (Fast richtig)
                rCharwPl = myCode.get_rightChar_wrongPlace(Code);
                // Ausgaben
                cout << " Ganz richtig:  " << rCharrPl << endl;
                cout << " Fast richtig:  " << rCharwPl << endl << endl;
        } while (rCharrPl != 3);

        cout << " Gratulation!   " << theCode.get_string() << endl << endl;

        system("pause");
        return 0;
}
```

Quellcode-Datei myString.cpp

```cpp
#include <iostream>
#include <random>
#include "myString.h"

using namespace std;


// Konstruktoren und Destruktoren

myString::myString()                    // Konstruktor
{
        this->str = new char[1];        // Deklaration (Speicherplatz wird angelegt)
        this->str[0] = '\0';            // Definition (Initialisierung mit dem Endzeichen)
}


myString::myString(const char *str)
{
        this->str = new char[1];        // Deklaration
        this->set_string(str);          // Definition (Zeichenkette wird mit der Funktion
}                                       // myString::set_string gefüllt)

myString::~myString()                   // Destruktor
{
        delete[] this->str;             // Zeichenkette wird gelöscht
}



// Methoden

char *myString::get_string()            // Getter
{
        return this->str;               // Lediglich Rückgabe der Eigenschaft str
}

void myString::set_string(const char *str) // Setter
{
        int length = this->strLen(str);    // Länge der Zeichenkette
        delete[] this->str;                // Löschen bestehender Werte (Speicherplatz)
        this->str = new char[length + 1];// Erzeugen von Speicherplatz für neue Werte
        for (int i = 0; i < length; ++i)   // Füllen des Speicherplatzes mit neuen Werten
                this->str[i] = str[i];
        this->str[length] = '\0';          // Abschließen des Strings mit Endzeichen
}
```

```cpp
int myString::strLen(const char *str)
{
        int cn = 0;                          // Bestimmung der Länge cn der Zeichenkette
        while ('\0' != str[cn])
                cn++;
        return cn;
}
```

```cpp
void myString::concat(const char *str1, const char *str2)
{
        int length1 = this->strLen(str1);          // Länge der 1. Zeichenkette
        this->length = length1 + this->strLen(str2); // Länge der gesamten Zeichenkette
        char *newStr = new char[this->length + 1]; // Dynamische Variable für die
                                                    // verbundene Zeichenkette
                                                    //(Speicherplatz)
        for (int i = 0; i < length1; ++i)  // Buchstabenweises Einlesen der 1. Zeichenkette
                newStr[i] = str1[i];

        for (int i = length1, j = 0; i < this->length; ++i, ++j)
                newStr[i] = str2[j];    // Buchstabenweises Einlesen der 2. Zeichenkette

        newStr[this->length] = '\0';   // Abschließen der verbundenen Zeichenkette

        delete[] this->str;                    // Löschen der alten 1. Zeichenkette und ...
        this->str = newStr;                    // (Speicherplatz) ... zuweisen der verbundenen
}                                              // Zeichenkette
```

```cpp
void myString::concat(const char *str1, myString &Cstr2)
{
        this->concat(str1, Cstr2.str);     // Nutzung der Überladung (Selektion der
                                           // Eigenschaft der Struktur)
}
```

```cpp
void myString::append(const char *str) // Nutzung der Überladung (Defaultmäßiges
                                        // Setzen des vorderen Wertes)
{
        this->concat(this->str, str);
}
```

```cpp
char *myString::get_rnd_random_device()
{
        std::random_device rd;             // Konstruktor
        int min = 'A';                     // ASCII-Code: 65 = 'A'
        int max = 'C';                     // ASCII-Code: 67 = 'C'

        char *rnd = new char[2];
        rnd[0] = rd() % (max - min + 1) + min;  // Zufallszahl generieren
        rnd[1] = '\0';
```

```cpp
        rnd;

        return rnd;
}

void myString::fix_string(const char *str)        // Erweitertes set_string
{
        int length = this->strLen(str);          // Länge der Zeichenkette <= 3 Zeichen
        int diff = length - 3;
        char *tmp = this->str;                    // Speichern des eingelesenen Strings ...(1)
        this->str = new char[length - diff + 1];  // Erzeugen von Speicherplatz für neue Werte
        for (int i = 0; i < (length - diff); ++i) // Füllen des Speicherplatzes mit neuen Werten
                this->str[i] = tmp[i];            // (1)... um ihn hier zuweisen zu können

        if (strLen(str) < length - diff) {        // Ergänzt Zeichen, falls der String zu kurz ist
                for (int i = 0; i < -diff; i++)
                        this->append(this->get_rnd_random_device());
        }
        this->str[length - diff] = '\0';          // Abschließen des Strings mit Endzeichen
        delete[] tmp;                             // Löschen bestehender Werte (Speicherplatz)
}

int myString::get_rightChar_rightPlace(const char *str)
{
        int cn = 0;
        for (int i = 0; i < 3; i++) {             // Schrittweiser Identitätsvergleich
                if (str[i] == this->str[i])
                        cn++;
        }
        return cn;
}

int myString::get_rightChar_wrongPlace(const char *str)
{
        int cn = 0;
        for (int i = 0; i < 3; i++) {                        // Ausschluss von Identitäten
                if (str[i] != this->str[i]) {
                        for (int j = 0; j < 3; j++) {        // Quervergleiche
                                if (str[j] == this->str[i]){
                                        if(str[j] != this->str[j])  // Ausschluss von Identiäten
                                                cn++;
                                }
                        }
                }
        }
        return cn;
}
```

▶ **Ausgabe**

```
Bitte drei Grossbuchstaben (A, B, C): ABC
Ganz richtig:  1
Fast richtig:  2

Bitte drei Grossbuchstaben (A, B, C): ACB
Ganz richtig:  0
Fast richtig:  3

Bitte drei Grossbuchstaben (A, B, C): CBA
Ganz richtig:  0
Fast richtig:  3

Bitte drei Grossbuchstaben (A, B, C): BAC
Ganz richtig:  3
Fast richtig:  0

Gratulation!   BAC

Drücken Sie eine beliebige Taste . . .
```

5.2 Klassen – Grundlagen

Von der Struktur zur Klasse

In der objektorientierten Programmierung unterscheidet man Strukturen und Klassen. Was ist der Unterschied zwischen diesen beiden komplexen Datentypen? Grundsätzlich gilt:

Klasse = Struktur

Klassen besitzen somit in vollem Umfang – nicht mehr und nicht weniger – die bisher behandelten Merkmale einer Struktur.

Un dennoch, gäbe es nicht doch einen kleinen Unterschied, dann könnte man sich zumindest einen dieser beiden synonymen Begriffe sparen. Der kleine Unterschied liegt in den standardgemäß vergebenen Zugriffsrechten auf die Objekte einer Struktur oder Klasse.

So weisen alle Eigenschaften und Methoden in einer Struktur den Default-Wert `public` als Zugriffsrecht auf, d. h. es besteht für jedes Objekt einer Struktur („eines Datentyps") uneingeschränkter Zugriff auf dessen Eigenschaften und Methoden. Dem entgegen sind die Zugriffsrechte aller Eigenschaften und Methoden einer Klasse ursprünglich auf `private` gesetzt, so dass auch Objekte einer Klasse nicht auf ihre Eigenschaften und Methoden von außen zugreifen können. Innerhalb der Klasse (in den eigenen Header- und Quellcode-Dateien), können die Eigenschaften und Methoden jedoch verwendet werden.

Diese Zugriffsrechte lassen sich aber durch die Schlüsselwörter `private` bzw. `public` gefolgt von einem : und den Eigenschaften und Methoden, welche diese Zugriffsrechte bekommen sollen, sowohl in Strukturen als auch in Klassen, sehr einfach ändern. Berücksichtigt man diesen kleinen Unterschied zwischen Strukturen und Klassen, indem man grundsätzlich in der Header-Datei öffentliche (`public:`) Eigenschaften und Methoden von privaten (`private:`) trennt, so gilt in der Tat in vollem Umfang: Struktur = Klasse!

Zu bemerken ist noch, dass grundsätzlich zwischen drei Zugriffsrechten unterschieden wird:

- public,
- protected und
- private,

wobei protected hier synonym zu private verwendet werden kann. Protected und private unterscheiden sich erst im Rahmen der Vererbung, welche noch behandelt werden wird.

Ziehen wir wieder den bereits für Strukturen verwendeten Schulbedarf auch als Plausibilisierung für die Klassen heran, dann entsprechen die zum Schuljahrsbeginn vom Lehrer ausgegebenen Schulbedarfslisten (Federmäppchen mit Bleistift, Füller, ..., Hefte liniert, Hefte kariert, ...) der Definition einer Struktur oder nun auch einer Klasse in der Header-Datei Class.h eines C++ Programms.

Anschließend kann wieder für jeden Schüler in der Klasse, entsprechend der vorgegebenen Struktur oder Klasse, der Schulbedarf (Hefte und Federmäppchen mit Stiften) gekauft werden. Dies entspricht dem Anlegen eines Objekts für jeden Schüler in der Quellcode-Datei Main.cpp.

Das Schreiben mit den Stiften in den Heften während des Schuljahrs kommt der Verwendung der angelegten Objekte im Quellcode des Programms gleich.

Ist ein Schüler sozial veranlagt und leiht ganz selbstverständlich seine Schulsachen auch den Klassenkameraden, so entspricht dies in C++ einer Definition über eine Struktur, in welcher alle Eigenschaften und Methoden standardgemäß öffentlich (public) sind. Verhält sich andererseits ein Schüler eher zurückhaltend mit seinen Schulsachen gegenüber Klassenkameraden, dann kommt dies einer Definition über eine Klasse gleich.

Ändern beide Schüler ihre Grundeinstellung derart, dass sie zwar die Stifte verleihen, die Hefte jedoch nicht, dann sähe die entsprechende Header-Dateien für eine Struktur als Programmbeispiel wie folgt aus:

```
struct Federmaeppchen
{
        // Eigenschaften
        char *Bleistift;                                            // public: ist optional
};


struct Schulranzen
{
        // Eigenschaften
        (public:) Federmaeppchen *Stift = new Federmaeppchen; // public: ist optional
        private: char *Heft;                                      // private: ist notwendig


        // ...

};
```

Die entsprechende Header-Dateien für eine Klasse wäre:

```
class Federmaeppchen
{
        // Eigenschaften
        public: char *Bleistift;                                    // public: ist notwendig
};

class Schulranzen
{
        // Eigenschaften
        public: Federmaeppchen *Stift = new Federmaeppchen;  // public: ist notwendig
        (private:) char *Heft;                                      // private: ist optional
        // ...
};
```

Im Folgenden werden nun weitere interessante Eigenschaften und Anwendungen für Strukturen und Klassen gleichermaßen erarbeitet.

Zu diesen gehören auch Operatoren, welche – ähnlich wie Methoden – Eigenschaften variieren können (jedoch anders deklariert, definiert und angewandt werden).

5.2.1 Zugriffsrechte – Klassen und Strukturen

▶ **Aufgabe** Deklarieren Sie in einer Header-Datei a) eine Struktur und b) eine Klasse (`class`), für welche Sie eine Eigenschaft `int length = 0` und die Methoden `int get_length()` (getter) und `void set_length(int i)` (setter) ansetzen. Deklarieren Sie bitte zudem eine Methode `void increase_length()` mit welcher Sie die Struktur- bzw. die Klassen-Eigenschaft um 1 erhöhen (Inkrementieren).

Definieren Sie bitte dann auch die entsprechenden Methoden in einer gleichnamigen *.cpp Datei.

Schreiben Sie ein main().cpp Programm, in welchem Sie sowohl für die Struktur, als auch für die Klasse das einzige Element vor Anwendung der Inkrementierungs-

Methode ausgeben und danach. Was fällt auf?

Header-Datei myClass.h

```
struct myStruct
{
//private: // sollte etwas private: sein, bitte so setzen, da default-Einstellung public:!

        // Eigenschaften
        int length = 0;

        // Methoden
        int get_length();        // Getter
        void set_length(int i);  // Setter

        void increase_length();
};


class myClass
{
public:  // alles ist public: zu setzen, da default-Einstellung private:!

        // Eigenschaften
        int length = 0;

        // Methoden
        int get_length();        // Getter
        void set_length(int i);  // Setter

        void increase_length();

private:// hier protected: synonym verwendbar, unterscheidet sich erst im
Falle der Vererbung!
};
```

Quellcode-Datei myClass.cpp

```
#include "myClass.h"

// myStruct Methoden Definitionen
int myStruct::get_length()       // Getter
{
        return this->length;     // Deklaration + Speicherplatz reservieren
}

void myStruct::set_length(int i) // Setter
{
        this->length = i;        // Definition (Initialisierung)
}
```

```cpp
void myStruct::increase_length()
{
        this->length++;          // Inkrementierung
}

// myClass Methoden Definitionen
int myClass::get_length()        // Getter
{
        return this->length;     // Deklaration + Speicherplatz reservieren
}

void myClass::set_length(int i)   // Setter
{
        this->length = i;         // Definition (Initialisierung)
}

void myClass::increase_length()
{
        this->length++;          // Inkrementierung
}
```

Quellcode-Datei main.cpp

```cpp
#include <iostream>
#include <string>
#include "myClass.h"

using namespace std;

int main(int argc, char **argv)
{
        myStruct Struct;
        myClass Class;

        cout << "a) Verwendung der Struktur" << endl;
        cout << "Zuvor:  " << Struct.length << endl;
        Struct.increase_length();
        cout << "Danach:  " << Struct.get_length() << endl << endl;

        cout << "b) Verwendung der Klasse" << endl;
        cout << "Zuvor:  " << Class.length << endl;
        Class.increase_length();
        cout << "Danach:  " << Class.get_length() << endl << endl;

        system("pause");
        return 0;
}
```

Programmbeschreibung

Auffällig ist, dass sich hier Strukturen und Klassen völlig gleich verhalten. Es gilt ganz allgemein:

Klassen sind Strukturen. Während die Zugriffsrechte für alle Eigenschaften, Methoden, ... in Strukturen public sind, sind sie in Klassen private.

Die Zugriffsrechte (`private`, `protected`*), `public`) können jedoch sowohl in den Strukturen, als auch in den Klassen für Eigenschaften und Methoden beliebig gesetzt werden.

*) Hierauf wird im Kapitel zu Klassen und Vererbung eingegangen werden.

Strukturen und Klassen können als Datentypen von Instanzen und Objekten interpretiert werden. Instanzen oder Objekte, die einer Struktur oder Klasse angehören ("desselben Typs" sind), können über Methoden oder Operatoren (+, −, *, /, ...) miteinander verknüpft werden. Hierauf fußt die Namensgebung für das Objektorientierte Programmieren. Denn, so wie es für jeden Typ zulässige Operationen gibt, so existieren für jede Struktur oder Klasse zulässige Methoden und Operatoren.

Da Strukturen und Klassen im Allgemeinen mehrere Eigenschaften beinhalten, sind auch die Methoden oder Operatoren im Allgemeinen selbst zu schreiben, um einen adäquaten Zugriff auf die Eigenschaften sicherzustellen.

▶ **Ausgabe**

```
Verwendung der Struktur:
Zuvor:0
Danach: 1
Verwendung der Klasse:
Zuvor:0
Danach: 1
Drücken Sie eine beliebige Taste . . .
```

5.2.2   Operatoren – Klassen am Beispiel Auto

▶ **Aufgabe** In der objektorientierten Programmierung betrachtet man Objekte, diese haben Eigenschaften, welche mit Methoden oder Operatoren verändert werden können.

Hier betrachten wir uns nun das Objekt Auto, welches die Eigenschaften Farbe (`char colour = '0';`), Leistung (`int power = 0;`) und Geschwindigkeit (`int speed = 0;`) besitzt. Die Eigenschaften Farbe und Leistung sollen mit den Methoden Lackieren (`void colouring(char f);`) und Tunen (`void tuning(int l);`) sowie mit den Operatoren Beschleunigen (`car& operator++();`) und Bremsen (`car& operator--();`) geändert werden können. Unterscheiden Sie Präfix– und Postfix–Operatoren!

Schreiben Sie eine Klasse Auto (`car`), mit den genannten privaten Eigenschaften. Ergänzen Sie im public-Bereich der Klasse eine Delegations-Kaskade von Konstruktoren und einen Destruktor, für jede Eigenschaft einen Setter und einen Getter sowie die genannten Methoden und Operatoren. Sorgen Sie über eine Methode (`void print_properties();`) auch dafür, dass die aktuellen Werte der Eigenschaften jederzeit ausgegeben werden können.

Nutzen Sie in der Funktion `main()` diese Klasse, um zwei Objekte vom Typ `car` zu deklarieren und initialisieren (Konstruktor, Destruktor). Ändern Sie dann mit Hilfe der Methoden und Operatoren die Eigenschaften Ihrer Objekte und geben Sie die aktuellen Werte immer wieder aus.

Header-Datei myCar.h

```
class car
{
private: // optional, da default-Wert
        //Eigenschaften (Initialisierung optional, führt ggf. System-Konstruktor durch)
        char colour = '0';
        int power = 0;
        int speed = 0;

public:
        // Konstruktoren und Destruktoren
        car(char colour, int power, int speed);
        car(char colour, int power);
        car(char colour);
        car();                          // Konstruktoren (Delegations-Kaskade)
        ~car();                         // Destruktoren

        // Methoden
        void get_colour();              // Getter (optional, wenn durch Konstruktoren initialisiert)
        void get_power();
        void get_speed();

        void set_colour(char f);        // Setter (optional, wenn durch Konstruktoren initialisiert)
        void set_power(int l);
        void set_speed(int g);

        void colouring(char f);         // Methoden ...
        void tuning(int l);

        void print_properties();

        // Operatoren
        car& operator++();              // Präfix-Operatoren
        car& operator--();
        car& operator++(int);           // Postfix-Operatoren
        car& operator--(int);
};
```

Quellcode-Datei myCar.cpp

```cpp
#include <iostream>
#include "myCar.h"

// Sollte der System-Konstruktor durch einen eigenen Konstruktor ersetzt werden,
// müssen wir hierin die Klassen-Eigenschaften initialisieren

// Konstruktoren und Destruktoren

car::car(char colour, int power, int speed)
{
        std::cout << "0. Konstruktor" << std::endl;
        this->colour = colour;
        this->power = power;
        this->speed = speed;
}

car::car(char colour, int power) : car(colour, power, 50) // Deligieren von Konstruktoren
{
        std::cout << "1. Konstruktor" << std::endl;
}

car::car(char colour) : car(colour, 90)                    // Deligieren von Konstruktoren
{
        std::cout << "2. Konstruktor" << std::endl;
}

car::car() : car('r')                                      // Deligieren von Konstruktoren
{
        std::cout << "3. Konstruktor (Standard)" << std::endl << std::endl;
}

car::~car()
{
        std::cout << "Destruktor" << std::endl;
        this->colour = '0';
        this->power = 0;
        this->speed = 0;
}

// Methoden

void car::get_colour()                     // Getter
{
        this->colour;                       // übliche Schreibweise
}
```

```cpp
void car::get_power()
{
        this->power;
}

void car::get_speed()
{
        (*this).speed;                  // unübliche Schreibweise
}


void car::set_colour(char c)            // Setter
{
        this->colour = c;               // übliche Schreibweise
}

void car::set_power(int p)
{
        this->power = p;
}

void car::set_speed(int s)
{
        (*this).speed = s;              // unübliche Schreibweise
}


void car::colouring(char c)             // Methoden ...
{
        this->colour = c;
}

void car::tuning(int p)
{

        this->power = this->power + 20;
}

void car::print_properties()
{
        using namespace std;

        cout << " Farbe:  " << this->colour << endl;
        cout << " Leistung:  " << (*this).power << " kW" << endl;
        cout << " Geschwindigkeit: " << this->speed << " km/h" << endl << endl;
}
```

```cpp
// Operatoren

car& car::operator++()          // Präfix-Operatoren
{
        this->speed = this->speed * 2;
        return *this;
}

car& car::operator--()
{
        this->speed = (int)sqrt(this->speed);
        return *this;
}

car& car::operator++(int)       // Postfix-Operatoren
{
        this->speed = this->speed * 2;
        return *this;
}

car& car::operator--(int)
{
        this->speed = (int)sqrt(this->speed);
        return *this;
}
```

Quellcode-Datei main.cpp

```cpp
#include <iostream>
#include <conio.h>
#include "myCar.h"

using namespace std;


int main(int argc, char **argv)
{
        // Funktion
```

```
    car VW;

    cout << "VW Initialisierung" << endl;
    VW.print_properties();

    cout << "VW Eigenschaften" << endl;
    VW.set_colour('g');                 // übliche Schreibweise
    VW.set_power(57);
    (&VW)->set_speed(156);              // unübliche Schreibweise
    (&VW)->print_properties();

    cout << "VW Methoden" << endl;
    VW.colouring('b');
    (&VW)->tuning(160);
    (&VW)->print_properties();

    cout << "VW Praefix-Operatoren" << endl;
    ++VW;
    VW.print_properties();
    cout << "VW Postfix-Operatoren" << endl;
    VW++;
    VW.print_properties();


    // Pointer-Funktion

    car *Audi = new car();

    cout << "Audi Initialisierung" << endl;
    Audi->print_properties();

    cout << "Audi Eigenschaften" << endl;
    Audi->set_speed(210);               // übliche Schreibweise
    (*Audi).set_power(98);              // unübliche Schreibweise
    Audi->print_properties();


    cout << "Audi Operatoren" << endl;
    --(*Audi);
    (*Audi).print_properties();


    system("pause");
    return 0;
}
```

Programmbeschreibung

In der Header-Datei myCar.h wird eine Klasse angelegt,

```
class car

{
    ...
};
```

welche die Eigenschaften `colour`, `power` und `speed` beinhaltet. Diese Eigenschaften werden auch gleich Initialisiert und zum Schutz gegen Überschreiben im private-Bereich der Klasse abgelegt.

Eine Initialisierung der Eigenschaften ist im Allgemeinen nicht zwingend nötig, da dies gegebenenfalls der System-Konstruktor übernimmt. Wir werden hier jedoch den System-Konstruktor durch unseren eigenen Konstruktor ersetzen, so dass wir für die Initialisierung der Eigenschaften verantwortlich sind.

```
private:
        char colour = '0';
        int power = 0;
        int speed = 0;
```

In dieser Header-Datei werden auch die Konstruktoren, Destruktoren, Setter, Getter, Methoden und Operatoren vorangemeldet.

Für die Delegations-Kaskade des Konstruktors empfiehlt sich einerseits, dass mit jeder Überladung immer nur ein Übergabe-Parameter ergänzt wird. Andererseits sind für Werte, welche nicht in der main()-Funktion gesetzt werden, Default-Werte zu setzen – d. h. die Initialisierung sicherzustellen (dies erfolgt hier über die privaten Eigenschaften der Klasse!).

Methoden werden wie Funktionen deklariert, jedoch innerhalb der Klasse. Auch Operatoren beziehen sich immer ausschließlich auf die Eigenschaften der Klasse, was hier durch die Deklaration per Referenz `car&` kenntlich gemacht wird. Präfix- und Postfix-Operatoren werden formal durch die Angabe des Parameter-Typs `int` ohne Parameter-Angabe unterschieden – ohne `int` handelt es sich um einen Präfix-, mit `int` um einen Postfix-Operator.

```
public:
        // Konstruktoren und Destruktoren
        car(char colour, int power, int speed);
        car(char colour, int power);
        car(char colour);
        car();                    // Konstruktoren (Delegations-Kaskade)
        ~car();                   // Destruktoren
```

```
// Methoden
void get_colour();        // Getter (optional, wenn durch Konstruktoren initialisiert)
...
void set_speed(int g);   // Setter (optional, wenn durch Konstruktoren initialisiert)

void colouring(char f);  // Methoden ...
void tuning(int l);

void print_properties();

// Operatoren
car& operator++();                    // Präfix-Operatoren
...
car& operator--(int);                 // Postfix-Operatoren
```

In der Quellcode-Datei myCar.cpp wird der Quellcode für die Methoden (incl. Konstruktoren, Destruktoren, Setter und Getter) abgelegt.

Hierbei ist darauf zu achten, dass die Zugehörigkeit einer Methode zu einer Klasse – zur Unterscheidung von Methoden anderer Klassen und Funktionen z. B.des Hauptprogramms (`main()`) – durch Angabe des Klassen-Namens `car` verbunden über den Scope-Operator `::` mit dem Methoden-Namen ... kenntlich gemacht wird. Soll innerhalb dieser Methode auf eine Eigenschaft oder eine Methode der eigenen Klasse zurückgegriffen werden, dann ist dies durch das Schlüsselwort `this` und den Pfeil-Operator `->` oder durch den Pointer (`*this`) und den Punkt-Operator `.` (einem Zeiger auf diese Eigenschaft oder Methode) kenntlich zu machen.

```
void car::set_power(int p)
{
        this->power = p;
}

void car::set_speed(int s)
{
        (*this).speed = s;             // unübliche Schreibweise
}
```

In der Quellcode-Datei main.cpp befindet sich der Quellcode für das Hauptprogramm. In diesem werden Objekte vom Typ der Klasse definiert und über Methoden und Operatoren auf die Eigenschaften dieser Objekte zugegriffen.

Es wird hier zwischen zwei unterschiedlichen Definitionen von Objekten unterschieden, einer über den Wert und einer über den Pointer (dynamisch).

Im Fall der Definition über den Wert (`VW`)

```
Klasse Objekt;
```

wird eine bestimmte Methode mit Hilfe des Punkt-Operators über

Objekt.Methode(Übergabe-Parameter);

aufgerufen. Es ist jedoch auch möglich Methoden mit der Adresse des Objekts über den Pfeil-Operator anzusprechen.

(&Objekt)->Methode(Übergabe-Parameter);

Operatoren einer Klasse benötigen, im Gegensatz zu den Methoden, keine weiteren Operatoren um auf Eigenschaften von Objekten zuzugreifen, sie sind ja selbst bereits Operatoren. So werden unäre Präfix-Operatoren dem Objekt vorangestellt, während unäre Postfix-Operatoren dem Objekt folgen. Binäre Operatoren, welche auf zwei Objekte zugreifen, werden üblicherweise zwischen diesen beiden Objekten positioniert (dazu mehr im nächsten Kapitel!).

Präfix-Operator Objekt;
Objekt Postfix-Operator;

Im Programm findet sich folgendes Beispiel

car VW;

```
VW.set_colour('g');        // übliche Schreibweise
(&VW)->set_speed(156);     // unübliche Schreibweise
++VW;                      // Präfix-Operator
VW++;                      // Postfix-Operator

VW.print_properties();
```

Im Fall der Definition über den Pointer (Audi) betrachtet man den Zeiger auf das Objekt, also letztendlich dessen initiale Adresse.

Klasse *Objekt = new Klasse(Wert (Initialisierung));

Somit ist eine bestimmte Methode über den Pfeil-Operator

Objekt->Methode(Übergabe-Parameter);

aufzurufen. Es ist jedoch auch möglich Methoden mit dem Pointer des Objekts über den Punkt-Operator anzusprechen.

(*Objekt).Methode(Übergabe-Parameter);

Präfix- und Postfix-Operatoren sind gegebenenfalls auf den Pointer anzuwenden.

Präfix-Operator (*Objekt);
(*Objekt) Postfix-Operator;

Im Programm findet sich folgendes Beispiel

car *Audi = new car();

```
Audi->set_speed(210);        // übliche Schreibweise
(*Audi).set_power(98);       // unübliche Schreibweise
--(*Audi);
```

Audi->print_properties();

▶   **Ausgabe**

```
Basis-Konstruktor
1. Konstruktor
2. Konstruktor
3. Konstruktor

VW Initialisierung
 Farbe:   r
 Leistung:   90 kW
 Geschwindigkeit:   50 km/h

VW Eigenschaften
 Farbe:   g
 Leistung:   57 kW
 Geschwindigkeit:   156 km/h

VW Methoden
 Farbe:   b
 Leistung:   77 kW
 Geschwindigkeit:   156 km/h

VW Praefix-Operatoren
 Farbe:   b
 Leistung:   77 kW
 Geschwindigkeit:   312 km/h

VW Postfix-Operatoren
 Farbe:   b
 Leistung:   77 kW
 Geschwindigkeit:   624 km/h

Drücken Sie eine beliebige Taste . . . _
```

```
Basis-Konstruktor
1. Konstruktor
2. Konstruktor
3. Konstruktor

Audi Initialisierung
 Farbe:  r
 Leistung:  90 kW
 Geschwindigkeit:  50 km/h

Audi Eigenschaften
 Farbe:  r
 Leistung:  98 kW
 Geschwindigkeit:  210 km/h

Audi Operatoren
 Farbe:  r
 Leistung:  98 kW
 Geschwindigkeit:  14 km/h

Drücken Sie eine beliebige Taste . . .
```

5.2.3   Klassen mit Strings – Zum Betriebssystem

▶ **Aufgabe** Diese Aufgabe ergänzt die Aufgabe **Strukturen mit Strings – Zum Betriebssystem** aus dem vorausgegangenen Kapitel.

Weil auch Betriebssysteme mit C++ geschrieben werden, wollen wir hier nun noch etwas eingehender die selbst strukturierten Komponenten unseres Betriebssystems versuchen zu verstehen.

Legen Sie hierzu die Klasse myString an, welche neben den privaten Eigenschaften

char *str;
int str_length;

auch die privaten Methoden

void reserveMem(int length);
void copyIn(const char *str, int start = 0);

void deleteMem();

besitzt. Die ersten beiden Methoden sollen für den Konstruktor bzw. für die Methode `void set_string(const char *)` Speicherplatz reservieren und Daten in diesen Speicherplatz hineinkopieren. Die dritte Methode soll für den Destruktor Speicherplatz löschen.

Schreiben Sie darüber hinaus wieder eine Methode `void set_string(const char *)`, die einer Eigenschaft Werte zuweisen kann und eine Methode `char *get_string()`, die lediglich eine Eigenschaft zurückgibt.

Verwenden Sie hierbei bitte auch die Methode int   strLen(char   *), welche die Länge einer übergebenen Zeichenkette bestimmt.

Ergänzen Sie eine Methode void   concat(const   char*,   const char*), die zwei Zeichenketten miteinander verknüpft und einer Eigenschaft der Klasse zuweist. Schreiben Sie bitte unter Verwendung der Überladung ganz analoge Methoden, die eine Zeichenkette mit einer Eigenschaft der Klasse und Eigenschaften untereinander verknüpfen.

Formulieren Sie auch wieder eine Methode void   append(char   *), die an eine festgelegte Eigenschaft eine Zeichenkette anhängt.

Formulieren Sie binäre Operatoren (=, +=, +), welche an Stelle der Methoden void   set_string(const   char   *), void   append(char   *) und void   concat(const   char*,   const   char*) verwendet werden können. Führen Sie letztere als friend-Operatoren aus.

Header-Datei myClass.h

```
#include <iostream>

class myString
{
        // Eigenschaften
        char *str;
        int str_length;

        //Methoden
        void reserveMem(int length);
        void deleteMem();

        void copyIn(const char *str, int start = 0);

public:

        // Konstruktoren und Destruktoren
        myString();                             // Konstruktor deligiert
        myString(const char *newStr);
        myString(const myString &strClass);     // konstruktor deligiert
        myString(myString &&StrClass);          // Verschiebekonstruktor
        ~myString();                            // Destruktor

        // Methoden
        char *get_str();                        // Getter
        void set_str(const char *newStr);       // Setter
```

```cpp
    void append(const char *str);
    void append(const myString& Str);
    void concat(const char *str1, const char *str2);
    void concat(const myString &str1, const char *str2);
    void concat(const char *str1, const myString &str2);
    void concat(const myString &str1, const myString &str2);

    static int strLen(const char *str);


    // Binaere Operatoren
    myString& operator=(const char* str);
    myString& operator=(const myString& Str);
    myString& operator<(const myString& Str);
    myString& operator+=(const char* str);
    myString& operator+=(const myString& Str);
    myString& operator<<(const myString& Str);
    // mehrdeutig: char *operator+(const char* str);

    // Binaere friend Operatoren
    // friend char *operator+(const char *str1, const char *str2); Fehler: Es gibt
    // keine Klassen-Eigenschaft für den Rückgabewert

    friend char *operator+(myString& Str1, const char *str2);        // concat
    friend char *operator+(const char *str1, myString& Str2);        // concat
    friend char *operator+(myString& Str1, myString& Str2);          // concat

    friend std::ostream& operator<<(std::ostream& lOperator,
    const myString &rOperator);
};
```

Quellcode-Datei myClass.cpp

```cpp
#include <iostream>
#include "myClass.h"

using namespace std;


// Konstruktoren und Destruktoren

myString::myString() : myString("")              // Konstruktor deligiert
{
        //cout << __FUNCTION__ << endl;           // PAP: Magische Konstante erhält den
                                                  // Namen der Methode

}
```

```
myString::myString(const char *newStr)
{
        //cout << __FUNCTION__ << endl;
        this->reserveMem(this->strLen(newStr));
        this->copyIn(newStr);
}


myString::myString(const myString &strClass) : myString(strClass.str)
                                                        // Konstruktor deligiert
{
        //cout << __FUNCTION__ << endl;
}


myString::myString(myString &&StrClass) : myString(StrClass.str)  // Verschiebekonstruktor
{
        //cout << __FUNCTION__ << endl;
        StrClass.set_str("");
}


myString::~myString()                           // Destruktor
{
        //cout << __FUNCTION__ << endl;
        this->deleteMem();
}



// Methoden

char *myString::get_str()                       // Getter
{
        //cout << __FUNCTION__ << endl;
        return this->str;
}

void myString::set_str(const char *newStr)      // Setter
{
        //cout << __FUNCTION__ << endl;
        int newLength = this->strLen(newStr);
        if (newLength != this->str_length)
        {
                this->deleteMem();
                this->reserveMem(newLength);
        }
        this->copyIn(newStr);
}
```

```cpp
void myString::reserveMem(int length)
{
        //cout << __FUNCTION__ << endl;
        this->str_length = length;
        this->str = new char[length + 1];
        this->str[length] = '\0';
}
void myString::deleteMem()
{
        //cout << __FUNCTION__ << endl;
        delete[] this->str;
}


void myString::copyIn(const char *str, int start)
{
        //cout << __FUNCTION__ << endl;
        int end = start + this->strLen(str);   // copyIn hängt für start != 0 an einen
                                                // bestehenden String an
        if (end > this->str_length)             // Abfangen: Bei Veränderung der
                                                // einzulesenden Daten während des Einlesens
                end = this->str_length;
        for (int i = start, j = 0; i < end; ++i, ++j)
                this->str[i] = str[j];
}


void myString::append(const char *str)
{
        cout << __FUNCTION__ << endl;
        this->concat(this->str, str);           // Nutzung der Überladung (Defaultmäßiges
                                                // Setzen des vorderen Wertes)
}

void myString::append(const myString& Str)
{
        cout << __FUNCTION__ << endl;
        this->concat(this->str, Str.str);
}


void myString::concat(const char *str1, const char *str2)
{
        //cout << __FUNCTION__ << endl;
        char *oldStr = this->str;
        int length1 = this->strLen(str1);
        this->reserveMem(length1 + this->strLen(str2));
        this->copyIn(str1);                      // auch this->copyIn(str1); möglich (Überladung!)
        this->copyIn(str2, length1);
        delete[] oldStr;
}
```

```
void myString::concat(const myString& Str1, const char *str2)
{
        //cout << __FUNCTION__ << endl;
        this->concat(Str1.str, str2);             // Nutzung der Überladung (Selektion der
}                                                 // Eigenschaft der Struktur)

void myString::concat(const char *str1, const myString& Str2)
{
        //cout << __FUNCTION__ << endl;
        this->concat(str1, Str2.str);

}

void myString::concat(const myString& Str1, const myString& Str2)
{
        //cout << __FUNCTION__ << endl;
        this->concat(Str1.str, Str2.str);

}


int myString::strLen(const char *str)
{
        //cout << __FUNCTION__ << endl;
        int cn = 0;
        while ('\0' != str[cn])
                cn++;
        return cn;

}


// Operatoren

myString& myString::operator=(const char* str) // Zuweisungs-Operator
{                                              // myString& verwendet eine Referenz der
                                               // bestehenden Klasse, mit myString
                                               // wäre eine neue Klasse zu definieren

        //cout << __FUNCTION__ << endl;
        this->set_str(str);
        return *this;

}

myString& myString::operator=(const myString& Str)
{
        //cout << __FUNCTION__ << endl;
        this->set_str(Str.str);
        return *this;

}

myString& myString::operator<(const myString& Str)
{
        //cout << __FUNCTION__ << endl;
        this->set_str(Str.str);
        return *this;

}
```

```cpp
myString& myString::operator+=(const char* str)        // append
{
        //cout << __FUNCTION__ << endl;
        this->append(str);
        return *this;
}

myString& myString::operator+=(const myString& Str)
{
        //cout << __FUNCTION__ << endl;
        this->append(Str.str);
        return *this;
}

myString& myString::operator<<(const myString& Str)
{
        //cout << __FUNCTION__ << endl;
        this->append(Str.str);
        return *this;
}
/* Auskommentiert: mehrdeutige Deklaration
char *myString::operator+(const char* str)
{
        cout << __FUNCTION__ << endl;
        this->concat(this->str, str);
        return this->str;
}
*/

/*
char *operator+(const char *str1, const char *str2)        // concat
{
        Fehler: Es gibt keine Klassen-Eigenschaft für den Rückgabewert
}
*/

char *operator+(myString& Str1, const char *str2)        // concat
{
        //cout << __FUNCTION__ << endl;
        Str1.concat(Str1, str2);
        return Str1.str;
}

char *operator+(const char *str1, myString& Str2)        // concat
{
        //cout << __FUNCTION__ << endl;
        Str2.concat(str1, Str2);
        return Str2.str;
}
```

```cpp
char *operator+(myString& Str1, myString& Str2)        // concat
{
        //cout << __FUNCTION__ << endl;
        Str1.concat(Str1.str, Str2.str);
        return Str1.str;
}



std::ostream& operator<<(std::ostream& lOperator, const myString &rOperator)
{

        lOperator << "Mein String hat den Wert: \"" << rOperator.str << "\"";
        return lOperator;
}
```

Quellcode-Datei main.cpp

```cpp
#include <iostream>
#include "myClass.h"

using namespace std;


int main(int argc, char **argv)
{
        cout << endl << " Konstruktoren und Destruktoren:" << endl;
        myString Obj0;                    // Getter
        Obj0.set_str("null ");            // Setter

        myString Obj1 = "eins ";
        myString *Obj2 = new myString("zwei ");
        myString Obj3 = "drei ";
        myString *Obj4 = new myString("vier ");
        myString Obj5 = "fuenf ";
        myString Obj6 = Obj0;
        cout << Obj1.get_str() << endl; // Getter
        cout << Obj2->get_str() << endl;
        cout << Obj6.get_str() << endl << endl;

        cout << " Zuweisungen (Methode, Operatoren =, <):" << endl;
        Obj1.operator=("eins ");
        cout << Obj1.get_str() << endl;  // Getter
        Obj1 = "eins ";
        cout << Obj1.get_str() << endl;
        Obj1 < "eins ";
        cout << Obj1.get_str() << endl << endl;
```

```
cout << " Append (Methode, Operatoren +=, <<):" << endl;
Obj2->append("zwei ");
cout << Obj2->get_str() << endl;
cout << Obj2->strLen(Obj2->get_str()) << endl;
Obj3 += "drei ";
cout << Obj3.get_str() << endl;
Obj3 += Obj0;
cout << Obj3.get_str() << endl;
Obj3 << Obj1;
cout << Obj3.get_str() << endl << endl;

cout << " Concat (Methode, Operator +):" << endl;
Obj4->concat(Obj0, Obj1);
cout << Obj4->get_str() << endl;
cout << Obj4->strLen(Obj4->get_str()) << endl;
Obj5 = Obj0 + "fuenf ";
cout << Obj5.get_str() << endl;
Obj5 = "fuenf " + Obj1;
cout << Obj5.get_str() << endl;
Obj5 = Obj1 + Obj0;
cout << Obj5.get_str() << endl << endl;

delete Obj2;
delete Obj4;


system("pause");
return 0;
}
```

Programmbeschreibung

Neu, im Vergleich zum vorausgegangenen Kapitel, Aufgabe **Strukturen mit Strings –
Zum Betriebssystem**, sind die bereits in der Header-Datei myString.h vorangemeldeten
Methoden

```
void reserveMem(int length);
void copyIn(const char *str, int start = 0);
void deleteMem();
```

und alle Operatoren. Auf diese soll hier nun etwas ausführlicher eingegangen werden;
bereits Bekanntes kann in o. g. Kapitel nachgeschlagen werden.

In der Quellcode-Datei myString.cpp werden diese Methoden ausgeführt. Um eine Verwechslung mit Methoden anderer Klassen oder Funktionen zu vermeiden, ist dem Methoden-Namen sein Pfad myString:: (:: = Scope-Operator) voranzustellen. Innerhalb

des Körpers dieser Methode wird auf Eigenschaften und Methoden derselben Klasse mit dem Schlüsselwort `this` und dem Pfeil-Operator `->` verwiesen.

Die Methode zum Reservieren des Speicherplatzes erwartet als Übergabeparameter die Länge des zu reservierenden Stapelspeicher-Bereichs (`int length`). Dieser wird dann der Klasseneigenschaft `str_length` zugewiesen. Anschließend wird dynamisch Speicherplatz der Länge `length + 1` mit dem Präfix-Operator `new` angelegt. Dies, da der String (auf den als Character-Pointer zugegriffen wird) noch mit dem Endzeichen `'\0'` abzuschließen ist, was in der letzten Zeile des Körpers dieser Methode auch gemacht wird. Handelt es sich beim neuen Objekt um ein allokiertes Array (String, Feld, Vektor, ...), dann ist der Erzeugungs-Operator `new[]` durch eine leere eckige Klammer zu vervollständigen.

Löscht man das Kommentarzeichen `//`, dann kann mit der Zeile `cout << __FUNCTION__ << endl;` über die Ausgabe auf dem Bildschirm oder in eine Datei überprüft werden, ob und wann im Programmablauf diese Methode aufgerufen wird. Ausgegeben wird der Kopf der Methode.

```
void myString::reserveMem(int length)
{
        //cout << __FUNCTION__ << endl;
        this->str_length = length;
        this->str = new char[length + 1];
        this->str[length] = '\0';
}
```

Die Methode zum Löschen von Speicherplatz löscht den Inhalt der Eigenschaft `char *str;`. Handelt es sich bei der Eigenschaft um sogenannte allokierte Arrays (Strings, Felder, Vektoren, ...), dann ist der Vernichtungs-Operator `delete[]` durch eine leere eckige Klammer zu vervollständigen. Hierdurch wird der gesamte Inhalt des allokierten Feldes gelöscht. Im Fall von Integern, Floats, Doubles, Charactern, ... ist dies nicht der Fall, `delete`.

```
void myString::deleteMem()
{
        //cout << __FUNCTION__ << endl;
        delete[] this->str;
}
```

Die Methode zum Hineinkopieren von Daten soll bestehende Daten nicht überschreiben, so dass die neuen Daten an vorhandene angehängt werden (wie bei der bereits bekannten Methode `append()`). Hinzu kommt, dass sich während des Einlesens von Daten im Kopf ändernde Werte berücksichtigt werden sollen. Dies erfolgt über die `if`-Abfrage.

```
void myString::copyIn(const char *str, int start)
{
        //cout << __FUNCTION__ << endl;
        int end = start + this->strLen(str);       // copyIn hängt für start != 0 an einen
                                                    // bestehenden String an
        if (end > this->str_length)                 // Abfangen: Bei Veränderung der
                end = this->str_length;             // einzulesenden Daten während des
        for (int i = start, j = 0; i < end; i++, j++) // Einlesens
                this->str[i] = str[j];
}
```

Auf diese drei Methoden wird durch den Konstruktor, den Destruktor sowie die Methoden `set_str()` und `concat()` zugegriffen. Sehen Sie sich dies bitte im Programm nochmals detailliert an.

Auch Operatoren müssen, wie Eigenschaften und Methoden, in der Header-Datei myClass.h innerhalb der Klassen-Definition deklariert (d. h. zumindest vorangemeldet) werden. Dies erfolgt über

```
Klasse& operator=(Objekt-Typ Objekt-Name, ...);
```

wobei die Typangabe (Klassenzugehörigkeit) des Operators standardgemäß als Referenz (&) ausgeführt wird. Es folgt das Schlüsselwort `operator` gefolgt vom Operator-Symbol, hier dem =. In Klammern werden die Parameter übergeben, welche vom Operator bearbeitet werden sollen – meist handelt es sich um Objekte, aber auch Eigenschaften sind möglich. Hierbei gibt die Anzahl der übergebenen Parameter keinen Hinweis darauf, ob ein Operator unär oder binär ist. Im Programm finden sich folgende Beispiele für binäre Operatoren (Beispiele für unäre Operatoren wurden im vorangegangenen Kapitel behandelt!)

```
// Binaere Operatoren
myString& operator=(const char* str);
myString& operator=(const myString& Str);
myString& operator<(const myString& Str);
myString& operator+=(const char* str);
myString& operator+=(const myString& Str);
myString& operator<<(const myString& Str);
```

die ersten drei Operatoren weisen der Klassen-Eigenschaft `char *str;` den Übergabe-Parameter zu (`set_str()`), die letzten drei Operatoren hängen ihr den Übergabe-Parameter an (`append()`).

In der Quellcode-Datei myClass.cpp werden die Operatoren definiert, indem die während der Voranmeldung in der Header-Datei myClass.h bereits formulierten Methoden-Köpfe durch einen Körper ergänzt werden. Überdies ist auch bei Operatoren dem Operator-Namen dessen Pfad `myString::` (`::` = Scope-Operator) voranzustellen.

Da es sich in diesem Programm thematisch primär um die Verbindung zweier Strings handelt, wird nicht nur in den Körpern der meist überladenen Methoden, sondern auch in denjenigen der Operatoren nach Anpassung der Übergabe-Parameter lediglich eine übergeordnete Methode aufgerufen. Operatoren geben stets einen Wert zurück, hier zumindest den Pointer `*this`. Ein Programm-Beispiel für die Funktionsweise des Operators `+=` zeigt folgende Methoden-Delegation.

```
myString& myString::operator+=(const myString& Str)
{
        //cout << __FUNCTION__ << endl;
        this->append(Str.str);
        return *this;
}

void myString::append(const char *str)
{
        cout << __FUNCTION__ << endl;
        this->concat(this->str, str);
}

void myString::concat(const char *str1, const char *str2)
{
        //cout << __FUNCTION__ << endl;
        char *oldStr = this->str;
        int length1 = this->strLen(str1);
        this->reserveMem(length1 + this->strLen(str2));
        this->copyIn(str1);                      // auch this->copyIn(str1); möglich (Überladung!)
        this->copyIn(str2, length1);
        delete[] oldStr;
}
```

In der Header-Datei myClass.h verursacht die folgende Operator-Deklaration innerhalb der Klasse den Fehler „Zuviele Parameter für diese Operator-Funktion“.

```
myString& operator+(myString& Str1, const char *str2);                  // concat
```

Damit lässt sich dieser Operator der Klasse `myString` so nicht realisieren. Andererseits haben Operatoren, die ausserhalb einer Klasse definiert wurden keinen Zugriff auf Klassen-Eigenschaften. Für dieses Problem bietet das Schlüsselwort `friend` Abhilfe. Denn globale friend-Funktionen, die innerhalb einer Klasse deklariert werden, haben dieselben Zugriffsrechte wie alle anderen Operatoren, auch auf private Eigenschaften und Methoden dieser Klasse – lediglich der Verweis auf klasseneigene Eigenschaften und Methoden mit `this->` funktioniert nicht. Deshalb sind friend-Funktionen auch mit Vorsicht zu verwenden, da hiermit die gekapselte Klassen-Struktur aufgeweicht wird. Die Syntax für die Deklaration einer globalen friend-Funktion lautet

```
friend Typ operator+( Objekt-Typ Objekt-Name, ...);
```

wobei Operatoren zur Einsparung von Speicherplatz bevorzugt als Referenz des `Typs` einer Klasseneigenschaft deklariert werden, dem das Schlüsselwort `friend` vorangestellt wird. Nachdem wir die hier zu verbindenden Strings als Zeiger auf einen Character definiert haben (Eigenschaft `char *str;`), werden auch der Rückgabe-Wert des Operators von diesem Typ definiert. Die Übergabe-Parameter in den Operator werden durch Komma getrennt aufgelistet.

Beispiele aus dem Programm sind

```
// friend char *operator+(const char *str1, const char *str2);
                // Fehler: Es gibt keine Klassen-Eigenschaft für den Rückgabewert
friend char *operator+(myString& Str1, const char *str2);        // concat
friend char *operator+(const char *str1, myString& Str2);        // concat
friend char *operator+(myString& Str1, myString& Str2);          // concat
```

Kann bei friend-Funktionen (wie auch bei Operatoren) das `return` nicht auf eine Eigenschaft erfolgen, führt dies ebenfalls zu einem Fehler.

Will man auf friend-Funktionen verzichten, können die Operatoren auch an public-Methoden delegiert werden. Eine Deklaration hierfür könnte wie folgt aussehen:

```
friend std::ostream& operator<<(std::ostream& lOperator, const myString &rOperator);
```

Da es sich bei den globalen friend-Funktionen um Funktionen und nicht um Methoden handelt, obwohl sie *als Freunde* innerhalb der Klasse deklariert werden, sind sie in der Quellcode-Datei myClass.cpp wie übliche Funktionen (ohne Pfadangabe im Kopf-Teil) lediglich mit einem Körper zu versehen. Innerhalb des Körpers kann dann natürlich als Freund auf Klasseneigene Eigenschaften und Methoden zugegriffen werden, wie beispielsweise mit

```
char *operator+(myString& Str1, myString& Str2)        // concat
{
        //cout << __FUNCTION__ << endl;
        Str1.concat(Str1.str, Str2.str);
        return Str1.str;
}
```

Nach dem Einbinden der Header-Datei myClass.h (`#include "myClass.h"`) im Kopfbereich der Quellcode-Datei main.cpp lassen sich nun Objekte vom Typ `myString` definieren.

```
myString Obj0;                    // Getter
Obj0.set_str("null ");            // Setter

myString Obj1 = "eins ";
myString *Obj2 = new myString("zwei ");
myString Obj3 = "drei ";
myString *Obj4 = new myString("vier ");
myString Obj5 = "fuenf ";
myString Obj6 = Obj0;
```

auf die über den Getter mittels Punkt- oder Pfeil-Operator zugegriffen werden kann, je nachdem, ob sie über den Wert oder über den Zeiger (dynamisch) definiert wurden.

```
cout << Obj1.get_str() << endl; // Getter
cout << Obj2->get_str() << endl;
```

Die Zuweisung von Werten kann dann durch Aufruf der Operator-Methode über den Punkt-Operator oder über den Operator selbst erfolgen. Hierbei ist es unabhängig, welches Operator-Symbol man verwendet, entscheidend ist, was im Körper der Operator-Definition steht.

```
Obj1.operator=("eins ");
Obj1 = "eins ";
Obj1 < "eins ";
```

Auch das Anhängen

```
Obj2->append("zwei ");
Obj3 += "drei ";
Obj3 += Obj0;
Obj3 << Obj1;
```

und Verknüpfen

```
Obj4->concat(Obj0, Obj1);
Obj5 = Obj0 + "fuenf ";
Obj5 = "fuenf " + Obj1;
Obj5 = Obj1 + Obj0;
```

von Strings kann entweder über den Aufruf der Methode (hier mit Pfeil-Operator, da über Zeiger dynamisch definiert) oder über den Operator selbst erfolgen.

Der mit `new` eingangs reservierte Speicherplatz der dynamisch definierten Objekte ist am Ende des Programms wieder freizugeben über

```
delete Obj2;
delete Obj4;
```

Nebenbei
Unäre Operatoren bekommen nur einen Übergabeparameter, binäre Operatoren verknüpfen zwei. So sind beispielsweise Vorzeichen-Operatoren, Inkrement-Operatoren, Wurzel-Operator und Typ-Konvertierungs-Operatoren unäre Operatoren. Additions- +, Subtraktions- −, Multiplikations- * und Divisions-Operatoren / (Modolo-Operatoren %) sind Beispiele für binäre Operatoren.

```
int i = 0, j = 0;
float x = 0.0;

// Beispiele für C++ Operatoren

-i;        // unärer Operator
++i;       // Präfix-Operator
i++;       // Postfix-Operator
sqrt(i);
i = (int)x;

i += 1;   // binärer Operator
i = i + 1;
i = i * j;
```

▶ **Wichtig** Übersicht aller Standard C++ Operatoren (aus J. Wolff, C++ – Das umfassende Handbuch, Rheinwerk-Verlag, ISBN 978-3-8362-2021-7, Bonn, 2015).

Operator	Bezeichnung	Methode	Funktion	Syntax
1. Priorität				
::	Scope-Operator			
2. Priorität				
.	Komponentenzugriff			
->	Pfeiloperator	X		ptr2obj C::operator->(); ptr2obj C::operator->() const;
[]	Indizierungsoperator	X		Typ C::operator[] (Typ); Typ C::operator[] (Typ) const;

(Fortsetzung)

Operator	Bezeichnung	Methode	Funktion	Syntax
()	Funktionsaufruf	X		Typ C::operator() (Parameterliste); Typ C::operator() (Parameterliste) const;
++	Post-Increment (obj++)	X	X	Typ C::operator++(int); Typ C::operator++(int) const; Typ operator++(Typ, int);
—	Post-Dekrement (obj—)	X	X	Typ C::operator––(int); Typ C::operator––(int) const; Typ operator––(Typ, int);
typeid	Typ (RTTI)			
const_cast	const-Cast			
static_cast	static-Cast			
reinterpret_ cast	Reinterpreter-Cast			
dynamic_ cast	dynamic-Cast			

3. Priorität

sizeof	Objektgrößen- Operator			
++	Prä-Increment (++obj)	X	X	Typ C::operator++(); Typ C::operator++() const; Typ operator++(Typ);
—	Prä-Dekrement (— obj)	X	X	Typ C::operator––(); Typ C::operator––() const; Typ operator––(Typ);
~	bitweises NOT	X	X	Typ C::operator~(); Typ C::operator~() const; Typ operator~(Typ);
!	logisches NOT	X	X	Typ C::operator!(); Typ C::operator!() const; Typ operator!(Typ);
+	Positiv-Operator	X	X	Typ C::operator+(); Typ C::operator+() const; Typ operator+(Typ);
-	Negativ-Operator	X	X	Typ C::operator-(); Typ C::operator-() const; Typ operator-(Typ);

(Fortsetzung)

Operator	Bezeichnung	Methode	Funktion	Syntax
&	Adressoperator	X	X	Typ C::operator&(); Typ C::operator&() const; Typ operator&(Typ);
*	Dereferenz-Operator	X	X	Typ C::operator*(); Typ C::operator*() const; Typ operator*(Typ);

new, delete, new[], delete[]	Speicherreservierung, Speicherfreigabe	X	X	void* operator new(std::size_t);
				void operator delete(void*);
				void* operator new[] (std::size_t);
				void operator delete[](void*);

()	C-Cast			

4. Priorität

Operator	Bezeichnung	Methode	Funktion	Syntax
.*	Feld-Mitglieds-Operator			
->*	Zeiger-Mitglieds-Operator	X	X	

5. Priorität

Operator	Bezeichnung	Methode	Funktion	Syntax
*	Multiplikation	X	X	Typ C::operator*(Typ); Typ C::operator*(Typ) const; Typ operator*(Typ, Typ);
/	Division	X	X	Typ C::operator/(Typ); Typ C::operator/(Typ) const; Typ operator/(Typ, Typ);
%	Modolo	X	X	Typ C::operator%(Typ); Typ C::operator%(Typ) const; Typ operator%(Typ, Typ);

6. Priorität

Operator	Bezeichnung	Methode	Funktion	Syntax
+	Addition	X	X	Typ C::operator+(Typ); Typ C::operator+(Typ) const; Typ operator+(Typ, Typ);
-	Subtraktion	X	X	Typ C::operator-(Typ); Typ C::operator-(Typ) const; Typ operator-(Typ, Typ);

(Fortsetzung)

Operator	Bezeichnung	Methode	Funktion	Syntax
7. Priorität				
<<	Ausgabe bzw. Bit-Shift	X	X	Typ C::operator<<(Typ); Typ C::operator<<(Typ) const; Typ operator<<(Typ, Typ);
>>	Eingabe bzw. Bit-Shift	X	X	Typ C::operator>>(Typ); Typ C::operator>>(Typ) const; Typ operator>>(Typ, Typ);
8. Priorität				
<	Kleiner-Operator	X	X	Typ C::operator<(Typ); Typ C::operator<(Typ) const; Typ operator<(Typ, Typ);
<=	Kleiner-Gleich-Operator	X	X	Typ C::operator<=(Typ); Typ C::operator<=(Typ) const; Typ operator<=(Typ, Typ);
>	Größer-Operator	X	X	Typ C::operator>(Typ); Typ C::operator>(Typ) const; Typ operator>(Typ, Typ);
>=	Größer-Gleich-Operator	X	X	Typ C::operator>=(Typ); Typ C::operator>=(Typ) const; Typ operator>=(Typ, Typ);
9. Priorität				
==	Gleich-Operator	X	X	Typ C::operator==(Typ); Typ C::operator==(Typ) const; Typ operator==(Typ, Typ);
!=	Ungleich-Operator	X	X	Typ C::operator!=(Typ); Typ C::operator!=(Typ) const; Typ operator!=(Typ, Typ);
10. Priorität				
&	bitweises UND	X	X	Typ C::operator&(Typ); Typ C::operator&(Typ) const; Typ operator&(Typ, Typ);

(Fortsetzung)

Operator	Bezeichnung	Methode	Funktion	Syntax
11. Priorität				
^	bitweises XOR	X	X	Typ C::operator^(Typ); Typ C::operator^(Typ) const; Typ operator^(Typ, Typ);
12. Priorität				
|	bitweises ODER	X	X	Typ C::operator|(Typ); Typ C::operator|(Typ) const; Typ operator|(Typ, Typ);
13. Priorität				
&&	logisches UND	X	X	Typ C::operator&&(Typ); Typ C::operator&&(Typ) const; Typ operator&&(Typ, Typ);
14. Priorität				
||	Logisches ODER	X	X	Typ C::operator||(Typ); Typ C::operator||(Typ) const; Typ operator||(Typ, Typ);
15. Priorität				
?:	Bedingungsoperator			
16. Priorität				
=	Zuweisungsoperator	X		Typ C::operator=(Typ); Typ C::operator=(Typ) const;
*=	Multiplikationszu-weisung	X	X	Typ C::operator*=(Typ); Typ C::operator*=(Typ) const; Typ operator*=(Typ, Typ);[*]
/=	Divisionszuweisung	X	X	Typ C::operator/=(Typ); Typ C::operator/=(Typ) const; Typ operator/=(Typ, Typ); [*]
%=	Modolo-Zuweisung	X	X	Typ C::operator%=(Typ); Typ C::operator%=(Typ) const; Typ operator%=(Typ, Typ);[*]
+=	Additionszuweisung	X	X	Typ C::operator+=(Typ); Typ C::operator+=(Typ) const; Typ operator+=(Typ, Typ); [*]

(Fortsetzung)

Operator	Bezeichnung	Methode	Funktion	Syntax
-=	Subtraktionszuwei-sung	X	X	Typ C::operator-=(Typ); Typ C::operator-=(Typ) const; Typ operator-=(Typ, Typ);[*]
<<=	Links-Bit-Verschiebezuweisung	X	X	Typ C::operator<<=(Typ); Typ C::operator<<=(Typ) const; Typ operator<<=(Typ, Typ); [*]
>>=	Rechts-Bit-Verschiebezuweisung	X	X	Typ C::operator>>=(Typ); Typ C::operator>>=(Typ) const; Typ operator>>=(Typ, Typ);[*]
&=	Bitweises-UND-Zuweisung	X	X	Typ C::operator&=(Typ); Typ C::operator&=(Typ) const; Typ operator&=(Typ, Typ); [*]
|=	Bitweises-ODER-Zuweisung	X	X	Typ C::operator|=(Typ); Typ C::operator|=(Typ) const; Typ operator|=(Typ, Typ);[*]
^=	Bitweises-XOR-Zuweisung	X	X	Typ C::operator^=(Typ); Typ C::operator^=(Typ) const; Typ operator^=(Typ, Typ); [*]

[*] Entsprechend einiger Quellen, können erweiterte Zuweisungsoperatoren nicht außerhalb von Klassen überladen warden. Im Gegensatz zum Zuweisungsoperator ist dies zwar möglich, aber es wird nicht empfohlen, dies zu tun.

17. Priorität

,	Komma	X	X	Typ C::operator,(Typ); Typ C::operator,(Typ) const; Typ operator,(Typ, Typ);

▶ **Ausgabe**

```
Konstruktoren und Destruktoren:
eins
zwei
null

 Zuweisungen (Methode, Operatoren =, <):
eins
eins
eins

 Append (Methode, Operatoren +=, <<):
myString::append
zwei zwei
10
myString::append
drei drei
myString::append
drei drei null
myString::append
drei drei null eins

 Concat (Methode, Operator +):
null eins
10
null fuenf
fuenf eins
fuenf eins null fuenf

Drücken Sie eine beliebige Taste . . .
```

5.2.4   Projekt-Aufgabe: Dateizugriff

▶ **Aufgabe** Bei dieser Aufgabe handelt es sich um eine **Erweiterung der Aufgabe Strukturen mit Strings – Zum Betriebssystem**.

Erstellen Sie bitte zwei Klassen: eine erste zur grundlegenden Aneinander-reihung von Strings (myString, siehe vorangegangenes Kapitel), eine zweite um die Ausgabe in eine Datei zu ermöglichen (myLogger).

Schreiben Sie dann bitte Datum, Uhrzeit und den Dateinamen in die Datei. Achten Sie bitte darauf, dass Sie die Datei mit dem Konstruktor eingangs erstellen und öffnen, dann einmalig beschreiben und abschließend mit dem Destruktor wieder schließen.

▶ **Lösungsmöglichkeit** Uhrzeit und Datum können sehr flexibel mit der Stan-dardbibliothek #include <time.h> über den Befehl ctime eingebunden werden. Details hierzu sind unter http://www.cplusplus.com/reference/ctime/strftime/ zu finden.

Header-Datei myLogger.h

```cpp
#include <fstream>
#include <string>


class myString
{
        // Eigenschaften
        char *str;
        int length = 0;
        char *time_string = new char[80];

public:
        // Konstruktoren & Destruktoren
        myString();                             // Konstruktoren
        myString(const char *str);
        ~myString();                            // Destruktor

        // Methoden
        char *get_string();                     // Getter
        void set_string(const char *str);       // Setter

        int strLen(const char *str);
        void concat(const char *str1, const char *str2);

        char *get_time_date();                  // neue Methoden, Operatoren
        myString& operator+=(const char *str);
        myString& operator+=(const myString& Str);
};

class myLogger
{
        // Eigenschaften
        std::ofstream file;

public:
        // Konstruktoren und Destruktoren
        myLogger();             // Konstruktor
        ~myLogger();            // Destruktor

        // Methoden
        void file_access(const char *str);

        // Operatoren
        myLogger& operator<<(const char *str); // neue Operatoren

};
```

Quellcode-Datei myLogger.cpp

```cpp
#include <iostream>
#include <time.h>
#include <string>
#include <fstream>
#include "myLogger.h"

using namespace std;

// Klasse: myString

// Konstruktoren und Destruktoren

myString::myString()              // Konstruktor
{
        this->str = new char[1]; // Deklaration (Speicherplatz wird angelegt)
        this->str[0] = '\0';      // Definition (Initialisierung mit dem Endzeichen)
}

myString::myString(const char *str)
{
        this->str = new char[1]; // Deklaration
        this->set_string(str);    // Definition (Zeichenkette wird mit der Funktion
                                  // myString::set_string gefüllt)
}

myString::~myString()             // Destruktor
{
        delete[] this->str;       // Zeichenkette wird gelöscht
}

// Methoden

char *myString::get_string()              // Getter
{
        return this->str;                 // Lediglich Rückgabe der Eigenschaft str
}

void myString::set_string(const char *str) // Setter
{
        int length = this->strLen(str);    // Länge der Zeichenkette
        delete[] this->str;                 // Löschen bestehender Werte (Speicherplatz)
        this->str = new char[length + 1];   // Erzeugen von Speicherplatz für neue Werte
        for (int i = 0; i < length; ++i)    // Füllen des Speicherplatzes mit neuen Werten
                this->str[i] = str[i];
        this->str[length] = '\0';           // Abschließen des Strings mit Endzeichen
}
```

```cpp
int myString::strLen(const char *str)
{
        int cn = 0;                          // Bestimmung der Länge cn der Zeichenkette
        while ('\0' != str[cn])
                cn++;
        return cn;
}


void myString::concat(const char *str1, const char *str2)
{
        int length1 = this->strLen(str1); // Länge der 1. Zeichenkette
        this->length = length1 + this->strLen(str2); // Länge der gesamten Zeichenkette
        char *newStr = new char[this->length + 1]; // Dynamische Variable für die
                                         // verbundene Zeichenkette (Speicherplatz)

        for (int i = 0; i < length1; ++i)    // Buchstabenweises Einlesen der 1. Zeichenkette
                newStr[i] = str1[i];

        for (int i = length1, j = 0; i < this->length; ++i, ++j)
                newStr[i] = str2[j];   // Buchstabenweises Einlesen der 2. Zeichenkette

        newStr[this->length] = '\0';   // Abschließen der verbundenen Zeichenkette

        delete[] this->str;              // Löschen der alten 1. Zeichenkette und ...
        this->str = newStr;              // (Speicherplatz) ... zuweisen der verbundenen
                                         // Zeichenkette
}

char *myString::get_time_date()
{
        time_t now;
        time(&now);
        struct tm ts;
        localtime_s(&ts, &now);
        strftime(time_string, 80, "%d.%m.%Y %H:%M:%S", &ts);

        return time_string;
}

// Operatoren

myString& myString::operator+=(const char *str)
{
        this->concat(this->str, str);
        return *this;
}


myString& myString::operator+=(const myString& Str)
{
```

```cpp
            this->concat(this->str, Str.str);
            return *this;
}


// Klasse: myLogger

// Konstruktoren und Destruktoren
myLogger::myLogger()
{
            char *file_name = ".\\test.txt"; // String ausdrucken
            this->file.open(file_name, ios_base::out);
}

myLogger::~myLogger()
{
            this->file.close();
}

// Methoden
void myLogger::file_access(const char *str)
{
            this->file << str << endl;
}

// Operatoren
myLogger& myLogger::operator<<(const char *str)
{
            this->file_access(str);
            return *this;
}
```

Quellcode-Datei main.cpp

```cpp
#include <iostream>
#include "myLogger.h"


using namespace std;

int main(int argc, char **argv)
{
            // String erstellen (class myString)
            myString Inst1;
            Inst1.set_string(" ");
            myString Inst2("Dateiname ");
```

```
        Inst1 += Inst1.get_time_date();
        Inst1 += "\t";
        Inst1 += Inst2;
        cout << Inst1.get_string() << endl;
        // In Datei schreiben (class myLogger)
        myLogger Obj1;

        Obj1 << Inst1.get_string();


        system("pause");
        return 0;
}
```

▶ **Ausgabe**

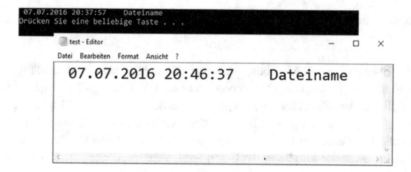

5.3   Klassen – Vererbung und Polymorphie

Effizienz in der objektorientierten Programmierung

Plausibilisierung: Kommt ein ABC-Schütze in die erste Klasse, so wird die Schulbe-darfsliste, welche der Lehrer oder die Lehrerin zum Schuljahrsbeginn ausgibt, noch sehr umfangreich sein. So werden neben den Heften (liniert, kariert) und farbigen Einbänden auch noch ein Federmäppchen (mit Bleistift, Radiergummi, Spitzer, Lineal, Buntstiften, …) enthalten sein.

Doch bereits die Schulbedarfsliste zu Beginn des zweiten Schuljahrs wird erheb-lich kürzer ausfallen. Dies, da so grundlegende Bestandteile wie der Schulranzen und das Federmäppchen, inklusive Inhalt, ja bereits vorhanden sind und nicht nocheinmal beschafft werden müssen. Die Hefte aus der ersten Klasse jedoch enthalten Wörter, Texte und Rechenaufgaben entsprechend dem Lehrplan der ersten Klasse und müssen durch neue, leere Hefte für Wörter, … entsprechend dem Lehrplan der zweiten Klasse ersetzt werden – auch wird im Federmäppchen ein Füller zu ergänzen sein.

Zu Beginn der zweiten Klasse kann folglich auf Einiges vom Schulbedarf der ersten Klasse zurückgegriffen werden, Anderes wird nicht mehr benötigt. Dafür wird in der zweiten Klasse auch neuer Schulbedarf zu beschaffen sein. Für die dritte und jede weitere Schulklasse gilt dies in gleicher Weise.

In einem C++-Programm ist dies bei Verwendung mehrerer Klassen ganz analog handhabbar – man spricht in diesem Zusammenhang von Vererbung oder Ableitung. Eigenschaften, Methoden und Operatoren einer Basis- oder Oberklasse können an eine abgeleitete Klasse oder Unterklasse vererbt werden. Folglich kann im Datentyp der Unterklasse auf bestimmte Eigenschaften, Methoden und Operatoren des Datentyps der Oberklasse zugegriffen werden – auf andere wiederum nicht. Dies wird über die Zugriffsrechte geregelt.

Eine Unterklasse kann in gleicher Weise selbst auch wieder zur Oberklasse werden und Eigenschaften, ... an eine von ihr abgeleitete Unterklasse weiterreichen – in diesem Zusammenhang spricht man von Mehrfachvererbung. Um eine Ableitung weiterer Unterklassen zu unterbinden, kann in der Deklaration einer Klasse das Schlüsselwort *final* verwendet werden.

Im Rahmen der Vererbung oder Mehrfachvererbung werden folgende Zugriffsrechte unterschieden:

- *public*: Über eine public-Vererbung kann auf alle public- und protected-Mitglieder (Eigenschaften, Methoden und Operatoren) der Oberklasse zugegriffen werden – public-Mitglieder der Oberklasse werden in der Unterklasse zu public-Mitgliedern, ..., protected-Mitgliedern zu protected-Mitgliedern. Objekte beider Klassen können auf die public-Mitglieder der Oberklasse zugreifen (jedoch nur Objekte der Unterklasse können auf die public-Mitglieder der Unterklasse zugreifen, diejenigen der Oberklasse nicht). Man spricht hier von einer klassischen Ist-Beziehung.

In der Klasse (Eigenschaften, Methoden, Operatoren)	Objekte der Klasse
public -> public	public -> public
protected -> protected	protected	
private		private	

- *protected*: Bei dieser Vererbung werden alle public- und protected-Mitglieder der Oberklasse zu protected-Mitgliedern der abgeleiteten Klasse. Es kann auch innerhalb der Unterklasse auf alle public- und protected-Mitglieder der Oberklasse zugegriffen werden, jedoch können Objekte der Unterklasse nicht mehr auf die public-Mitglieder der Oberklasse zugreifen!

In den Klassen (Eigenschaften, Methoden, Operatoren)	Objekte der Klassen
public -> protected	public	
protected -> protected	protected	
private		private	

- *private*: Bei dieser Vererbung werden alle public- und protected-Mitglieder der Oberklasse zu private-Mitgliedern der Unterklasse. Es kann auch innerhalb der Unterklasse
  auf alle public- und protected-Mitglieder der Oberklasse zugegriffen werden, jedoch
  können auch hier Objekte der Unterklasse nicht mehr auf die public-Mitglieder der
  Oberklasse zugreifen!

In den Klassen (Eigenschaften, Methoden, Operatoren)   **Objekte der Klassen**
public -> private   public |
protected -> private   protected |
private | private |

Plausibilisierung: Betrachten wir uns diesen Sachverhalt als Programmbeispiel, dann
werden innerhalb der Klassen-Deklarationen die Zugriffsrechte der entsprechenden
Eigenschaften, Methoden und Operatoren über die Schlüsselworte public, protected und
private festgesetzt.

```
class SchulranzenErsteKlasse
// class Oberklasse
{
private:                          // kann nicht vererbt werden!!!
        char *HeftErsteKlasse;
protected :                            // kann  vererbt  werden
        char *Spitzer;
public :                               // kann  vererbt  werden
        char *Bleistift;
};

class SchulranzenZweiteKlasse : public SchulranzenErsteKlasse
// class Unterklasse : Zugriffsrecht Oberklasse
{
// public: public / protected Methoden vom SchulranzenErsteKlasse => public /
// protected Methoden vom SchulranzenZweiteKlasse
// protected: public und protected Methoden vom SchulranzenErsteKlasse =>
// protectd Methoden vom SchulranzenZweiteKlasse
// private (Default): public und protected Methoden vom SchulranzenErsteKlasse
// => private Methoden vom SchulranzenZweiteKlasse
private:
        // Private Mitglieder können nicht vererbt werden (char *HeftErsteKlasse).
        // Vererbte protected/public Mitglieder werden standardgemäß in private
        // gelistet, hier jedoch wurde public vorgegeben, so dass über
        // protected/public zugegriffen werden kann.
        char *HeftZweiteKlasse;
                        // Für die zweite Klasse sind neue Hefte anzulegen!
```

```
protected:
    // Es kann auf den Spitzer des SchulranzenErsteKlasse (Oberklasse)
    // zugegriffen werden!
public:
    // Es kann auf den Bleistift des SchulranzenErsteKlasse (Oberklasse)
    // zugegriffen werden!
};
```

Im Folgenden wird noch eingehender auf Vererbungen und Mehrfachvererbungen eingegangen werden.

Darüber hinaus werden im Rahmen der Polymorphie klassenübergreifend virtuelle Methoden verwendet. Diese erlauben, aufgeteilt in unterschiedliche Klassen, bei gleichem Namen eine selektive Bearbeitung von Anweisungen.

Abschließend werden noch wichtige Schlüsselwörter im Zusammenhang mit Klassen (Strukturen) diskutiert – wie beispielsweise virt für virtuelle Methoden.

5.3.1   Vererbung und Mehrfachvererbung – Familienbande

▶ **Aufgabe** Definieren Sie vier Klassen mit den Klassen-Namen Dad, Mum, Child und Grandchild, welche je zwei geschützte Eigenschaften – eine Ordnungsnummer (Dad = 1, …, Grandchild = 4) und einen Character-Pointer mit dem Klassen-Namen – besitzen. Die Eigenschaften (Properties) und Methoden sollen entsprechend dem folgenden Diagramm vererbt werden.

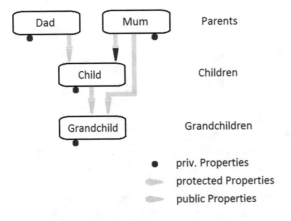

Neben den Eigenschaften soll

- die Klasse Dad eine private, eine geschützte und eine öffentliche Methode,
- die Klassen Mum und Child je eine geschützte und eine öffentliche Methode und
- die Klasse Grandchild nur eine öffentliche Methode besitzen,

aus deren Methoden-Namen auch die Zugriffsrechte (private, protected und public) hervorgehen. In den Methoden sollen

- die eigenen Eigenschaften ausgegeben werden,
- die eigenen Eigenschaften geändert und die geänderten Werte ausgegeben werden und
- die Eigenschaften aller möglichen abgeleiteten Klassen geändert und ausgegeben werden.

Wie wirken sich die Unterschiede in der Vererbung von der Klasse Dad auf die Klassen Child und Grandchild und von der Klasse Mum auf die Klassen Child und Grandchild auf die Zugriffe der Klassen Child und Grandchild auf Eigenschaften ihrer abgeleiteten Klassen aus?

Header-Datei classes.h

```
// Klassen (Eigenschaften, Methoden)

class parent_dad
{
private:                              // kann nicht vererbt werden!!!
        void method_d_priv();

protected:                           // kann vererbt werden
        int prop1 = 1;
        char *prop2 = new char[4]{ 'D','a','d','\0' };
        void method_d_prot();
public:                              // kann vererbt werden
        parent_dad();
        void method_d_publ();
};
class parent_mum
{
private:                             // kann nicht vererbt werden!!!

protected:                           // kann vererbt werden
        int prop1 = 2;
        char *prop2 = new char[4]{ 'M','u','m','\0' };
        void method_m_prot();
public:                              // kann vererbt werden
        parent_mum();
        void method_m_publ();
};
```

```cpp
class child : public parent_dad, private parent_mum     // Vererbung: Zugriffsrechte!!!
{
// public parent: public / protected Methoden vom parent => public / protected Methoden
// vom child protected parent: public und protected Methoden vom parent => protectd
// Methoden vom child private parent: Default - public und protected Methoden vom
// parent => private Methoden vom child

private:
        // vererbte Eigenschaften, Methoden, ... werden in private gelistet

protected:
        int prop1 = 3;
        char *prop2 = new char[6]{ 'C','h','i','l','d','\0' };
        void start_method_prot();

public:
        child();
        void start_method_publ();
};

class grandchild : public child, public parent_mum   // Vererbung: Zugriffsrechte!!!
{                                    // , public parent_dad // ... nicht zwingend notwendig,
                                                            // da über die Klasse child
                                                            // durchgereicht!!!
private:
        // vererbte Eigenschaften, Methoden, ... werden in private gelistet

protected:
        int prop1 = 4;
        char *prop2 = new char[11]{ 'G','r','a','n','d','c','h','i','l','d','\0' };

public:
        grandchild();
        void start_method_publ();
};

// Funktionen

void function_pada(parent_dad);
void function_pamu(parent_mum);
void function_ch(child);
void function_grch(grandchild);
```

Quellcode-Datei classes.cpp

```cpp
#include <iostream>
#include "classes.h"


// Methoden (Konstruktoren, Destruktoren):

parent_dad::parent_dad()                  // Konstruktor
{
        std::cout << __FUNCTION__ << std::endl;
}

void parent_dad::method_d_priv()          // Methoden
{
        std::cout << __FUNCTION__ << std::endl;
        std::cout << this->prop1 << std::endl;
        std::cout << this->prop2 << std::endl;
}

void parent_dad::method_d_prot()
{
        std::cout << __FUNCTION__ << std::endl;
        std::cout << this->prop1 << std::endl;
        std::cout << this->prop2 << std::endl;
}

void parent_dad::method_d_publ()
{
        std::cout << __FUNCTION__ << std::endl;
        std::cout << this->prop1 << std::endl;
        std::cout << this->prop2 << std::endl;
}


parent_mum::parent_mum()                  // Konstruktor
{
        std::cout << __FUNCTION__ << std::endl;
}

void parent_mum::method_m_prot()    // Methoden
{
        std::cout << __FUNCTION__ << std::endl;
        std::cout << this->prop1 << std::endl;
        std::cout << this->prop2 << std::endl;
```

```cpp
}

void parent_mum::method_m_publ()    // Methoden
{
        std::cout << __FUNCTION__ << std::endl;
        std::cout << this->prop1 << std::endl;
        std::cout << this->prop2 << std::endl;
}


child::child()                              // Konstruktor
{
        std::cout << __FUNCTION__ << std::endl;
}

void child::start_method_prot()           // Methode
{
        std::cout << __FUNCTION__ << std::endl;
        std::cout << this->prop1 << std::endl;
        std::cout << this->prop2 << std::endl;

        // this->method_d_priv();         // Fehler: private Methoden können nicht vererbt
                                          // werden!!!
        this->method_d_prot();
}

void child::start_method_publ()           // Methode
{
        std::cout << __FUNCTION__ << std::endl;
        std::cout << this->prop1 << std::endl;
        std::cout << this->prop2 << std::endl;

        this->prop1 = 33;        // Im child können Eigenschaften und Methoden geändert
                                 // werden.
        std::cout << this->prop1 << std::endl;
        std::cout << this->prop2 << std::endl;

        // this->method_d_priv();         // Fehler: private Methoden können nicht vererbt
                                          // werden!!!
        this->parent_dad::prop1 = 13;  // Vom child aus können Eigenschaften und
        this->method_d_publ();            // Methoden der parents geändert werden.
```

```
        this->parent_mum::prop1 = 23;
        this->method_m_publ();
}
grandchild::grandchild()                    // Konstruktor
{
        std::cout << __FUNCTION__ << std::endl;
}


void grandchild::start_method_publ()    // Methode
{
        std::cout << __FUNCTION__ << std::endl;
        std::cout << this->prop1 << std::endl;
        std::cout << this->prop2 << std::endl;

        this->prop1 = 44;        // Im child können Eigenschaften und Methoden geändert
                                 // werden.
        std::cout << this->prop1 << std::endl;
        std::cout << this->prop2 << std::endl;

        this->child::prop1 = 34;
                             // Vom grandchild aus kann auf Eigenschaften und Methoden
                             // des child und der parents zugegriffen werden

        this->child::start_method_publ();       // OK: Als public eingebunden

        this->child::parent_dad::prop1 = 134;
                                     // OK: Über den Pfad als public / public eingebunden
        this->child::parent_dad::method_d_publ();

        // this->child::parent_mum::prop1 = 234;
        // Fehler: private Eigenschaften und Methoden

        // this->child::parent_mum::method_m_publ(); // können nicht vererbt werden!!!

        this->parent_dad::prop1 = 14;
                                     // OK: Wird über den Pfad child::parent_dad:: als
        this->parent_dad::method_d_publ(); // public / public eingebunden

        this->parent_mum::prop1 = 24;        // OK: Als public (protected) eingebunden
        this->parent_mum::method_m_publ();
}
```

```cpp
// Funktionen:

void function_pada(parent_dad)
{
        std::cout << __FUNCTION__ << std::endl;
}

void function_pamu(parent_mum)
{
        std::cout << __FUNCTION__ << std::endl;
}

void function_ch(child)
{
        std::cout << __FUNCTION__ << std::endl;
}

void function_grch(grandchild)
{
        std::cout << __FUNCTION__ << std::endl;
}
```

Quellcode-Datei main.cpp

```cpp
#include <iostream>
#include "classes.h"


int main(int argc, char** argv)
{
        parent_dad Obj_pada;
        parent_mum Obj_pamu;
        child Obj_ch;
        grandchild Obj_grch;


        std::cout << std::endl << " Vererbung (private:, protected:, public:)  " << std::endl << std::endl;

        std::cout << std::endl << " Parent_Dad und Parent_Mum " << std::endl << std::endl;
        // Obj_pada.method_priv();              // Fehler, da nicht public!!!
        // Obj_pada.method_prot();              // Fehler, da nicht public!!!
        Obj_pada.method_d_publ();
        Obj_pamu.method_m_publ();
```

```
std::cout << std::endl << " Child " << std::endl << std::endl;
Obj_ch.start_method_publ();

std::cout << std::endl << " Grandchild " << std::endl << std::endl;
Obj_grch.start_method_publ();


std::cout << std::endl << " Polymorphie (private:, protected:, public:)  " << std::endl <<
std::endl;

std::cout << std::endl << " Parent_Dad und Parent_Mum " << std::endl << std::endl;

function_pada(Obj_pada);
//function_pada(Obj_pamu);               // Fehler, da nicht vererbt!!!
function_pada(Obj_ch);
function_pada(Obj_grch);


//function_pamu(Obj_pada);               // Fehler, da nicht vererbt!!!
function_pamu(Obj_pamu);
//function_pamu(Obj_ch);                 // Fehler (1), da nur private!!!
//function_pamu(Obj_grch);              // Fehler (2), obwohl public (nicht protected!)
                                         // vererbt!!!
std::cout << std::endl << " Child " << std::endl << std::endl;
//function_ch(Obj_pada);                 // Fehler, da nicht vererbt!!!
//function_ch(Obj_pamu);                 // Fehler, da nicht vererbt!!!
function_ch(Obj_ch);
function_ch(Obj_grch);

std::cout << std::endl << " Grandchild " << std::endl << std::endl;
//function_grch(Obj_pada);               // Fehler, da nicht vererbt!!!
//function_grch(Obj_pamu);               // Fehler, da nicht vererbt!!!
//function_grch(Obj_ch);                 // Fehler, da nicht vererbt!!!

        function_grch(Obj_grch);

        //parent_mum *Obj_mu1 = &Obj_ch; // zu (1): Fehler, da nur private (keine "Typ-
                                         // Konvertierung" möglich)
        parent_mum *Obj_mu2 = &Obj_grch; // zu (2): Überbrückung durch "Typ-
        function_pamu(*Obj_mu2);         // Konvertierung" nur bei public
                                         // Vererbung  möglich (nicht bei protected
                                         // Vererbung)!!!

        std::cout << std::endl;
        system("pause");
        return 0;
}
```

Programmbeschreibung

In der Header-Datei classes.h werden die vier Klassen angelegt, wobei die Ableitung (Vererbung) einer Basis-Klasse im Kopf der abgeleiteten Unter-Klasse verzeichnet wird.

```
class child : public parent_dad, private parent_mum
```

Hierzu werden nach dem Klassen-Namen und einem Doppelpunkt die Basis-Klassen durch Kommata getrennt aufgelistet. Den Basis-Klassen-Namen werden hierbei noch die Zugriffsrechte, welche ihre Eigenschaften und Methoden in der Unter-Klasse besitzen sollen, vorangestellt.

Steht hinter dem Doppelpunkt beispielsweise

- `public  parent_dad`, dann werden aus den public / protected Bereichen von `parent_dad` die Eigenschaften und Methoden in die public / protected Bereiche vom `child` vererbt und können von Objekten der Klasse `child` genutzt werden.
- `protected parent_mum`, dann werden aus den public und protected Bereichen von `parent_mum` alle Eigenschaften und Methoden in den protected Bereich von `child` vererbt.
- `private  parent_mum` (hier kann das Default-Schlüsselwort private entfallen), dann werden die Bereiche public und protected von `parent_mum` in den Bereich private vom `child` vererbt.

Wird bei Mehrfach-Vererbung, wie beispielsweise von Klasse `parent_dad` über Klasse `child` auf Klasse `grandchild`, durchwegs in den public-Bereich vererbt, dann sind klassenüberspringende Vererbungen, wie beispielsweise von Klasse `parent_mum` direkt zur Klasse `grandchild`, redundant (siehe Bild in der Aufgabenstellung).

Entsprechend der vorliegenden Aufgabenstellung sehen die Klassen-Abhängigkeiten im Quellcode dann folgendermassen aus.

```
class parent_dad
{
private:
protected:
public:
};

class parent_mum
{
private:
protected:
public:
};
```

```
class child : public parent_dad, private parent_mum      // Vererbung: Zugriffsrechte!!!
{
// public parent_... : public / protected Methoden vom parent => public / protected
// Methoden vom child
// protected parent_... : public und protected Methoden vom parent => protected
// Methoden vom child
// private parent (Default): public und protected Methoden vom parent => private
// Methoden vom child
private:
protected:
public:
};
```

```
class grandchild : public child, public parent_mum      // Vererbung: Zugriffsrechte!!!
{                               // , public parent_dad  // ... nicht zwingend notwendig,
private:                                                // da über die Klasse child
protected:                                              // durchgereicht!!!
public:
};
```

Innerhalb einer Klasse sind die Eigenschaften und Methoden entsprechend der Zugriffsbereiche eingeteilt. Üblicherweise listet man zuerst die privaten, dann die geschützten und zuletzt die öffentlichen Eigenschaften und Methoden auf. Die Klasse `parent_dad` beinhaltet beispielsweise folgende Eigenschaften und Methoden. In allen anderen Klassen sind die entsprechenden Eigenschaften ebenfalls im protected Bereich untergebracht und entsprechende Methoden in den protected und public Bereichen.

```
private:                        // kann nicht vererbt werden!!!
        void method_d_priv();

protected:                      // kann vererbt werden
        int prop1 = 1;
        char *prop2 = new char[4]{ 'D','a','d','\0' };
        void method_d_prot();
public:                         // kann vererbt werden
        parent_dad();
        void method_d_publ();
```

In der Header-Datei classes.h werden auch vier Funktionen definiert, die keiner Klasse als Methode angehören. Diese Funktionen lassen nur Objekte bestimmter Klassen als Übergabe-Parameter zu.

```
void function_pada(parent_dad);
void function_pamu(parent_mum);
void function_ch(child);
void function_grch(grandchild);
```

In der Quellcode-Datei classes.cpp werden für jede Klasse ein Konstruktor und protected (ggf.) sowie public Methoden zur Ausgabe der Eigenschaften ausgeführt. Zum Debuggen beinhaltet jede Methode darüber hinaus auch die Ausgabe des Methoden-Kopfs über `std::cout << __FUNCTION__ << std::endl;`.

```
parent_mum::parent_mum()          // Konstruktor
{
        std::cout << __FUNCTION__ << std::endl;
}

void parent_mum::method_m_prot()   // Methoden
{
        std::cout << __FUNCTION__ << std::endl;
        std::cout << this->prop1 << std::endl;
        std::cout << this->prop2 << std::endl;
}
```

Während in den Basis-Klassen, parent_dad und parent_mum, nur auf die eigenen Eigenschaften und Methoden zugegriffen werden kann, besteht in den abgeleiteten Klassen die Möglichkeit auch auf Eigenschaften und Methoden der Basis-Klassen zuzugreifen. Die manigfaltigsten Zugriffsmöglich-keiten besitzt die grandchild-Klasse.

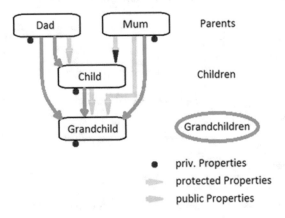

```
void grandchild::start_method_publ()    // Methode
{
        std::cout << __FUNCTION__ << std::endl;
        std::cout << this->prop1 << std::endl;
        std::cout << this->prop2 << std::endl;

        this->prop1 = 44;        // Im child können Eigenschaften und Methoden geändert
                                 // werden.
        std::cout << this->prop1 << std::endl;
        std::cout << this->prop2 << std::endl;

        this->child::prop1 = 34;  // Vom grandchild aus kann auf Eigenschaften und
                                  // Methoden des child und der parents zugegriffen werden

        this->child::start_method_publ();        // OK: Als public eingebunden


        this->child::parent_dad::prop1 = 134;
                                    // OK: Über den Pfad als public / public eingebunden
        this->child::parent_dad::method_d_publ();

        // this->child::parent_mum::prop1 = 234;
        // Fehler: private Eigenschaften und Methoden
        // this->child::parent_mum::method_m_publ();
        // können nicht vererbt werden!!!

        this->parent_dad::prop1 = 14;   // OK: Wird über den Pfad child::parent_dad:: als
        this->parent_dad::method_d_publ();   // public / public eingebunden

        this->parent_mum::prop1 = 24;        // OK: Als public (protected) eingebunden
        this->parent_mum::method_m_publ();
}
```

Die bereits in der Header-Datei vorangemeldeten Funktionen geben lediglich ihren eigenen Kopf aus.

```
void function_pada(parent_dad)
{
        std::cout << __FUNCTION__ << std::endl;
}
```

Deutlich werden die Abhängigkeiten der Objekte unterschiedlicher Klassen und die Übergabe von Objekten unterschiedlicher Klassen in Funktionen dann auch in der main()-Funktion (Quellcode-Datei main.cpp) beim Compilieren und Ausführen des Programms.

Werden vom Typ jeder Klasse Objekte deklariert,

```
parent_dad Obj_pada;
parent_mum Obj_pamu;
child Obj_ch;
grandchild Obj_grch;
```

dann können diese in der main()-Funktion auf eigene Eigenschaften und Methoden nur dann zugreifen, wenn diese public sind.

```
// Obj_pada.method_priv();          // Fehler, da nicht public!!!
// Obj_pada.method_prot();          // Fehler, da nicht public!!!
Obj_pada.method_d_publ();
Obj_pamu.method_m_publ();
```

Funktionen, welche für Übergabe-Parameter nur einer Klasse deklariert sind, erlauben die Übergabe von Objekten der eigenen Klasse und von Objekten aller in direkter Folge als public vererbter Unter-Klassen.

```
function_pada(Obj_pada);
//function_pada(Obj_pamu);          // Fehler, da nicht vererbt!!!
function_pada(Obj_ch);
function_pada(Obj_grch);


//function_pamu(Obj_pada);          // Fehler, da nicht vererbt!!!
function_pamu(Obj_pamu);
//function_pamu(Obj_ch);            // Fehler (1), da nur private!!!


//function_pamu(Obj_grch);          // Fehler (2), obwohl public (nicht protected!)
                                     // vererbt!!!


//function_ch(Obj_pada);            // Fehler, da nicht vererbt!!!
//function_ch(Obj_pamu);            // Fehler, da nicht vererbt!!!
function_ch(Obj_ch);
function_ch(Obj_grch);


//function_grch(Obj_pada);          // Fehler, da nicht vererbt!!!
//function_grch(Obj_pamu);          // Fehler, da nicht vererbt!!!
//function_grch(Obj_ch);            // Fehler, da nicht vererbt!!!
function_grch(Obj_grch);
```

Zu beachten ist hierbei, dass bei Vererbung in den privaten Bereich einer Unter-Klasse, Objekte dieser Unter-Klasse nicht in Funktionen der Basis-Klasse übergeben werden können – und dies kann auch nicht durch Typ-Konvertierung umgangen werden.

```
//parent_mum *Obj_mu1 = &Obj_ch;    // zu (1): Fehler, da nur private (keine "Typ-
                                    // Konvertierung" möglich)
```

Wurde im Rahmen einer public Vererbung eine „Generation" übersprungen, dann können Objekte der Unter-Klasse nur dann in Funktionen der Basis-Klasse übergeben werden, wenn für diese vorab eine Typ-Konvertierung vom Typ Unter-Klasse auf den Typ Basis-Klasse erfolgt ist.

```
parent_mum *Obj_mu2 = &Obj_grch;    // zu (2): Überbrückung durch "Typ-Konvertierung"
function_pamu(*Obj_mu2);            // nur bei public Vererbung möglich (nicht bei
                                    // protected Vererbung)!!!
```

▶ **Ausgabe**

```
parent_dad::parent_dad
parent_mum::parent_mum
parent_dad::parent_dad
parent_mum::parent_mum
child::child
parent_dad::parent_dad
parent_mum::parent_mum
child::child
parent_mum::parent_mum
grandchild::grandchild

 Vererbung (private:, protected:, public:)


 Parent_Dad und Parent_Mum

parent_dad::method_d_publ
1
Dad
parent_mum::method_m_publ
2
Mum

 Child

child::start_method_publ
3
Child
33
Child
parent_dad::method_d_publ
13
Dad
parent_mum::method_m_publ
23
Mum
```

```
Grandchild

grandchild::start_method_publ
4
Grandchild
44
Grandchild
child::start_method_publ
34
Child
33
Child
parent_dad::method_d_publ
13
Dad
parent_mum::method_m_publ
23
Mum
parent_dad::method_d_publ
134
Dad
parent_dad::method_d_publ
14
Dad
parent_mum::method_m_publ
24
Mum
```

```
Polymorphismus Top-Down (private:, protected:, public:)


Parent_Dad und Parent_Mum

function_pada
function_pada
function_pada
function_pamu

 Child

function_ch
function_ch

 Grandchild

function_grch
function_pamu

Drücken Sie eine beliebige Taste . . . . _
```

Nebenbei

Vererbt eine Klasse c2 ihre Eigenschaften und Methoden an eine Klasse c1, und befindet sich in beiden Klassen die gleiche Methode test.

Wird nun diese Methode vom Hauptprogramm aus mit einem Übergabe-Parameter vom Typ integer aufgerufen und besitzt die Methode in c2 jedoch für diesen lediglich den Typ float, tritt dann die Vererbung in Kraft, wenn die Methode in c1 den Übergabeparameter im richtigen Typ besitzt?

Die Antwort auf diese Frage liefert folgendes Programm:

```cpp
#include <iostream>


class c1
{
public:
        void test(int i)
        {
                std::cout << "integer" << std::endl;
        }
};

class c2 : public c1
{
public:
        //void test(int i)          // Dies wäre der richtige Typ in der richtigen Klasse
        //{
        //        std::cout << "Integer" << std::endl;
        //}

        void test(float f)
        {
                std::cout << "float" << std::endl;
        }
};


int main(int argc, char **argv)
{
        c2 Obj1;

        std::cout << "Zuerst in die Basis-Klasse mit dem falschen Argumententyp float"
        << std::endl;
        Obj1.test(1);             // ggf. implizite Typ-Konvertierung
        Obj1.test((int)1);        // explizite Typ-Konvertierung

        std::cout << "Gleich in die Unter-Klasse mit dem richtigen Argumententyp integer"
        <<std::endl;
        Obj1.c1::test(1);


        std::cout << std::endl;
        system("pause");
        return 0;
}
```

```
Zuerst in die Basis-Klasse mit dem falschen Argumententyp float
float
float
Gleich in die Unter-Klasse mit dem richtigen Argumententyp integer
integer

Drücken Sie eine beliebige Taste . . . _
```

5.3.2 Polymorphie und virtuelle Methoden – Zählt oder Zählt nicht

▶ **Aufgabe** Erzeugen Sie in einer Header-Datei vier Klassen classX, X ∈ {1, …, 4}, deren Eigenschaften und Methoden alle `public:` sind.

Die Klasse `class1` enthalte die Eigenschaft `int p1 = 1;` und die Methode `int get_prop()`, welche die Methode `int get_prop_virt()` aufruft.

Alle anderen Klassen `classX`, X ∈ {2, 3}, besitzen lediglich die Eigenschaften `int p1 = X;` und die Methode `int get_prop_virt()`, welche p1 zurückgibt. Zudem ist die Klasse `class2` über Vererbung mit der Klasse class1 verbunden und die Klasse c3 mit der Klasse c2.

Deklarieren Sie dann in der Quellcode-Datei mit der Funktion `main()` vier Objekte ObjX, X ∈ {1, …, 3},

    `cX ObjX;`

welche über Vererbung mit der Methode `int get_prop()` die Werte der Eigenschaften p1 abrufen

    `int ObjtX = ObjX.get_prop();`

Dieses Programm sollte für alle Objekte den Wert 1 zurückliefern, da die Methode `int get_prop()` immer wieder die Methode `int get_prop_virt()` aus Klasse class1 aufruft.

Definieren Sie nun die Methode `int get_prop_virt()` aus Klasse class1 als

    `virtual int get_prop_virt()`

und lassen Sie das Programm erneut laufen.

Header-Datei classes.h

```cpp
class class1
{
public:
        int p1 = 1;
        int get_prop()
        {
                return this->get_prop_virt();
        }
```

```cpp
        virtual int get_prop_virt()      // Virtuelle Methode: Hiermit werden "gleichnamige
        {                                // Methoden" ableitender Klassen berücksichtigt!!!
                std::cout << __FUNCTION__ << std::endl;
                std::cout << this->p1 << std::endl;
                return this->p1;
        }
};

class class2 : public class1
{
public:
        int p1 = 2;
        int get_prop_virt()
        {
                std::cout << __FUNCTION__ << std::endl;
                std::cout << this->p1 << std::endl;
                return this->p1;
        }
};

class class3 : public class2
{
public:
        int p1 = 3;
        int get_prop_virt()
        {
                std::cout << __FUNCTION__ << std::endl;
                std::cout << this->p1 << std::endl;
                return this->p1;
        }
};
```

Quellcode-Datei main.cpp

```cpp
#include <iostream>
#include "classes.h"

int main(int argc, char **argv)
{
        class1 Obj1;
        class2 Obj2;
        class3 Obj3;
```

```
    std::cout << std::endl << " Polymorphie Bottom-Up (private:, protected:, public:) "
    << std::endl << std::endl;
    int Objt1 = Obj1.get_prop();
    int Objt2 = Obj2.get_prop();
    int Objt3 = Obj3.get_prop();


    system("pause");
    return 0;
}
```

Programmbeschreibung

Über die Objekte ObjX, X ∈ {1, ..., 3} wird mit

```
ObjX.get_prop();
```

immer wieder die Methode

```
int get_prop_t() {...}
```

innerhalb der Klasse class1 aufgerufen, in welcher auch der Aufruf erfolgt ist – da es sich hierbei um den kürzest möglichen Wert handelt.

Legt man die Methode int get_prop_t() {...} jedoch als Virtuelle Methode

```
virtual int get_prop_t() {...}
```

aus, so werden mit

```
ObjX.get_prop();
```

bevorzugt die Methoden (virtual) int get_prop_t() {...} innerhalb der Klasse classX aufgerufen – da dies die Methoden aus derjenigen Klasse sind, mit deren Typ die Objekte deklariert wurden.

▶   **Ausgabe** Ausgabe ohne Verwendung einer virtuellen Methode (int get_prop_virt() {...})

```
Polymorphie Bottom-Up (private:, protected:, public:)

class1::get_prop_virt
1
class1::get_prop_virt
1
class1::get_prop_virt
1
Drücken Sie eine beliebige Taste . . . ▪
```

Ausgabe mit Verwendung einer virtuellen Methode (virtual int get_prop_virt() {...})

```
Polymorphie Bottom-Up (private:, protected:, public:)

class1::get_prop_virt
1
class2::get_prop_virt
2
class3::get_prop_virt
3
Drücken Sie eine beliebige Taste . . .
```

5.3.3   Vererbung und Polymorphie – Verwaltung von Bildern

▶   **Aufgabe** Verwalten Sie Ihre Bilder entsprechend des Bild-Formats (*.jpeg, *.gif, …).

Legen Sie hierzu in einer Header-Datei picture.h eine abstrakte Klasse pic-Format mit der Eigenschaft `std::string` filename; an, in welcher Pfad und Name der Bild-Datei abgelegt werden. Formulieren Sie für diese Klasse Konstruktor und Destruktor, Getter und Setter und zwei 0-Pointer Methoden `void show_picture()` und `void show_picture_info()`.

Legen Sie darüber hinaus für jedes Bild-Format eine eigene Header-Datei mit eigener abgeleiteter Klasse an, in welcher die Bilder mit Pfad und Name, sowie einer Bild Information versehen, über das Microsoft-Programm paint ausgegeben werden.

system("c:\\windows\\system32\\mspaint.exe .\\file2.gif");

Verwalten Sie hierzu über eine lokale Eigenschaft fileinfo (mit eigenem Setter, ggf. Getter) die Bildinformationen.

a)   Legen Sie in der main()-Funktion für jedes Bild-Format ein Objekt an, mit welchem Sie über die folgenden Funktionen mittels der polymorphen Klassenstruktur zielsicher die Bilder und Informationen nach Bild-Format selektiert ausgeben.

```
void display_picture(picFormat& fmt)
{
        fmt.show_picture();
}
```

```
void display_picture_info(picFormat& fmt)
{
        fmt.show_picture_info();
}
```

b)   Definieren Sie dynamisch folgdenden Pointer, über welchen Sie die Methoden `void show_picture()` und `void show_picture_info()` direkt aufrufen, um Bilder und Informationen über die polymorphe Klassenstruktur auszugeben.

```
picFormat *picPointer;
picPointer = new jpegFormat(".\\file1.jpg", " mein jpeg-Bild ");
```

Header-Datei picture.h

```cpp
#include <iostream>
#include <string>

class picFormat
{
        std::string filename;               // Eigenschaften

public:
        picFormat(const std::string& fname = "", const std::string& finfo = "")
        {                                   // Konstruktor
                filename = fname;
        }

        virtual ~picFormat(){}              // virtueller Destruktor

        void set_name(const std::string& fname)         // Setter
        {
                filename = fname;
        }

        const std::string& get_name() const             // Getter
        {
                return filename;
        }

        virtual void show_picture() const = 0;    // Abstrakte Klasse, da virtuelle 0-Pointer
        virtual void show_picture_info() const = 0;  // Methoden

};
```

Header-Datei jpegFormat.h

```cpp
#include "picture.h"

class jpegFormat : public picFormat
{
        std::string fileinfo;               // Eigenschaften

public:
        jpegFormat(const std::string& fname = "",
                const std::string& finfo = "") : picFormat(fname), fileinfo(finfo)
        {}                                  // Abgeleiteter Konstruktor, mit zusätzlicher Eigenschaft
```

```cpp
        void show_picture() const
        {
                std::cout << " jpeg-Bild: " << get_name() << std::endl;
        }

        void show_picture_info() const
        {
                std::cout << " Information zum jpeg-Bild: " << get_name() << std::endl;
                std::cout << fileinfo << std::endl;
        }

        void set_info(const std::string& finfo)
        {
                fileinfo = finfo;
                }
        };
```

Header-Datei gifFormat.h

```cpp
#include "picture.h"

class gifFormat : public picFormat
{
        std::string fileinfo;           // Eigenschaften
        bool transparency;

public:
        gifFormat(const std::string& fname = "",
                const std::string& finfo = "",
                bool ftrans = false) : picFormat(fname), fileinfo(finfo), transparency(ftrans)
        {}                              // Abgeleiteter Konstruktor, mit zusätzlichen Eigenschaften

        void show_picture() const
        {
                std::cout << " gif-Bild: " << this->get_name() << std::endl;
                system("c:\\windows\\system32\\mspaint.exe .\\file2.gif");
        }

        void show_picture_info() const
        {
                std::cout << " Information zum gif-Bild: " << get_name() << std::endl;
                std::cout << fileinfo << std::endl;
                std::cout << " Transparenz im gif-Bild: " << (transparency ? "Ja" : "Nein")
                << std::endl;
        }
```

```cpp
        void set_info(const std::string& finfo)
        {
                fileinfo = finfo;
        }

        void set_transparancy(const bool ftrans)
        {
                transparency = ftrans;
        }
};
```

Quellcode-Datei main.cpp

```cpp
#include <iostream>
#include <string.h>
#include "picture.h"
#include "jpegformat.h"
#include "gifformat.h"
void display_picture(picFormat& fmt)
{
        fmt.show_picture();
}

void display_picture_info(picFormat& fmt)
{
        fmt.show_picture_info();
}

int main(int argc, char** argv)
{
        std::cout << std::endl << " a) Bild-Auswahl ueber Funktionen und
        Methoden abstrakter,
        abgeleiteter Klassen " << std::endl << std::endl;
        jpegFormat file_jpeg(".\\file1.jpg", " jpeg-Bild ");
        gifFormat file_gif(".\\file2.gif", " gif-Bild ");

        display_picture(file_jpeg);
        display_picture_info(file_jpeg);

        display_picture(file_gif);
        display_picture_info(file_gif);

        std::cout << std::endl << " b) Bild-Auswahl ueber die Adressen (Pointer)
        von Methoden
        abstrakter, abgeleiteter Klassen " << std::endl << std::endl;
        picFormat *picPointer;
```

```
picPointer = new jpegFormat(".\\file1.jpg", " mein jpeg-Bild ");
picPointer->show_picture();
delete picPointer;

picPointer = new gifFormat(".\\file2.gif", " mein gif-Bild ");
picPointer->show_picture();
delete picPointer;

std::cout << std::endl;
system("pause");
return 0;
}
```

Programmbeschreibung

In der Header-Datei picture.h wird die einzige Eigenschaft `std::string` filename; der Klasse `class picFormat` mit dem Zugriffsrecht `private` deklariert.

Alle Methoden sind hier `public`: Im Konstruktor wird die einzige Klassen-Eigenschaft mit einem leeren String initialisiert, ebenso die Variable `std::string finfo`. Der Destruktor ist leer. Der Setter erlaubt das setzen eines Dateinamens, der Getter liefert diesen zurück.

Die Klasse `class picFormat` dient als Basis-Klasse für die Ausgabe verschiedener Bildformate. Sie selbst besitzt jedoch keine Methode, die ein Bild ausgeben könnte, sondern nur zwei virtuelle 0-Pointer Methoden

```
virtual void show_picture() const = 0;        // Abstrakte Klasse, da virtuelle 0-Pointer
virtual void show_picture_info() const = 0;    // Methoden
```

die mit Methoden derjenigen Klassen virtuell verknüpft sind, welche je ein Bild-Format verwalten (**Polymorphie**). Klassen mit virtuellen 0-Pointer Methoden bezeichnet man als **abstrakte Klassen**.

Die Header-Dateien jpegFormat.h und gifFormat.h besitzen die Klassen `class jpeg-Format : public picFormat` und `class gifFormat : public picFormat`, welche beide von der Klasse picFormat aus der Header-Datei picFormat.h abgeleitet wurden. Für jedes weitere Bild-Format wären entsprechende Header-Dateien und Klassen zu ergänzen, welche alle von der Klasse picFormat abzuleiten wären. Betrachten wir uns die Klasse `class gifFormat`. Diese beinhaltet ergänzend zur Eigenschaft der Basis-Klasse `class picFormat (std::string filename)` die privaten Eigenschaften

```
std::string fileinfo;        // Eigenschaften
bool transparency;
```

Auch hier sind wieder alle Methoden öffentlich (`public:`). Im Konstruktor werden die Variablen (`const std::string& fname = "", const std::string&`

`finfo = "", bool ftrans = false)` initialisiert und bereits im Methoden-Kopf den jeweiligen Klassen-Eigenschaften zugewiesen (: `picFormat(fname)`, `fileinfo(finfo)`, `transparency(ftrans)`). Wegen dieser rechenzeitsparenden Zuweisungen bleibt der Methoden-Körper des Konstruktors leer.

```
gifFormat(const std::string& fname = "",
          const std::string& finfo = "",
          bool ftrans = false) : picFormat(fname), fileinfo(finfo), transparency(ftrans)
{}                                    // Abgeleiteter Konstruktor, mit zusätzlichen Eigenschaften
```

In der konstanten Methode `void show_picture()` `const` wird der Bild-Name auf die Standard-Ausgabe ausgegeben und über den system-Befehl das Bild mit Microsoft-Paint geöffnet (system-Befehle sind sehr mächtig, bitte mit Vorsicht gebrauchen!)

```
void show_picture() const
{
        std::cout << " gif-Bild: " << this->get_name() << std::endl;
        system("c:\\windows\\system32\\mspaint.exe .\\file2.gif");
}
```

Mit der konstanten Methode `void show_picture_info()` `const` werden weitere Informationen dem Bild mit entsprechendem Bild-Namen zugeordnet.

```
void show_picture_info() const
{
        std::cout << " Information zum gif-Bild: " << get_name() << std::endl;
        std::cout << fileinfo << std::endl;
        std::cout << " Transparenz im gif-Bild: " << (transparency ? "Ja" : "Nein") << std::endl;
}
```

Über die Setter der beiden Klassen-Eigenschaften, lassen sich diese setzen.

In der Quellcode-Datei main.cpp sind neben den Include-Dateien für die Ein- und Ausgabe `#include <iostream>` und die Verwendung von Strings `#include <string.h>` auch die genannten Header-Dateien `#include "picture.h"`, `#include "jpegformat.h"`, `#include "gifformat.h"` einzubinden.

Dann können Objekte – entweder über die Werte oder die Adressen – deklariert werden, welche entsprechend auf die Methoden der abstrakten Klasse (Basis-Klasse) zugreifen, um bildformatunabhängig die Bilder und Bild-Informationen über die entsprechende Unter-Klasse ausgeben zu lassen.

a) Verwendung von Objekten, welche über den Wert definiert wurden und mit Hilfe des Punkt-Operators ausgegeben werden.

```
jpegFormat file_jpeg(".\\file1.jpg", " jpeg-Bild ");
gifFormat file_gif(".\\file2.gif", " gif-Bild ");

file_jpeg.show_picture();
file_jpeg.show_picture_info();
file_gif.show_picture();
file_gif.show_picture_info();
```

In diesem Programm wurde der Umweg über eine Funktion gewählt,

```
display_picture(file_jpeg);
display_picture_info(file_jpeg);
display_picture(file_gif);
display_picture_info(file_gif);
```

welche noch vor der main()-Funktion zu definieren ist.

```
void display_picture(picFormat& fmt)
{
        fmt.show_picture();
}

void display_picture_info(picFormat& fmt)
{
        fmt.show_picture_info();
}
```

b) Verwendung von Objekten, welche über die Adresse (Pointer) definiert wurden und mit Hilfe des Pfeil-Operators ausgegeben werden.

```
picFormat *picPointer;

picPointer = new jpegFormat(".\\file1.jpg", " mein jpeg-Bild ");
picPointer->show_picture();
delete picPointer;

picPointer = new gifFormat(".\\file2.gif", " mein gif-Bild ");
picPointer->show_picture();
delete picPointer;
```

Natürlich ist der mit dem new-Operator erzeugte Speicherplatz auch wieder mit dem delete-Operator zu löschen.

▶   **Ausgabe**

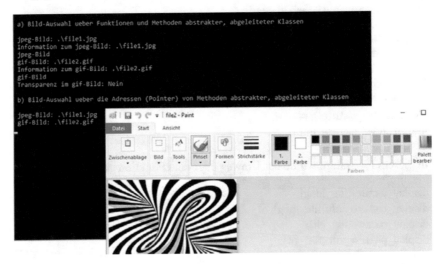

5.3.4   Ergänzungen und nützliche Schlüsselwörter

▶   **Aufgabe** Erstellen Sie bitte zwei Klassen `class_a1` und `class_b1`, mit welchen Sie grundlegende Prinzipien der Vererbung veranschaulichen. Verdeutlichen Sie hierbei auch die Fuktionsweise der **Schlüsselwörter**

   `class, private, protected, public, final, virtual, override, using` **und** `delete`.

Header-Datei classes.h

```
class class_a1
{
private:
        int prop_a0;

protected:
        int prop_a1 = 1;                // geschützte Eigenschaft

        int set_var1(int i)             // geschützte Methoden
        {
                this->prop_a1 = i;
                return this->prop_a1;
        }

        int set_var2(int i)
```

```
{
        this->prop_a1 = i;
        return this->prop_a1;
}
public:
        class_a1() : prop_a1(11){}        // Konstruktor
        class_a1(int i) : prop_a1(i){}    // (1) Konstruktor-Delegation!

        int get_var1()                    // öffentliche Methode
        {
                return this->prop_a1;
        }

        virtual int get_var2()            // öffentliche Methode
        {
                return this->prop_a1;
        }
};
class class_b1 final : public class_a1 // Schlüsselwort final erlaubt keine weitere Ableitung
dieser Klasse
{
protected:            •
        int prop_b1 = 2;                  // geschützte Eigenschaft

public:
        // class_b1() : prop_b1(2) {}     // Konstruktor

        using class_a1::class_a1;         // (Leerer) Konstruktor von parent-Klasse (class_a1)
                                          // übernommen
        class_b1() = delete;              // Verbot des Standardkonstruktors class_b1()
        class_b1(int i) : class_a1(i){}   // (1) Konstruktor-Delegation!
        ~class_b1(){}                     // Destruktor (sicherheitshalber)

        int get_var1()                    // öffentliche Methode
        {
                return this->prop_b1;
        }

        int get_var2() override // öffentliche Methode (Schlüsselwort override stellt sicher,
        {                       // dass die virtuelle Meth. die richtige abgeleitete Methode
                return this->prop_b1; // (Namen, Typen, Anzahl der Übergabeparameter,
        }                       // ...) überschreibt)

        //using class_a1::prop_a0; // private Eigenschaften und Methoden können auch
                                   // using nicht durchgereicht werden
        using class_a1::prop_a1;   // protected Eigenschaften und Methoden können
                                   // mit using
```

```cpp
        using class_a1::set_var2;        // sehr wohl durchgereicht werden
        };
```

```cpp
//class class_c1 : public class_b1 {};      // Fehler, da parent-Klasse class_b1 bereits final ist
```

Quellcode-Datei main.cpp

```cpp
#include <iostream>
#include "classes.h"

int main(int argc, char **argv)
{
        using namespace std;

        class_a1 Obj1;
        //class_b1 Obj2;  // Fehler, da kein Konstruktor vorhanden
        class_b1 Obj2(0); // kein Fehler, da Konstruktor-Delegation! (ansonsten würde
                // über 'using class_a1::class_a1'; der class_a1-Konstruktor verwendet!)
        class_a1 *poly_ptr;

        cout << "Keine Polymorphie (funktioniert auch ohne 'virtual'!)  " << endl << endl;
        cout << Obj1.get_var1() << endl;
        cout << Obj1.get_var2() << endl;
        cout << Obj2.get_var1() << endl;
        cout << Obj2.get_var2() << endl << endl;
        cout << " Durchreichen mit 'using'  " << endl << endl;
        //cout << Obj1.propa1 << endl;        // Fehler, da protected
        cout << Obj2.prop_a1 << endl;         // OK, da da mit using durchgereicht und in
        //cout << Obj1.set_var1(5) << endl;   // public Fehler, da protected
        //cout << Obj1.set_var2(6) << endl;
        //cout << Obj2.set_var1(7) << endl;    // Fehler, da nicht durchgereicht mit using
        cout << Obj2.set_var2(8) << endl << endl;
                                // OK, da da mit using durchgereicht und in public
        cout << "Polymorphie (funktioniert nur mit 'virtual'!)  " << endl << endl;
        poly_ptr = &Obj1;
        cout << poly_ptr->get_var1() << endl;
        cout << poly_ptr->get_var2() << endl;
        poly_ptr = &Obj2;
        cout << poly_ptr->get_var1() << endl;
        cout << poly_ptr->get_var2() << endl << endl;
        //cout << poly_ptr->set_var2(88) << endl; // Fehler, da nicht virtual

        system("pause");
        return 0;
}
```

Programmbeschreibung

In der Header-Datei classes.h befinden sich zwei Klassen, die Klasse `class_a1` und die Klasse `class_b1`, welche wie folgt definiert werden. Das **Schlüsselwort class** gefolgt vom Klassen-Namen bildet den Klassen-Kopf. Zwei geschwungene Klammern gefolgt von einem Semikolon den Klassen-Körper.

```
class Klassen-Name      // Klassen-Kopf
{
        // Klassen-Körper
};
```

Im Klassen-Körper können sich sowohl private, geschützte als auch öffentlich zugängige Eigenschaften und Methoden befinden, welche mit den **Schlüsselwörtern private, protected und public** versehen werden.

```
private:
// private Eigenschaften und Methoden
        int prop_a0;

protected:
// geschützte Eigenschaften und Methoden
        int prop_a1 = 1;

public:
// öffentliche Eigenschaften und Methoden
```

Private Eigenschaften (`int prop_a0`) und Methoden können von der Basis- oder Ober-Klasse (`class_a1`) nicht an die abgeleitete Unter-Klasse (`class_b1`) vererbt werden, geschützte und öffentliche Eigenschaften (`int prop_a1`) und Methoden sehr wohl. Die Vererbung von Eigenschaften und Methoden wird im Kopf der Unter-Klasse durch einen Doppelpunkt, das Schlüsselwort für den Zugriff nach der Vererbung und den Namen der Ober-Klasse verzeichnet.

```
class class_b1 : public class_a1
```

Das Schlüsselwort für den Zugriff nach der Vererbung funktioniert hierin wie folgt:

- Werden Klassen als public vererbt, dann werden Eigenschaften und Methoden aus public / protected Bereichen der Basis-Klasse auch in public / protected Bereiche der Unter-Klasse vererbt und können von Objekten des Typs Unter-Klasse in der Funktion main() genutzt werden.
- Werden Klassen als protected vererbt, dann werden Eigenschaften und Methoden aus public und protected Bereichen der Basis-Klasse in protected Bereiche der Unter-Klasse vererbt.

- Werden Klassen als protected vererbt (hier kann das Default-Schlüsselwort private entfallen), dann werden Eigenschaften und Methoden aus public und protected Bereichen der Basis-Klasse in private Bereiche der Unter-Klasse vererbt.

Soll verhindert werden, dass eine Klasse abgeleitet werden kann, versieht man das im Kopf der Klassen-Definition mit dem **Schlüsselwort final**.

```
class class_a1
{
    ...

    virtual int get_var2()          // öffentliche Methode
    {
        return this->prop_a1;


    }
};

class class_b1 final : public class_a1
{
    ...

    int get_var2() override         // öffentliche Methode (Schlüsselwort override
    {                               // stellt sicher, dass die virtuelle Meth. die
                                    // richtige abgeleitete Methode

        return this->prop_b1;       // (Namen, Typen, Anzahl der
    }                               // Übergabeparameter, ...) überschreibt)
};

//class class_c1 : public class_b1 {};
```

So wird hier beispielsweise die Klasse class_b1 von der Klasse class_a1 abgeleitet, während es nicht mehr möglich ist, die Klasse class_c1 von der Klasse class_b1 abzuleiten, da das Schlüsselwort final dies unterbindet.

Besitzen unterschiedliche Klassen Methoden desselben Namens, so spricht man von *Polymorphie* (= Vielgestaltigkeit). Sollen diese Methoden über Klassen-Grenzen hinweg selektiv genutzt werden um Aktionen auszuführen (ähnlich wie bei einer Überladung von Methoden), dann sind sie durch das **Schlüsselwort virtual** zu kennzeichnen. Üblicherweise bringt man dieses Schlüsselwort vor jedem Kopf einer virtuellen Methode an, ausreichend ist es jedoch, lediglich eine Methode als virtuell zu kennzeichnen (wie hier zu sehen).

Deshalb ist bei Verwendung von virtuellen Methoden in der Wahl der Methoden-Namen Disziplin zu wahren und wirklich nur virtuelle Methoden mit demselben Namen zu versehen. Um sicher zu gehen, dass eine virtuelle Methode (z. B. bei Tippfehlern) vom Compiler als solche nicht übersehen wird, kann man ihrem Kopf das **Schlüsselwort override** anhängen. Dadurch wird beim Compilieren ein Fehler ausgelöst, wenn diese Methode als nicht-virtuell erkannt wird.

Der Konstruktor der Klasse `class_a1` wurde überladen. Dies derart, dass entweder ein zur Initialisierung übergebener Integer der Eigenschaft `prop_a1` zugewiesen wird (`class_a1(int i)  :  prop_a1(i){}`) oder diese Eigenschaft mit der Zahl 11 initialisiert wird (`class_a1()  :  prop_a1(11){}`).

```
class class_a1
{
protected:
        int prop_a1 = 1;              // geschützte Eigenschaft
public:
        class_a1() : prop_a1(11){}    // Konstruktor
        class_a1(int i) : prop_a1(i){}  // (1) Konstruktor-Delegation!
        ...
};
```

In der abgeleiteten Klasse `class_b1` wurde eine entsprechende Initialisierung (`// class_b1()  :  prop_b1(2)  {}`) auskommentiert und stattdessen über das **Schlüsselwort using** der leere Konstruktor der Basis-Klasse verwendet (`using class_a1::class_a1;`). Mit dem **Schlüsselwort delete** wird dann sicherheitshalber auch der Standard-Konstruktor der eigenen Klasse abgeschalten (`class_b1() = delete;`). Auch die Übernahme eines initialisierenden Integers wird vom Konstruktor der Klasse `class_a1` übernommen (`class_b1(int i)  :  class_a1(i){}`).

```
class class_b1 final : public class_a1
{
protected:
        int prop_b1 = 2;              // geschützte Eigenschaft
public:
        // class_b1() : prop_b1(2) {} // Konstruktor

        using class_a1::class_a1;     // (Leerer) Konstruktor von parent-Klasse (class_a1)
                                      // übernommen
        class_b1() = delete;          // Verbot des Standardkonstruktors class_b1()
        class_b1(int i) : class_a1(i){} // (1) Konstruktor-Delegation!
        ~class_b1(){}                 // Destruktor (sicherheitshalber)


        //using class_a1::prop_a0;    // private Eigenschaften und Methoden können
                                      // auch mit using nicht durchgereicht werden
        using class_a1::prop_a1;      // protected Eigenschaften und Methoden können
                                      // mit using
        using class_a1::set_var2;     // sehr wohl durchgereicht werden
};
```

In der Unter-Klasse kann über das **Schlüsselwort** `using` prinzipiell auf jede Eigenschaft und Methode der Ober-Klasse zugegriffen werden, wie man in den letzten beiden Quell-code-Zeilen sehen kann.

In der Quellcode-Datei main.cpp sind folgende Header-Dateien einzubinden: `#include <iostream>` und

`#include "classes.h"`. Auch wird der Namensraum Standard verwendet (`using namespace std;`).

Die Deklaration eines Objekts vom Typ der Basis-Klasse ist sowohl über den Wert als auch über die Adresse problemlos möglich.

Die Tatsache jedoch, dass in Klasse `class_b1` der Konstruktor unterbunden wurde, macht sich hier in der Deklaration von Objekten sofort bemerkbar. So kann von der Unter-Klasse direkt kein eigenes Objekt (`//class_b1 Obj2;`) instanziiert werden. Wird hin-gegen bei der Deklaration eines Objekts ein initialisierender Integer übergeben (`class_b1 Obj2(0);`), dann tritt die Konstruktor-Delegation über `class_b1(int i) : class_a1(i){}` in Kraft, wohingegen auch ohne Übergabe-Parameter (`class_b1 Obj2();`) die Konstruktor-Delegation über `using   class_a1::class_a1;` funktioniert.

```
class_a1 Obj1;
//class_b1 Obj2;   // Fehler, da kein Konstruktor vorhanden
class_b1 Obj2(0);  // kein Fehler, da Konstruktor-Delegation! (class_b1(int i) : class_a1(i){})
class_b1 Obj2();   // kein Fehler, da Konstruktor-Delegation! (using  class_a1::class_a1)

class_a1 *poly_ptr;
```

Diese Objekte können dann natürlich ungehindert auf ihre **eigenen Klassen-Methoden** zugreifen. Hier tritt noch keine Polymorphie in Kraft (funktioniert auch ohne 'virtual'!).

```
cout << Obj1.get_var1() << endl;
cout << Obj1.get_var2() << endl;
cout << Obj2.get_var1() << endl;
cout << Obj2.get_var2() << endl << endl;
```

Auf private und geschützte Eigenschaften und Methoden von Klassen kann in der main()-Funktion durch Objekte jedweder Klassen nicht zugegriffen werden.

Dies kann jedoch dadurch unterlaufen werden, dass man beispielsweise über das **Schlüsselwort** `using` Eigenschaften aus dem geschützten Bereich der Basis-Klasse in den öffentlichen Bereich der Unter-Klasse **durchreicht**.

```
using class_a1::prop_a1;   // protected Eigenschaften und Methoden können mit using
using class_a1::set_var2;  // sehr wohl durchgereicht werden
```

Nun können Objekte der Unter-Klasse sehr wohl auf diese nun öffentlichen Eigenschaften und Methoden zugreifen.

```
//cout << Obj1.propa1 << endl;        // Fehler, da protected
cout << Obj2.prop_a1 << endl;         // OK, da da mit using durchgereicht und in public
//cout << Obj1.set_var1(5) << endl;   // Fehler, da protected
//cout << Obj1.set_var2(6) << endl;
//cout << Obj2.set_var1(7) << endl;   // Fehler, da nicht durchgereicht mit using
cout << Obj2.set_var2(8) << endl << endl;
                                      // OK, da da mit using durchgereicht und in public
```

Die **Polymorphie** unter Verwendung des **Schlüsselwortes `virtual`** ermöglicht das gezielte ansprechen hier der Methoden beider Klassen-Objekte (`Obj1`, `Obj2`) über ein und denselben Pointer (`class_a1 *poly_ptr;`).

```
poly_ptr = &Obj1;
cout << poly_ptr->get_var1() << endl;
cout << poly_ptr->get_var2() << endl;
poly_ptr = &Obj2;
cout << poly_ptr->get_var1() << endl;
cout << poly_ptr->get_var2() << endl << endl;
//cout << poly_ptr->set_var2(88) << endl; // Fehler, da nicht virtual
```

Als Beleg dafür, dass dies ohne das Schlüsselwort `virtual` nicht möglich wäre, versucht der `poly_ptr = &Obj2` nochmals erfolglos auf die nicht-virtuelle Methode `set_var2` zuzugreifen (`poly_ptr->set_var2(88)`).

▶   **Ausgabe**

```
Keine Polymorphie (funktioniert auch ohne 'virtual'!)

11
11
2
2


  Durchreichen mit 'using'

0
8

Polymorphie (funktioniert nur mit 'virtual'!)

11
11
8
2

Drücken Sie eine beliebige Taste . . . _
```

5.3.5   Projekt-Aufgabe: Computerspiel

▶   **Aufgabe** Schreiben Sie ein Computerspiel. In diesem sollen sich zwei Kontrahenden in einem Boxkampf gegenüberstehen.

Bringen Sie hierbei beide beschriebenen Auslegungen (Top-Down, Bottom-Up) der Polymorphie zum Einsatz.

▶   **Lösungsvorschlag** Richten Sie eine abstrakte Klasse `referee` ein, welche über die virtuelle 0-Pointer-Methode `virtual void punch() = 0;` polymorph auf die entsprechende Methode in einer der beiden abgeleiteten Klassen `boxer1` und `boxer2` weiterleitet. Finden Sie eine attraktive Darstellung der ‚Punches'.

Header-Datei classes.h

```
#include <iostream>

using namespace std;

// Klassen

class referee      // Abstrakte Klassen („virtual" und „= 0;"), mit mindestens einer 0-Pointer
{                  // Methode. Diese können nicht instanziiert werden (d.h. in main() keine
                   // Objekte deklariert werden)
                   // Interface Klassen bestehen ausschließlich aus abstrakten Klassen
                   // („virtual" und „= 0;").
public:
        int boxer = 0;
        virtual void punch() = 0;        // 0-Pointer Methode
};

class boxer1 : public referee
{
public:
        int boxer = 2;
        void punch()
        {
                std::cout << __FUNCTION__ << std::endl;
                cout << endl;
                cout << "          000              " << endl;
                cout << "  0       000           /  " << endl;
                cout << "   0     0        \\\|/88   " << endl;
                cout << "      000000000000--0--8   " << endl;
                cout << "          000        /|\\8  " << endl;
                cout << "         000         888   " << endl;
                cout << "        000        8 888   " << endl;
                cout << "     0    0        8   888 " << endl;
                cout << "     0    0        8   888 " << endl;
                cout << "    000    0000    88888888 " << endl;
                cout << endl;
```

```cpp
        }
};
class boxer2 : public referee
{
public:
        int boxer = 1;
        void punch()
        {
            std::cout << __FUNCTION__ << std::endl;
            cout << endl;
            cout << "         OO\\ /        888           " << endl;
            cout << "          O--8--       888           " << endl;
            cout << "         O/ \\8          8            " << endl;
            cout << "       000      888888888            " << endl;
            cout << "       000           888  8          " << endl;
            cout << "       000 O          888    8       " << endl;
            cout << "       000   O         888     8 "  << endl;
            cout << "         OO            8     8       " << endl;
            cout << "         OO            8       8     " << endl;
            cout << "       0000          888     888     " << endl;
            cout << endl;
        }
};


// Funktionen


void function_boxer(referee &ObjA, referee &ObjB)
{
            ObjA.punch();
            ObjB.punch();
}


void function_referee()
{
    std::cout << __FUNCTION__ << std::endl;
    cout << endl;
    cout << "        000           888        " << endl;
    cout << "        000           888        " << endl;
    cout << "         O             8         " << endl;
    cout << "       0000          8888        " << endl;
    cout << "     O 0000          8888 8      " << endl;
    cout << "     O 000 000 888 888 8         " << endl;
    cout << "        000           888        " << endl;
    cout << "        OO             88        " << endl;
    cout << "        OO             88        " << endl;
    cout << "       0000          8888        " << endl;
    cout << endl;
}
```

Quellcode-Datei main.cpp

```cpp
#include <iostream>
#include "classes.h"

using namespace std;

int main(int argc, char **argv)
{
        //referee Obj0;                  // Abstrakte Klassen können nicht instanziiert werden
        boxer1 Obj1;
        boxer2 Obj2;

        cout << endl << " Objekt.Methode " << endl << endl;
        //Obj0.punch();                  // Abstrakte Klassen können nicht instanziiert werden
        Obj1.punch();
        Obj2.punch();

        cout << endl << " Funktion(Objekt) -> Objekt.Methode " << endl << endl;
        function_boxer(Obj1, Obj2);
        function_boxer(Obj2, Obj1);

        function_referee();


        system("pause");
        return 0;
}
```

▶ **Ausgabe**

```
Objekt.Methode

boxer1::punch

            000
 O         000                 /
  O     O          \|/88
    000000000000--O--8
         000         /|\8
        000              888
       000             8 888
      O    O          8    888
     O     O          8     888
    000     0000      88888888

boxer2::punch

       00\ /        888
       0--8--       888
        0/ \8        8
       000       888888888
       000           888  8
       000 0         888   8
       000  0          888   8
        00           8    8
        00           8     8
       0000         888    888
```

```
Funktion(Objekt) -> Objekt.Methode

boxer1::punch

            000
 O         000                 /
  O     O          \|/88
    000000000000--O--8
         000         /|\8
        000              888
       000             8 888
      O    O          8    888
     O     O          8     888
    000     0000      88888888

boxer2::punch

       00\ /        888
       0--8--       888
        0/ \8        8
       000       888888888
       000           888  8
       000 0         888   8
       000  0          888   8
        00           8    8
        00           8     8
       0000         888    888

boxer2::punch

       00\ /        888
       0--8--       888
        0/ \8        8
       000       888888888
       000           888  8
       000 0         888   8
       000  0          888   8
        00           8    8
        00           8     8
       0000         888    888
```

```
boxer1::punch

          000
  0       000                 /
    0      0        \|/88
     000000000000--0--8
          000        /|\8
          000              888
        000              8 888
      0    0             8    888
      0    0          8    888
    000     0000     88888888

function_referee

          000              888
          000              888
           0                8
         0000              8888
       0 0000            8888 8
     0 000 000 888 888 8
          000              888
           00               88
           00               88
         0000              8888

Drücken Sie eine beliebige Taste . . . ▪
```

Nebenbei

Hier können natürlich Aktionen von Figuren noch von Tasteneingaben abhängig gemacht werden und in diesem Zusammenhang die Wucht der Schläge und die noch vorhandene Fittness der Boxer mit unterschiedlichen Punkte-Budgets versehen werden. Dies zu ergänzen soll jedoch dem Leser überlassen bleiben.

Generisches Programmieren: Templates

6

6.1 Grundlagen zu Templates – Funktions-Templates

6.1.1 Templates mit einer konstanten Anzahl an Funktions-Parametern

Effizienz in der objektorientierten Programmierung

Templates ermöglichen es, ein und dieselben Programmstrukturen für Variablen unterschiedlichen Datentyps zu verwenden. Damit kann der Programmieraufwand bei umfangreichen Programmen deutlich reduziert werden, wenn ähnliche Programmstrukturen in unterschiedlichen Kontexten wiederholt zur Anwendung kommen.

Plausibilisierung: Dies erfolgt analog zu physikalischen Formeln beispielsweise aus der Mechanik, welche im Allgemeinen ihre Form behalten – unabhängig davon, ob die in sie eingesetzten Größen aus dem metrischen oder zölligen Einheitensystem kommen.

▶ **Aufgabe** Hat man für ein und dieselbe Funktion Argumente unterschiedlichen Typs, dann kann man diese durch Überladung entsprechender, identischer Funktionen problemlos abarbeiten lassen.

Gleiches ist jedoch auch über Templates realisierbar, welche durch einmalige Eingabe des Programmcodes das Programm übersichtlicher halten.

Schreiben Sie ein generisches Template, welches zwei beliebige Eingaben gleichen Typs vergleicht und die kleinere von Beiden (Zahlen: Vergleichsoperator, Strings: lexikalische Reihung)

a) in eine Variable vom Typ der Funktions-Argumente ausgibt

b) in eine Variable anderen Typs ausgibt.

Verwenden Sie in beiden Fällen auch explizite Typangaben (Spezialisierungen). Hierbei ist der Übergang von Templates zu globalen Funktionen fließend. Zeigen Sie auch dies indem Sie

© Springer Fachmedien Wiesbaden GmbH, ein Teil von Springer Nature 2018
A. Stadler, M. Tholen, *Das C++ Tutorial*,
https://doi.org/10.1007/978-3-658-21100-4_6

c) ein spezialisiertes Template mit einem variablen Datentyp und einem Non-Type-Parameter,

d) ein spezialisiertes Template, das sich wie eine Funktion verhält, und

e) eine Funktion selbst schreiben.

Header-Datei templates.h

```
// Template = unvollständige Definition einer Funktion mit variablem Datentyp
// ... werden i.A. in der Header-Datei abgelegt, da die entsprechende
// Methode erst durch Definition eines Objekts des Templates instanziiert wird.


// a) Mit einem variablen Datentyp

template <typename myVarType>
myVarType minVal(myVarType val1, myVarType val2)
{
        std::cout << "Generisches Template (1 varTyp)" << std::endl;
        if (val1 < val2)
        {
                return val1;
        }
        else
        {
                return val2;
        }
}


// b) Mit mehreren variablen Datentypen, beinhaltet implizite-
// Typ-Konvertierungen (Vorsicht!!!)
// Nebenbei: Überladungen von Templates sind-
// auch möglich, wie man hier sieht

template <typename myVarType1, typename myVarType2>
myVarType1 minVal(myVarType2 val1, myVarType2 val2)
{
        std::cout << "Generisches Template (2 varTyps)" << std::endl;
        if (val1 < val2)
        {
                return val1;
        }
        else
        {
                return val2;
        }
}
```

```
/*
// c) Spezialisiertes Template mit einem variablen Datentyp und einem
// Non-Type-Parameter
template <typename myVarType1>
myVarType1 minVal(myVarType1 val1, double val2)
{
        std::cout << "Spezialisiertes Template (1 varTyp + 1 Non-Typ)" << std::endl;
        if (val1 < val2)
        {
                return val1;
        }
        else
        {
                return val2;
        }
}


// d) Spezialisiertes Template verhält sich wie eine Funktion. Globale Funktion wird
// vor einem spezialisierten Template ausgeführt, dieses wiederum vor anderen Templates
// (Deklaration kann in Header-, Definition in Quellcode-Datei ausgeführt werden)

template<>
int minVal<int>(int val1, int val2)
{
        std::cout << "Spezialisiertes Template (2 constTyps)" << std::endl;
        if (val1 < val2)
        {
                return val1;
        }
        else
        {
                return val2;
        }
}


// e) Globale Funktion

int minVal(int val1, int val2)
{
        std::cout << "Globale Funktion (2 constTyps)" << std::endl;
        if (val1 < val2)
        {
                return val1;
        }
```

```
        else
        {
                return val2;
        }
}
*/
```

Quellcode-Datei main.cpp

```cpp
#include <iostream>
#include <string>
#include "templates.h"

int main(int argc, char** argv)
{
        int vali1 = 13;                         // Integer-Definition
        int vali2 = 7;
        double vald1 = 17.3;                    // Double-Definition
        double vald2 = 3.9;
        std::string str1 = "abcde";             // String-Definition
        std::string str2 = "xyz";

        std::cout << " Generisches Template für Argumente beliebiger gleicher Typen"
        << std::endl << std::endl;

        int res1 = minVal(vali1, vali2);        // Integer-Funktion
        double res2 = minVal(vald1, vald2);     // Double-Funktion
        std::string res3 = minVal(str1, str2);  // String-Funktion

        std::cout << " Kleinere Zahl (Integer-Funktion): " << res1 << std::endl;
        std::cout << " Kleinere Zahl (Double-Funktion): " << res2 << std::endl;
        std::cout << " Lexikalisch zuerst gelistete Zeichenkette ('String-Funktion'): "
        << res3 << std::endl << std::endl;

        std::cout << " Spezialisierungen (Explizite Typangaben)" << std::endl << std::endl;

        int res1ex = minVal<int>(vald1, vald2);            // a) Explizite Typangabe für das
                                                           // template <typename X>
        double res2ex = minVal<int, float>(vald1, vald2);  // b) Explizite Typangabe für das
                                                           // template <tpyename1 X,
                                                           // typename2 Y>
        std::cout << " Kleinere Zahl (Explizite Typangabe <int> fuer Double-Funktion): "
        << res1ex << std::endl;
        std::cout << " Kleinere Zahl (Explizite Typangabe <int, float> fuer Double-
        Funktion): " << res2ex << std::endl;

        system("pause");
        return 0;
}
```

```
/*
// Überladung von Funktionen

int minVal(int val1, int val2)
{
        if (val1 < val2)
        {
                return val1;
        }
        else
        {
                return val2;
        }
}

double minVal(double val1, double val2)
{
        if (val1 < val2)
        {
                return val1;
        }
        else
        {
                return val2;
        }
}
*/
```

Programmbeschreibung

Quellcode-Datei main.cpp: Wollten wir bislang Funktionen für Variablen unterschiedlichen Datentyps verwenden, dann waren wir gezwungen, diese Funktion entsprechend der Anzahl unterschiedlicher Datentypen zu **überladen**. Für die Bestimmung der kleineren von zwei Variablen mit entweder dem Datentyp int oder double sah das wie folgt aus.

```
int minVal(int val1, int val2)
{
        if (val1 < val2)
        {
                return val1;
        }
        else
        {
                return val2;
        }
}
```

```
double minVal(double val1, double val2)
{
        if (val1 < val2)
        {
                return val1;
        }
        else
        {
                return val2;
        }
}
```

Das generieren des Quellcodes für eine Überladung stellt jedoch mit zunehmender Anzahl an Datentypen trotz Copy&Paste einen vergleichsweise hohen Arbeitsaufwand dar, benötigt bei großen Programmen vergleichsweise viel Speicherplatz und macht das Programm unübersichtlich.

Header-Datei templates.h: Effizienter und übersichtlicher lässt sich die Bestimmung des kleineren zweier Werte, beliebigen aber gleichen Typs, mit einem Template ausführen.

a) Hierbei wird über den Präfix-Operator template <typename myVarType> kenntlich gemacht, dass es sich bei der folgenden „Funktion" um ein Template (template) handelt, welches für den beliebigen Datentyp (myVarType) gültig ist. Im „Funktions-Kopf" werden sowohl der Rückgabe-Datentyp, als auch die Datentypen der Übergabe-Parameter dann durch den Datentyp myVarType ersetzt.

```
template <typename myVarType>
myVarType minVal(myVarType val1, myVarType val2)
{
        std::cout << "Normales Template (1 varTyp)" << std::endl;
        if (val1 < val2)
        {
                return val1;
        }

        else
        {
                return val2;
        }
}
```

b) Zudem lassen sich *Typ-Konvertierungen* gleich im Template integrieren oder anders formuliert: Es können Templates auch mehrere variable Datentypen beinhalten.

```
template <typename myVarType1, typename myVarType2>
myVarType1 minVal(myVarType2 val1, myVarType2 val2)
{
        std::cout << "Normales Template (2 varTyps)" << std::endl;
        if (val1 < val2)
        {
                return val1;
        }
        else
        {
                return val2;
        }
}
```

c) Eine Möglichkeit der *Spezialisierung von Templates* besteht darin, bei mehreren Datentypen im Template-Kopf, einen davon nicht variabel zu machen sondern für ein und allemal festzulegen. Solche festgelegten Datentypen bezeichnet man als *Non-Type-Parameter*.

```
template <typename myVarType1>
myVarType1 minVal(myVarType1 val1, double val2)
{
        std::cout << "Normales Template (1 varTyp + 1 constTyp)" << std::endl;
        if (val1 < val2)
        {
        return val1;
        }
        else
        {
                return val2;
        }
}
```

Wichtig ist, dass spezialisierte Templates immer nur im Zusammenhang mit einem entsprechenden generischen Template funktionieren.

d) Eine *andere Möglichkeit der Spezialisierung von Templates* besteht darin, die Angabe des Typnamens (`typename`) im Präfix-Operator zu unterlassen und stattdessen diese als festgelegten Datentyp, *ähnlich einer Typ-Konvertierung* (`(int) => <int>`), vor die Klammer mit den Übergabe-Parametern zu setzen.

```
template<>
int minVal<int>(int val1, int val2)
{
        std::cout << "Spezialisiertes Template (2 constTyps)" << std::endl;
```

```
            if (val1 < val2)
            {
                    return val1;
            }
            else
            {
                    return val2;
            }
    }
```

Sollte in den Spitzen Klammern mehr als ein Datentyp, getrennt durch Komma, verzeichnet sein (`<int,  float>`), so steht gewöhnlich der Erste für den Rückgabe-Datentyp und der Zweite für die Datentypen der Übergabe-Parameter. Hierdurch lässt sich ähnlich Aufgabenteil b) eine Typkonvertierung auch bei Spezialisierungen implementieren.

e) Die soeben gezeigte Spezialisierung eines Templates unterscheidet sich nun nicht mehr viel von einer *globalen Funktion*.

```
int minVal(int val1, int val2)
{
        std::cout << "Globale Funktion (2 constTyps)" << std::endl;
        if (val1 < val2)
        {
                return val1;
        }
        else
        {
                return val2;
        }
}
```

Funktionen werden immer bevorzugt vor spezialisierten Templates, und diese wiederum vor allgemeinen Templates, ausgeführt.

Quellcode-Datei main.cpp: In der Funktion `main()` werden eingangs drei Paare von Variablen definiert, eines vom Typ Integer, eines vom Typ Double und eines vom Typ String.

```
int vali1 = 13;                    // Integer-Definition
int vali2 = 7;
double vald1 = 17.3;               // Double-Definition
double vald2 = 3.9;
std::string str1 = "abcde";        // String-Definition
std::string str2 = "xyz";
```

a) Der kleinere Wert je eines Typs wird dann, unter Verwendung des Templates aus der Teilaufgabe a), bestimmt und ausgegeben.

```
std::cout << " Templates für Argumente beliebiger gleicher Typen" << std::endl
<< std::endl;

int res1 = minVal(vali1, vali2);        // Integer-Funktion
double res2 = minVal(vald1, vald2);     // Double-Funktion
std::string res3 = minVal(str1, str2);  // String-Funktion

std::cout << " Kleinere Zahl (Integer-Funktion): " << res1 << std::endl;
std::cout << " Kleinere Zahl (Double-Funktion): " << res2 << std::endl;
std::cout << " Lexikalisch zuerst gelistete Zeichenkette ('String-Funktion'): " << res3 <<
std::endl << std::endl;
```

b) Über Spezialisierungen bereits im Template-Aufruf, können dann über die Templates aus Teilaufgabe a) und b) verwendet werden um den kleineren zweier Werte „mit Typ-konvertierung" zu bestimmen.

```
std::cout << " Spezialisierungen (Explizite Typangaben)" << std::endl << std::endl;

int res1ex = minVal<int>(vald1, vald2);         // a) Explizite Typangabe für das
                                                // template <typename X>
double res2ex = minVal<int, float>(vald1, vald2);  // b) Explizite Typangabe für das
                                                // template <tpyename1 X,
                                                // typename2 Y>
std::cout << " Kleinere Zahl (Explizite Typangabe <int> fuer
Double-Funktion): " << res1ex << std::endl;
std::cout << " Kleinere Zahl (Explizite Typangabe <int, float>
fuer Double-Funktion):   " << res2ex << std::endl;
```

Natürlich ist jede Teilaufgabe a), ... e) in der Header-Datei nach Auskommentieren aller anderen Teilaufgaben bei entsprechender Berücksichtigung in der main()-Funktion selbst-ständig lauffähig. Wie müssten Sie den Template-Aufruf in der main()-Funktion gestalten, um auch die Templates bzw. die Funktion in den Teilaufgaben c), ..., e) zu erreichen?

   Die Möglichkeit, die beiden Templates aus den Teilaufgaben a) und b) gleichzeitig nutzen zu können zeigt, dass grundsätzlich auch Templates überladen werden können. Dies sollte allerdings nicht oft notwendig sein – warum?

▶   **Wichtig** Templates sind keine vollständig ausformulierten Funktionen, sondern über den variablen Datentyp nur Hüllen von Funktionen, die erst durch den Compiler im ausführbaren Programm zu Programmcode gemacht werden.

   Deshalb werden Templates auch nicht in Quellcode-Dateien, sondern – wie auch die Deklarationen von Funktionen (Funktions-Köpfen) – in Header-Dateien abgelegt.

In Templates können nicht nur Basis-Datentypen (Integer, Float, ..., Character, ..., Boolean) benutzt werden, sondern bei entsprechender Gestaltung des Inhalts im Template-Körper auch beliebige selbstdefinierte Datentypen (Struktur, Klasse, Union, ...).

Ein spezialisiertes Template bezieht sich immer auf ein bereits vorhandenes generisches Template. Ohne ein generisches Template kann auch kein spezialisiertes Template erstellt werden.

Besteht aufgrund der Überladung von Funktionen und Templates für den Compiler die Möglichkeit zu wählen, welche Funktion oder welches Template er bevorzugen soll, dann werden zuerst Funktionen, dann spezialisierte Templates und erst zuletzt allgemeine Templates ausgeführt.

Nebenbei

Überladungen von Templates sind auch möglich. Dies ergibt sich aus der oben gezeigten Header-Datei, in welcher keine der beiden Templates (Aufgabenteile a) und b)) auskommentiert werden musste, um das Programm laufen lassen zu können.

Grundsätzlich jedoch werden Templates verwendet, um Überladungen redundant und damit Quellcode übersichtlicher zu machen. Somit sollte bei Verwendung von Templates im Allgemeinen auf Überladungen verzichtet werden.

▶   **Ausgabe**

```
Generisches Template fuer Argumente beliebiger gleicher Typen

Generisches Template (1 varTyp)
Generisches Template (1 varTyp)
Generisches Template (1 varTyp)
 Kleinere Zahl (Integer-Funktion): 7
 Kleinere Zahl (Double-Funktion): 3.9
 Lexikalisch zuerst gelistete Zeichenkette ('String-Funktion'): abcde

 Spezialisierungen (Explizite Typangaben)

Generisches Template (2 varTyps)
Generisches Template (2 varTyps)
 Kleinere Zahl (Explizite Typangabe <int> fuer Double-Funktion): 3
 Kleinere Zahl (Explizite Typangabe <int, float> fuer Double-Funktion):  3

Drücken Sie eine beliebige Taste . . .
```

6.1.2 Variadic Templates – Templates mit einer variablen Anzahl an Übergabe-Parametern

▶ **Aufgabe** Templates wiesen bislang immer nur eine konstante Anzahl an Übergabe-Parametern auf. Bei Methoden war es möglich durch entsprechende
Delegation der Konstruktoren eine variable Anzahl an Parametern zu übergeben – aber immer nur so viele wie dort definitiv festgelegt wurden. Im Rahmen
der Templates ist es nun möglich eine beliebige variable Anzahl an Parametern
unterschiedlichen Typs zu verwalten.

a) Schreiben Sie ein Template, welches lediglich eine Variable beliebigen Typs
ausgibt und den Typ benennt.

b) Schreiben Sie ein Template, welches beliebig viele Variablen unterschiedlichen Typs ausgibt und benennt. Zählen Sie nach Möglichkeit auch die
Anzahl der verbleibenden Variablen herunter.

c) Versuchen Sie Aufgabenteil b) auch über Tupel zu lösen.

Header-Datei templates.h

```
#include <typeinfo>
#include <string>
#include <unordered_map>
#include <tuple>

std::unordered_map <std::size_t, std::string> type_names;

// a) Generisches Template mit einem variablen Datentyp

template <typename myType>
void output(myType val)
{
        std::cout << type_names[typeid(val).hash_code()] << " : " << val << std::endl;
}

// b) Variadic Template mit einer variablen Anzahl variabler Datentypen

template <typename First, typename ... Rest> // ... ist ein Operator, der im Hintergrund alle
                                             // restlichen Übergabeparameter abwickelt
void output(First first, Rest ... rest)
{
        std::cout << (sizeof ... (rest)) << std::endl;
        output(first);
        output(rest ...);
}
```

```
// c) Tuple

template <typename ... Args>
auto conv2tuple(Args ... args) -> decltype(std::make_tuple(args ...))
{
        return std::make_tuple(args ...);
}


// Man kann bei Funktionen und Funktionstemplates den Rückgabewert vom Compiler
// bereits zur Laufzeit bestimmen lassen.
// Dazu gibt man anstelle des Rückgabetyps den variablen Typ auto ein und nach dem
// Funktions-Kopf, durch einen Pfeil-Operator -> getrennt, den Rückgabetyp.
// Dieser lässt sich mit 'decltype' und einem Uebergabeparameter zur Laufzeit dynamisch
// bestimmen.
```

Quellcode-Datei main.cpp

```
#include <iostream>
#include <typeinfo>
#include <string>
#include <unordered_map>
#include "templates.h"


int main(int argc, char** argv)
{
        type_names[typeid(const char*).hash_code()] = "const char*";
        type_names[typeid(char).hash_code()] = "char";
        type_names[typeid(int).hash_code()] = "int";

type_names[typeid(double).hash_code()] = "double";
type_names[typeid(bool).hash_code()] = "bool";

std::cout << std::endl << " a) Output ueber Template mit einem Parameter " << std::endl <<
std::endl;
output(3.1415);

std::cout << std::endl << " b) Output ueber Template mit fuenf Parametern " << std::endl <<
std::endl;
output("ende", 2, 3.14, 'A', false);

std::cout << std::endl << " c) Output ueber Tuple mit fuenf Parametern " << std::endl <<
std::endl;
```

```
auto myTuple = conv2tuple("ende", 2, 3.14, 'A', false);
std::cout << std::get<0>(myTuple) << std::endl;
std::cout << std::get<1>(myTuple) << std::endl;
std::cout << std::get<2>(myTuple) << std::endl;
std::cout << std::get<3>(myTuple) << std::endl;
std::cout << std::get<4>(myTuple) << std::endl << std::endl;
                // Tuple finden Anwendung in Datenbank-Applikationen

system("pause");
return 0;
}
```

Programmbeschreibung

Quellcode-Datei main.cpp: Neben der üblichen Berücksichtigung von Ein- / Ausgabe-Befehlen `#include <iostream>`, von Strings `#include <string>` und natürlich unserer eigenen Header-Datei `#include "templates.h"`, sollen hier auch die Header-Dateien für die Typ-Informations-Klasse `#include <typeinfo>` und die Vorlagen-Klasse `#include <unordered_map>` eingebunden werden.

Die Vorlagen-Klasse beschreibt ein Objekt (`typeid`), das eine Elementsequenz (`type_names`) variabler Länge steuert.

```
std::unordered_map <std::size_t, std::string> type_names;
```

Die Sequenz wird durch eine Hashfunktion (`.hash_code()`) sortiert, wobei die Suche, das Einfügen und das Entfernen eines beliebigen Elements möglich sind.

Die Typ-Informations-Klasse liefert hier mit der Methode `hash_code()` des Objekts `typeid(val)` lediglich den String für den Typ-Namen der Variablen val zurück, welche in der Elementsequenz `type_names` gelistet ist.

a) So werden in der Funktion `main()` eingangs alle verwendeten Typ-Namen in der Elementsequenz `type_names` registriert.

```
type_names[typeid(const char*).hash_code()] = "const char*";
type_names[typeid(char).hash_code()] = "char";
type_names[typeid(int).hash_code()] = "int";
type_names[typeid(double).hash_code()] = "double";
type_names[typeid(bool).hash_code()] = "bool";
```

und dann das Template output entweder mit nur einer Variable

```
std::cout << std::endl << " a) Output ueber Template mit einem Parameter " << std::endl <<
std::endl;
output(3.1415);
```

b) oder einer Sequenz von Variablen unterschiedlichen Typs aufgerufen.

```
std::cout << std::endl << " b) Output ueber Template mit fuenf Parametern " << std::endl <<
std::endl;
output("ende", 2, 3.14, 'A', false);
```

Header-Datei templates.h: Über die beiden überladenen Templates output () aus den Teilaufgaben, a) mit nur einem variablen Datentyp oder b) mit beliebig vielen variablen Datentypen, wird eine oder eine Sequenz von Ausgaben auf die Standardausgabe ausgeführt. Diese bestehen (jeweils) aus dem Datentyp der Variablen und ihrem Wert, welche durch Doppelpunkt getrennt sind.

```
a)   template <typename myType>
     void output(myType val)
     {
             std::cout << type_names[typeid(val).hash_code()] << " : " << val << std::endl;
     }



b)   template <typename First, typename ... Rest>
                                  // ... ist ein Operator, der im Hintergrund alle
                                  // restlichen Übergabeparameter abwickelt
     void output(First first, Rest ... rest)
     {
             std::cout << (sizeof ... (rest)) << std::endl;
             output(first);
             output(rest ...);
     }
```

Im Fall b) einer Sequenz von Ausgaben wird vorab über sizeof ... (rest) die Anzahl der verbleibenden, auszugebenden Variablen angegeben, bevor eingangs über output (first); und später über output (rest ...); das Template void output (myType val) aus a) aufgerufen wird.

Unter b) werden über den Präfix- bzw. Postfix-Operator ... im Hintergrund alle restlichen Übergabeparameter zur void output (myType val) Funktion in a) weitergeleiten, wo dann jeweils der Datentyp und der Wert der Variablen, durch einen Doppelpunkt getrennt, auf die Standardausgabe ausgegeben werden.

Machen Sie bitte eine Literaturrecherche, über welche Sie sich erarbeiten, wie c) die Verwendung eines Tupels zur Lösung von Aufgabenteil b) beitragen kann. Nutzen Sie hierzu auch den Kommentar aus dem Quellcode.

▶   **Ausgabe**

```
 a) Output ueber Template mit einem Parameter

double : 3.1415

 b) Output ueber Template mit fuenf Parametern

4
const char* : ende
3
int : 2
2
double : 3.14
1
char : A
bool : 0

 c) Output ueber Tuple mit fuenf Parametern

ende
2
3.14
A
0

Drücken Sie eine beliebige Taste . . . ▪
```

6.2   Methoden- und Klassen-Templates

6.2.1   Methoden-Templates

▶   **Aufgabe** Legen Sie eine Klasse `class1` an, in welcher Sie mittels Überladung
a) einer statischen Methode,
b) eines generischen Methoden-Templates und
c) eines spezialisierten Methoden-Templates

jeweils mit dem Namen `void  send_data(Typ  Variable)` Variablen
unterschiedlichen Typs zur Standardausgabe schreiben.

a) Geben Sie Variablen vom Typ Integer über die statische Methode aus und
b) Variablen vom Typ float über ein spezialisiertes Methoden-Template.
Alle verbleibenden Typen sollen über das generische Methoden-Template ausgegeben werden.

Header-Datei klasse.h

```cpp
#include <iostream>
#include <string>

using namespace std;


class class1
{

public:
        static void send_data(int val);        // Normale Methode (Deklaration)


        // template<>
        // void send_data<float>(float val);  // Spezialisiertes Template: Eine
                                            // Spezialisierung kann erst nach dem
                                            // ersten generischen  Template
                                            // angegeben werden (ansonsten Fehler!)

        template<typename varType>          // Generisches Template (Deklaration)
        void send_data(varType val);

        template<>                          // Spezialisiertes Template (Deklaration)
        void send_data<float>(float val);

        // All diese Methoden werden durch o.g. Templates ersetzt:
        //
        // void send_data(double val);
        // void send_data(long val);
        // void send_data(std::string val);
        // void send_data(const char *val);
};

template<typename varType>                  // Generisches Template (Definition)
void class1::send_data(varType val)
{
        cout << " Generisches Methoden-Template:  " << val << endl;
}

template<>                                  // Spezialisiertes Template (Deklaration)
void class1::send_data(float val)
{
        cout << " Spezialisiertes Methoden-Template:  " << val << endl;
}
```

Quellcode-Datei klasse.cpp

```cpp
#include <iostream>
#include "klasse.h"

using namespace std;

void class1::send_data(int val)                 // Normale Methode (Definition)
{
cout << " Normale Methode:  " << val << endl;
}
```

Quellcode-Datei main.cpp

```cpp
#include "klasse.h"

int main()
{
        class1 Obj1;

        cout << endl << " a) Normale Methode " << endl << endl;
        Obj1.send_data(123);

        cout << endl << " b) Generische Methoden-Templates " << endl << endl;
        Obj1.send_data(3.1415L);
        Obj1.send_data("Hallo Welt!");

        cout << endl << " c) Spezialisiertes Methoden-Template " << endl << endl;
        Obj1.send_data((float)2.75F);


        system("pause");
        return 0;
}
```

Programmbeschreibung

Unabhängig davon, ob es sich um normale Methoden oder Methoden-Templates handelt, werden diese in einer Header-Datei, hier klasse.h, innerhalb des Körpers der Klassen-Definition deklariert (d. h. durch Angabe des Methoden-Kopfes vorangemeldet).

```
class class1                                    // Klassen-Definition
{
public:
        static void send_data(int val);         // Normale Methode (Deklaration)

        template<typename varType>              // Generisches Template (Deklaration)
        void send_data(varType val);

        template<>                              // Spezialisiertes Template (Deklaration)
        void send_data<float>(float val);
};
```

Normale Methoden werden dann üblicherweise in einer gleichnamigen Quellcode-Datei, hier klasse.cpp, definiert (d. h. mit einem Methoden-Körper, also Inhalt, versehen).

```
void class1::send_data(int val)                 // Normale Methode (Definition)
{
        cout << " Normale Methode: " << val << endl;
}
```

Methoden-Templates hingegen sind keine vollständig ausformulierten Methoden, sondern über den variablen Datentyp nur Hüllen von Methoden, die erst durch den Compiler im ausführbaren Programm zu Programmcode gemacht werden.

Deshalb werden Methoden-Templates – wie auch die Deklarationen von Methoden (Funktions-Köpfe) – in Header-Dateien, hier klasse.h, ausgeführt.

```
template<typename varType>                      // Generisches Template (Definition)
void class1::send_data(varType val)
{
        cout << " Generisches Methoden-Template: " << val << endl;
}

template<>                                      // Spezialisiertes Template (Deklaration)
void class1::send_data(float val)
{
        cout << " Spezialisiertes Methoden-Template: " << val << endl;
}
```

In der Quellcode-Datei main.cpp wird dann, nach Einbinden unserer Header-Datei `#include "klasse.h"`, in der `int main(){}` Funktion ein Objekt, `Obj1`, der Klasse `class1` deklariert. Mit diesem Objekt kann dann auf die Methoden der Klasse über den Punkt-Operator wie gewohnt zugegriffen werden, wobei der Datentyp des Übergabe-Parameters der Methoden entscheidet, welche der drei Methoden letztendlich für die Ausgabe des Parameters verwendet wird.

```
cout << endl << " a) Normale Methode " << endl << endl;
Obj1.send_data(123);

cout << endl << " b) Generische Methoden-Templates " << endl << endl;
Obj1.send_data(3.1415L);
Obj1.send_data("Hallo Welt!");

cout << endl << " c) Spezialisiertes Methoden-Template " << endl << endl;
Obj1.send_data((float)2.75F);
```

▶ **Ausgabe**

```
a) Statische Methode

Statische Methode:   123

b) Generisches Methoden-Template

Generisches Methoden-Template:   3.1415
Generisches Methoden-Template:   Hallo Welt!

c) Spezialisiertes Methoden-Template

Spezialisiertes Methoden-Template:  2.75
Drücken Sie eine beliebige Taste . . .
```

6.2.2 Klassen-Templates

▶ **Aufgabe** Objekte unterschiedlichen Typs sollen mit hilfe sogenannter Klassen-Templates ausgegeben werden.

a) Legen Sie eine Klasse `class1` (generisches Klassen-Template) an, in welcher Eigenschaften beliebigen Typs mit einem Setter und einem Getter verarbeitet werden können. Setzen Sie als nicht zwingenden Default-Wert für den Typ Integer an.
Definieren Sie dann in der main()-Funktion Objekte vom Typ `char`, `string`, `int`, `float` und `double`, welche Sie hier über `ObjX.set_prop(...)` setzen und mit hilfe von `get_prop()` ausgeben.

b) Definieren Sie eine Funktion `func0()`, welcher Sie eines der oben genannten Objekte übergeben können um es auszugeben.

c) Spezialisierte Klassen-Templates werden bevorzugt und etwas schneller abgearbeitet, benötigen aber ein generisches Klassen-Template entsprechender Auslegung um überhaupt lauffähig zu sein. Legen Sie passend zum Klassen-Template `class1` ein spezialisiertes Klassen-Template für den Typ `float` an.

Geben Sie dann in `main()` das Objekt vom Typ float auch auf den Bildschirm aus.

d) Bislang hatten alle Klassen-Templates nur einen formalen Datentyp. Legen Sie nun auch ein Klassen-Template für zwei unterschiedliche Datentypen an und geben Sie zwei beliebige Objekte mithilfe dieses Klassen-Templates aus.

e) Bislang wurden nur Klassen-Templates mit formalen Datentypen verwendet, d. h. im eigentlichen Sinn eines Templates beliebigen Datentypen. Klassen-Templates mit non-type-Parametern erlauben auch die Verwendung echter Datentypen (incl. Zeiger und Referenzen).

Legen Sie nun bitte auch ein Klassen-Template mit einem beliebig wählbaren Datentyp und einem non-type-Parameter an. Übergeben Sie über den non-type-Parameter die Anzahl der Komponenten eines Feldes und über den beliebig wählbaren Datentyp deren Typ. Geben Sie die Komponenten des Feldes auch wieder über die main()-Funktion aus.

Header-Datei klasse.h

```cpp
#include <iostream>
#include <string>


// a) Generisches Klassen-Template

template <typename cType = int>      // mit Default-Wert = int (nicht zwingend)
// Analog: template <class cType>    // Sturktur- und Unions-Templates lassen
                                     // sich wie Klassen-Templateserstellen

class class1
{
        cType prop1;

public:
        void set_prop(const cType& prop); // Setter (Deklaration) für
                                           // generisches Template
        cType get_prop() const             // Getter (Deklaration und Definition)
        {
                return prop1;
        }
};

template <typename cType>             // Setter (Definition) für generisches Template
void class1<cType>::set_prop(const cType& prop) // Wichtig: "class1<cType>::..."
{                                      // Parameter-Übergabe by Reference (&), da
                                       // weniger Speicherplatz (Stack) benötigt wird
                                       // (Ausnahme: Multi-Threading)
        std::cout << " Generisches Template " << std::endl;
        prop1 = prop;
}
```

```cpp
// c) Spezialisiertes Klassen-Template

template <>
class class1<float>
{
        float prop1;

public:
        class1() {};                        // Konstruktor

        void set_prop(const float& prop); // Setter (Deklaration) für generisches Template

        float get_prop() const              // Getter (Deklaration und Definition)
        {
                return prop1;
        }
};
        cType get_prop() const      // Getter (Deklaration und Definition)
        {
                return prop1;
        }
};
template <typename cType>           // Setter (Definition) für generisches Template
void class1<cType>::set_prop(const cType& prop)      // Wichtig: "class1<cType>::..."
{                                   // Parameter-Übergabe by Reference (&), da weniger
                                    // Speicherplatz (Stack) benötigt wird (Ausnahme:
                                    // Multi-Threading)
        std::cout << " Generisches Template " << std::endl;
        prop1 = prop;
}

// b) Funktion (Parameter-Übergabe mit Klassen-Template)

template<typename cType>
void func0(class1<cType> myObj)                // Wichtig: "class1<cType> myObj"
{
        std::cout << " Funktions-Parameter: " << myObj.get_prop() << std::endl <<
        std::endl;
}
class class2
{
        cType1 prop1;
        cType2 prop2;
public:
        class2(const cType1& propa, const cType2& propb) : prop1(propa), prop2(propb)
        {                           // Konstruktor (incl. Setter) für generisches Template
                std::cout << " Generisches Template (2 Datentypen) " << std::endl;
                // prop1 = propa; prop2 = propb; wurde in die Kopfzeile verlegt
        }
```

```cpp
        cType1 get_prop1() const                // Getter
        {
                return prop1;
        }

        cType2 get_prop2() const
        {
                return prop2;
        }
};



// e) Klassen-Template mit Non-Type-Parameter

template<typename cType, int n=1>      // Non-Type-Parameter int n (mit Default-Wert = 1)
class myNTP
{
public:
        cType fixedArray[n]{0};

        myNTP()                                  // Konstruktor
        {
                std::cout << " Klassen-Template (Non-Type-Parameter) " << std::endl;
        };

        int getLength() const
        {
                return n;
        }

        void set_val()                           // Setter
        {
                for (int i = 0; i < this->getLength(); ++i)
                {
                        fixedArray[i] = i + 65;   // siehe ASCII-Code
                }
        }

        void func2() const
        {
                for (auto out : this->fixedArray) // C++11

                        std::cout << out << std::endl;
                std::cout << std::endl;
        }
};
```

Quellcode-Datei main.cpp

```cpp
#include <iostream>
#include <string>
#include "klasse.h"

using namespace std;

int main(int argc, char** argv)
{
        char chr1 = 'A';
        std::string str1("Servus");
        int int1 = 17;
        float flo1 = 123.45;
        double dou1 = 2.718281828;    // Eulersche Zahl

        cout << " a) Generisches Klassen-Template mit einem formalen Datentyp: "
        << endl << endl;
        class1<char> Obj1;
        class1<std::string> Obj2;
        class1<double> Obj3[3];

        Obj1.set_prop(chr1);
        Obj2.set_prop(str1);
        Obj3[0].set_prop(int1);
        Obj3[1].set_prop(flo1);
        Obj3[2].set_prop(dou1);

        cout << " Zeichen (char):  " << Obj1.get_prop() << endl;
        cout << " Zeichenkette (std::string):  " << Obj2.get_prop() << endl;
        cout << " Ganze Zahl (int):  " << Obj3[0].get_prop() << endl;
        cout << " Fliesskomma-Zahl (float):  " << Obj3[1].get_prop() << endl;
        cout << " Fliesskomma-Zahl (double): " << Obj3[2].get_prop() << endl << endl;

        cout << " b) Klassen-Template als Parameter an Funktion:  " << endl << endl;
        class1<char> Obj4;
        Obj4.set_prop(chr1);
        func0(Obj4);

        cout << " c) Spezialisiertes Klassen-Template:  " << endl << endl;
        class1<float> Obj5;
        Obj5.set_prop(flo1);

        cout << " float :  " << Obj5.get_prop() << endl << endl;

        cout << " d) Klassen-Template mit mehreren formalen Datentypen: "
        << endl << endl;
```

```
class2<char, float>func1(chr1, flo1);

cout << " Typ1 :  " << func1.get_prop1() << endl;
cout << " Typ2 :  " << func1.get_prop2() << endl << endl;

cout << " e) Klassen-Template mit Non-Type-Parameter:  " << endl << endl;
myNTP<char, 7> Obj6;
Obj6.set_val();

Obj6.func2();


system("pause");
return 0;
}
```

Programmbeschreibung

a) Header-Datei klasse.h: Das generische Klassen-Template class1, mit welchem Eigenschaften beliebigen Typs mit einem Setter und einem Getter verarbeitet werden können, könnte wie folgt aussehen.

```
template <typename cType = int>            // mit Default-Wert = int (nicht zwingend)
class class1
{
        cType prop1;

public:
        void set_prop(const cType& prop);        // Setter (Deklaration) für gener. Template

        cType get_prop() const                   // Getter (Deklaration und Definition)
        {
                return prop1;
        }
};
```

Hierin wurde für den variablen Datentyp cType = int der Default-Wert Integer gesetzt, eine private Eigenschaft prop1 vom Typ cType deklariert und mit dem Zugriffsrecht public: ein Setter deklariert und ein Getter definiert.

Im Gegensatz zum Getter ist die Definition des Setters ausserhalb der Klassen-Definition aber noch innerhalb der Header-Datei klasse.h (Template!) nachzureichen. Hierzu ist der Methoden-Kopf wie folgt auszuführen. Wichtig ist hierbei, dass die Pfad-Angabe class1<cType>:: für den Rückgabe-Wert immer vollständig erfolgt, d. h. incl. <cType>.

```
template <typename cType>              // Setter (Definition) für gener. Template
void class1<cType>::set_prop(const cType& prop)       // Wichtig: "class1<cType>::..."
{
        std::cout << " Generisches Template " << std::endl;
        prop1 = prop;
}
```

Quellcode-Datei main.cpp: In der main()-Funktion werden eingangs Variablen vom Typ char, string, int, float und double definiert,

```
char chr1 = 'A';
std::string str1("Servus");
int int1 = 17;
float flo1 = 123.45;
double dou1 = 2.718281828;    // Eulersche Zahl
```

welche dann entsprechenden Objekten

```
cout << " a) Generisches Klassen-Template mit einem formalen Datentyp: "
<< endl << endl;
class1<char> Obj1;
class1<std::string> Obj2;
class1<double> Obj3[3];
```

über den Setter, ObjX.set_prop(...), zugewiesen

```
Obj1.set_prop(chr1);
Obj2.set_prop(str1);
Obj3[0].set_prop(int1);
...
```

und mit hilfe vom Getter, get_prop(), ausgeben werden.

```
cout << " Zeichen (char):  " << Obj1.get_prop() << endl;
cout << " Zeichenkette (std::string): " << Obj2.get_prop() << endl;
cout << " Ganze Zahl (int):  " << Obj3[0].get_prop() << endl;
...
```

b) Header-Datei klasse.h: Die Definition der Funktion func(), welcher Sie eines der oben genannten Objekte übergeben können, um es auszugeben, könnte wie folgt aussehen.

```
template<typename cType>
void func(class1<cType> myObj)                    // Wichtig: "class1<cType> myObj"
{
        std::cout << " Funktions-Parameter: " << myObj.get_prop() << std::endl <<
        std::endl;
}
```

Wichtig ist hierbei, dass die Pfad-Angabe `class1<cType>::` für den Übergabe-Parameter immer vollständig erfolgt, d. h. incl. `<cType>`.

Quellcode-Datei main.cpp: In der Funktion `main()` wird ein char-Objekt deklariert, welchem über den setter die Variable `chr1` zugewiesen wird. Abschließend wird das Objekt der Funktion übergeben, welche den Character ausgibt.

```
cout << " b) Klassen-Template als Parameter an Funktion: " << endl << endl;
class1<char> Obj4;
Obj4.set_prop(chr1);
func(Obj4);
```

c) Header-Datei klasse.h: Spezialisierte Klassen-Templates werden bevorzugt und etwas schneller abgearbeitet, benötigen aber ein generisches Klassen-Template entsprechender Auslegung um überhaupt lauffähig zu sein. Ein spezialisiertes Klassen-Template für den Typ `float`, passend zum Klassen-Template `class1` könnte so aussehen:

```
template <>
class class1<float>
{
        float prop1;
public:
        class1() {};                    // Konstruktor
        void set_prop(const float& prop);    // Setter (Deklaration)
        float get_prop() const;              // Getter (Deklaration)
};
```

wobei Setter und Getter wie oben zu definieren sind.

Quellcode-Datei main.cpp: Die Ausgabe in der main()-Funktion erfolgt nach Definition des Objekts vom Typ `float` auf gleiche Weise wie unter a).

```
cout << " c) Spezialisiertes Klassen-Template: " << endl << endl;
class1<float> Obj5;
Obj5.set_prop(flo1);

cout << " float : " << Obj5.get_prop() << endl << endl;
```

d) Header-Datei klasse.h: Bislang hatten alle Klassen-Templates nur einen formalen Datentyp. Ein Klassen-Template für zwei Eigenschaften unterschiedlichen Datentyps, cType1 prop1; und cType2 prop2;, könnte wie folgt aussehen.

```
template <typename cType1, typename cType2>
class class2
{
        cType1 prop1;
        cType2 prop2;

public:
        class2(const cType1& propa, const cType2& propb) : prop1(propa), prop2(propb)
        {              // Konstruktor (incl. Setter) für generisches Template
        std::cout << " Generisches Template (2 Datentypen) " << std::endl;
        }              // prop1 = propa; prop2 = propb; wurde in die Kopfzeile verlegt

        cType1 get_prop1() const;      // Getter
        cType2 get_prop2() const;
};
```

Bereits im Kopfteil des Konstruktors wurden die beiden per Referenz übergebenen Parameter den Klassen-Eigenschaften prop1 und prop2 zugewiesen und damit bereits vom Konstruktor die Setter-Funktion übernommen. Auch eine Text-Ausgabe wird getätigt. Zudem erlaubt ein Getter je Eigenschaft deren Aufruf (Körper der Getter wie oben).

Quellcode-Datei main.cpp: Hier definieren wir eine spezialisierte Funktion func1, der einfachheitshalber gleich die beiden eingangs definierten Variablen übergeben werden (siehe b)). Damit lassen sich die beiden Eigenschaften über ihre jeweiligen Getter zurück- und ausgeben.

```
cout << " d) Klassen-Template mit mehreren formalen Datentypen: " << endl << endl;
class2<char, float>func1(chr1, flo1);

cout << " Typ1 :  " << func1.get_prop1() << endl;
cout << " Typ2 :  " << func1.get_prop2() << endl << endl;
```

e) Mit Ihrem bisher erarbeiteten Wissen über Klassen-Templates sollten Sie fähig sein sich diesen Aufgabenteil anhand des oben gezeigten Quellcodes selbst verständlich zu machen.

▶   **Ausgabe**

```
Fliesskomma-Zahl (double): 2.71828

b) Klassen-Template als Parameter an Funktion:

Generisches Template
Funktions-Parameter: A

c) Spezialisiertes Klassen-Template:

Spezialisiertes Template
float :  123.45

d) Klassen-Template mit mehreren formalen Datentypen:

Generisches Template (2 Datentypen)
Typ1 :  A
Typ2 :  123.45

e) Klassen-Template mit Non-Type-Parameter:

Klassen-Template (Non-Type-Parameter)
A
B
C
D
E
F
G

Drücken Sie eine beliebige Taste . . . ▪
```

Ausnahmebehandlungen

7

7.1 Grundlagen zu Ausnahmebehandlungen

Computer-Programme laufen im Allgemeinen zeilenweise von oben nach unten ab, können verzweigt oder in Schleifen wiederholt Befehle abarbeiten. Tritt hierbei ein nicht definierter Zustand im Programm auf, dann wird ein Rückgabewert ungleich 0 zurückgeliefert – also kein `return 0;`, welches das Programm regulär beenden würde. Ein darauffolgender abrupter Programmabbruch mag in kleinen Programmen noch akzeptabel sein, in größeren Applikationen jedoch nicht mehr. Für C++ stehen, bei Verwendung des Microsoft Visual Studios, unterschiedliche Mechanismen für die Fehlererkennung und deren Behandlung zur Verfügung.

Hierbei werden beispielsweise Fehlercodes vom Ort des Auftretens zu einem zentralen Auffangort geworfen, dort interpretiert und über entsprechende Fehlerausgaben über den Bildschirm oder Einsprungpunkte in andere Programmbereiche behoben.

▶ **Aufgabe** Berechnen Sie in einer Funktion division, die aus der Funktion `main()` (Hauptprogramm) heraus aufgerufen wird den Quotienten zweier Zahlen.
Fangen Sie hierbei den Fehler, im Falle einer Division durch den Nenner 0, mit einer professionellen Ausnahmebehandlung ab.

- Leiten Sie hierzu die Ausnahmebehandlung ein, indem Sie im Hauptprogramm innerhalb der Funktion `try{}` die Funktion `division` aufrufen.
- Sollte innerhalb der Funktion `divison` der Nenner 0 sein, dann werfen Sie dort mit dem Operator `throw` eine Fehlermeldung.
- Fangen Sie diesen geworfenen Fehler im Hauptprogramm wieder mit der `catch{}` Funktion auf.
- Stellen Sie sicher, dass auch alle anderen – von diesem Fehler abweichenden Fehler – über eine `catch{}` Funktion abgefangen werden.

© Springer Fachmedien Wiesbaden GmbH, ein Teil von Springer Nature 2018
A. Stadler, M. Tholen, *Das C++ Tutorial*,
https://doi.org/10.1007/978-3-658-21100-4_7

Quellcode-Datei main.cpp

```cpp
#include <iostream>
#include <string>

/*
int division(int x, int y)          // Deklaration und Def. der Ausnahme-Funktion vor main()
{
        if (0 == y)
        {
                throw std::string("\n\r Fehler: Division durch 0! \n\r");
        }                                       // Ausnahme werfen!

        return x / y;
}
*/

int division(int x, int y);          // Deklaration der Ausnahme-Funktion vor main()!

int main(int argc, char **argv)
{
        try                                      // Ausnahme einleiten!
        {
                division(4, 0);
        }

        catch (std::string exception)  // Ausnahme abfangen! Geworfene Fehlermeldungen
        {                                         // (throw!) in 'exception' fangen (catch!)
                std::cout << exception << std::endl;
        }                                         // Geworfene Fehlermeldung über 'exception' ausgeben

        catch (...)                          // Jede Ausnahme abfangen! Standard Abfang-
        {                                         // Methode, die 'letztendlich Alles' abfängt
                std::cout << "\n\r Unbekannter Fehler!!! \n\r" << std::endl;
        }

        system("pause");
        return 0;
}

int division(int x, int y)                   // Definition der Ausnahme-Funktion (nach main())
{
        if (0 == y)
        {
                throw std::string("\n\r Fehler: Division durch 0! \n\r");
        }                                                       // Ausnahme werfen!
        return x / y;
}
```

Programmbeschreibung

Eingangs wird die Funktion division vorangemeldet, welche dann nach dem Hauptprogramm ausgeführt wird. Grundsätzlich besteht natürlich auch die Möglichkeit, die Funktion division bereits vor dem Hauptprogramm vollständig zu definieren.

Im Hauptprogramm (d. h. in der Funktion `main() {}`) wird dann mit der Funktion

```
try                        // Ausnahme einleiten!
    {
            division(4, 0);
    }
```

welche keine Übergabe-Parameter besitzt, die Fehlerbehandlung eingeleitet. In ihrem Körper befindet sich der Funktionsaufruf für die Funktion division mit den Übergabe-Parametern Zähler = 4 und Nenner = 0.

In der Funktion division wird dann, wenn der übergebene Nenner = 0 ist, der Fehler `std::string("\n\r Fehler: Division durch 0! \n\r")` über den Operator `throw` „geworfen",

```
int division(int x, int y)        // Definition der Ausnahme-Funktion (nach main())
{
        if (0 == y)
        {
                throw std::string("\n\r Fehler: Division durch 0! \n\r");
        }                              // Ausnahme werfen!
        return x / y;
}
```

das heißt, es wird im Hauptprogramm die Funktion

```
catch (std::string exception)    // Ausnahme abfangen! Geworfene Fehlermeldungen
    {                              // (throw!) in 'exception' fangen (catch!)
            std::cout << exception << std::endl;
    }                              // Geworfene Fehlermeldung über 'exception' ausgeben
```

mit dem Übergabe-Parameter `std::string exception = std::string("\n\r Fehler: Division durch 0! \n\r")` aufgerufen, welche über die Ausgabe dieser Fehlermeldung den Fehler „abfängt".

Sollte der Nenner ungleich 0 sein, wird der Quotient x / y berechnet und das Ergebnis der Division zurückgegeben (`return x / y;`).

Alle anderen auftretenden Fehler – insbesondere solche, die nicht explizit geworfen wurden – würden ohne Übergabe-Parameter (...) von der Funktion

```
catch (...)                       // Jede Ausnahme abfangen! Standard Abfang-Methode, die
    {                              // 'letztendlich Alles' abfängt
            std::cout << "\n\r Unbekannter Fehler!!! \n\r" << std::endl;
    }
```

durch Ausgabe einer allgemeingültigen Fehlermeldung „abgefangen".

▶ **Ausgabe**

```
Fehler: Division durch 0!

Drücken Sie eine beliebige Taste . . .
```

7.2   Ausnahmebehandlungen mit der Aufzählungs-Variablen Err

▶ **Aufgabe** Lesen Sie in einer Funtktion `get_val(){}` den Dividenden und den Divisor für eine Division ein, berechnen Sie in einer Funktion `division(){}` – welche, wie auch die Funktion `get_val(){}`, aus dem Hauptprogramm heraus aufgerufen wird – den Quotienten und geben Sie diesen aus.

Fangen Sie hierbei sowohl Fehler bei den beiden Eingaben als auch den Fehler, der bei einer Division durch den Nenner 0 entsteht, mit einer professionellen Ausnahmebehandlung ab.

a) Definieren Sie eine Fehler-Klasse über den Aufzählungstyp

```
enum class Err : char { DIV0, INP1, INP2 };
```

Leiten Sie dann die Ausnahmebehandlung ein, indem Sie im Hauptprogramm innerhalb der Funktion `try{}` die Funktionen `get_val` und `division` aufrufen und bei fehlerfreiem Durchlauf das Ergebnis der Division ausgeben.

Sollten innerhalb der Funktion `get_val` unzulässige Eingaben getätigt werden, dann werfen Sie dort mit dem Operator `throw` unter Verwendung der oben genannten Fehler-Klasse einen Fehler.

Sollte innerhalb der Funktion `divison` der Nenner 0 sein, dann werfen Sie ebenfalls einen entsprechenden Fehler.

Fangen Sie die geworfenen Fehler im Hauptprogramm wieder mit der `catch{}` Funktion auf, indem Sie mit der Fallunterscheidung switch-case zwischen den drei Fehlern unterscheiden und die entsprechende Fehlermeldung ausgeben.

Stellen Sie sicher, dass auch alle anderen – von diesen Fehlern abweichenden Fehler – über eine `catch{}` Funktion abgefangen werden.

b) Gehen Sie ähnlich vor wie unter a). Rufen Sie jedoch die Funktion `get_val` erst innerhalb der Funktion `division` auf.

Leiten Sie dann auch in der Funktion `division` für Fehler, die bei der Eingabe auftreten, eine Fehlerbehandlung ein und fangen sie die in der Funktion `get_val` geworfenen Fehler ein.

Leiten Sie dann die in der Fehlerbehandlung innerhalb der Funktion `division` gefangenen Fehler mit dem Operator `throw` weiter an die Fehlerbehandlung innerhalb des Hauptprogramms und geben Sie dort letztendlich den Fehler mittels Fallunterscheidung switch-case aus.

Quellcode-Datei main.cpp

a)
```cpp
#include <iostream>
#include <string>

using namespace std;

enum class Err : char { DIV0, INP1, INP2 };   // Deklaration der möglichen Fehler mit
                                               // dem Aufzählungs-Datentyp (Character)

float division(float x, float y);
void get_val(float &input1, float &input2);

int main(int argc, char **argv)
{
        float input1 = 0;
        float input2 = 0;

        try
        {                                            // Hauptprogramm: Ausnahme einleiten!
                get_val(input1, input2);             // Unterprogramm: Einlesen des Dividenden
                                                     // und des Divisors
        float result = division(input1, input2);     // Unterprogramm: Ausführen der
        cout << "Ergebnis: " << result << endl;      // Division im Hauptprogramm: Ausgabe
                                                     // des Divisions-Ergebnisses
        }

catch (Err errcode)                                  // Ausnahme abfangen: Definition des
{                                                    // Vorgehens bei Fehlern mit einer Mehrfach-
        switch (errcode)                             // Auswahl switch/case
        {
        case Err::DIV0: cout << "Fehler: Division durch 0" << endl; break;
        case Err::INP1: cout << "Fehler: Eingabe Dividend" << endl; break;
        case Err::INP2: cout << "Fehler: Eingabe Divisor" << endl; break;
        default: break;
        }
}

        catch (...)
        {                                            // Ausnahme abfangen: Definition des
                                                     // Vorgehens bei allen bislang nicht ...
                cout << " Unbekannter Fehler! " << endl;
        }                                            // ... gelisteten, möglichen Fehlern

        system("pause");
        return 0;
}
```

```
float division(float x, float y)
{
        if (0 == y)                            // Ausnahme werfen: Wenn der Divisor = 0 ...
                throw Err::DIV0;               // ... werfe Err-Code DIV0
        return (x / y);
}

void get_val(float &input1, float &input2)
{
        cout << "Bitte Dividend eingeben: ";
        if (!(cin >> input1))                  // Ausnahme werfen: Wenn keine gültige
                                               // Eingabe für input1 erfolgt ...
                throw Err::INP1;               // ... werfe Err-Code INP1
        cout << endl;

        cout << "Bitte Divisor eingeben: ";
        if (!(cin >> input2))                  // Ausnahme werfen: Wenn ...
                throw Err::INP2;
        cout << endl;
}
```

b)
```
   #include <iostream>
   enum class Err { DIV0, INP1, INP2 };     // Deklaration der möglichen Fehler mit dem
                                            // Aufzählungs-Datentyp (Default: Integer)

   void get_val(double& x, double& y)       // Unterprogramm get_val: Eingabe Dividend, Divisor
   {
           std::cout << " Bitte Dividend eingeben: ";
           if (!(std::cin >> x))            // Ausnahme werfen: Wenn keine gültige
                                            // Eingabe für input1 erfolgt ...
                   throw Err::INP1;         // ... werfe Err-Code INP1

           std::cout << " Bitte Divisor eingeben: ";
           if (!(std::cin >> y))            // Ausnahme werfen: Wenn ...
                   throw Err::INP2;
   }

   double division(double& x, double& y)    // Unterprogramm division: Eingabe
                                            // Dividend, Divisor

   {
           try
           {
                   get_val(x, y);           // Aufruf des Unterprogramms get_val
                                            // Ausnahme werfen: Kann die Funktion get_val nicht
           }                                // ausgeführt werden (z.B. Eingabe eines char, anstatt
                                            // eines int), dann wird ein Fehler geworfen, der ...
```

```cpp
    catch (Err errorcode)        // ... hier abgefangen wird und ...
    {
            std::cerr << " Weitergeleitete Fehlermeldung \n";
            throw;               // ... weitergeleitet wird und über den nächsten
                                 // try-Befehl ...
    }

    if (y == 0)
    {
            throw Err::DIV0;
    }
    return x / y;
}

int main(int argc, char** argv)       // Hauptprogramm
{
    try                               // try ist wie eine Funktion ohne Übergabe-
                                      // Parameter mit internen und externen Variablen
    {
            double val1 = 0, val2 = 0;      // Initialisierung der internen Variablen für
                                            // Dividend und Divisor
            double result = division(val1, val2);  // Aufruf des Unterprogramms
                                            // division
            std::cout << " Ergebnis: " << result << std::endl;
                                            // Ausgabe des Ergebnisses
            /* Vorsicht beim Arbeiten mit Pointern: Erzeugter (new)
            Speicherplatz ist unter Berücksichtigung aller (Ausnahme-)
            Fälle wieder zu löschen (memory-leak)*/

    }

    catch (Err errcode)
    {
            std::cerr << " Fehler:";
            switch (errcode)          // ... hier abgefangen wird und entsprechend
            {                         // ausgewertet wird
                case Err::DIV0: std::cerr << " Division durch 0 \n"; break;
                case Err::INP1: std::cerr << " Eingabe-Fehler Dividend \n"; break;
                case Err::INP2: std::cerr << " Eingabe-Fehler Divisor \n"; break;
                default: break;

            }
    }

    system("pause");
    return 0;
}
```

Programmbeschreibung

a) Zur Fehlerbehandlung wird eine Fehler-Klasse vom Aufzählungstyp (Character) definiert

```
enum class Err : char { DIV0, INP1, INP2 };
```

welche drei Optionen beinhaltet,

- DIV0 = Fehler beim Dividieren durch 0,
- INP1 = Fehler bei der Eingabe des Dividenden und
- INP2 = Fehler bei der Eingabe des Divisors.

Im Hauptprogramm wird dann die Ausnahmebehandlung mit der Funktion

```
try
{                                           // Hauptprogramm: Ausnahme einleiten!
        get_val(input1, input2);            // Unterprogramm: Einlesen des
                                            // Dividenden und des Divisors
        float result = division(input1, input2);  // Unterprogramm: Ausführen der
        cout << "Ergebnis: " << result << endl;   // Division im Hauptprogramm:
                                            // Ausgabe des Divisions-Ergebnisses

}
```

eingeleitet, innerhalb welcher die Funktionen get_val und division aufgerufen und bei fehlerfreiem Durchlauf das Ergebnis der Division ausgeben wird.

Sollten innerhalb der Funktion (Initialisierung: float input1 = 0; float input2 = 0;)

```
void get_val(float &input1, float &input2)
{
        cout << "Bitte Dividend eingeben: ";
        if (!(cin >> input1))               // Ausnahme werfen: Wenn keine gültige
                                            // Eingabe für input1 erfolgt ...
                throw Err::INP1;            // ... werfe Err-Code INP1

        cout << "Bitte Divisor eingeben: ";
        if (!(cin >> input2))               // Ausnahme werfen: Wenn ...
                throw Err::INP2;
}
```

unzulässige Eingaben getätigt werden, dann wird mit dem Operator throw die entsprechende Eigenschaft (INP1 oder INP2) der Fehler-Klasse Err (Aufzählungstyp) geworfen.

Der fehlerfrei eingelesene Dividend und Divisor werden dann innerhalb des Hauptprogramms der Funktion division übergeben (siehe oben). Sollte innerhalb der Funktion

```
float division(float x, float y)
{
        if (0 == y)                    // Ausnahme werfen: Wenn der Divisor = 0 ...
                throw Err::DIV0;       // ... werfe Err-Code DIV0
        return (x / y);
}
```

der Nenner (Divisor) dann 0 sein, wird ebenfalls die entsprechende Eigenschaft DIV0 der Fehler-Klasse Err (Aufzählungstyp) geworfen.

Unabhängig vom geworfenen Fehler, wird dieser im Hauptprogramm von der catch{} Funktion gefangen, in dieser wird mit der Fallunterscheidung switch-case selektiert, um welchen der drei Fehler es sich handelt und die entsprechende Fehlermeldung ausgegeben.

```
catch (Err errcode)
{
        std::cerr << " Fehler:";
        switch (errcode)                // ... hier abgefangen wird und entsprechend
                                        // ausgewertet wird
        {
                case Err::DIV0: std::cerr << " Division durch 0 \n"; break;
                case Err::INP1: std::cerr << " Eingabe-Fehler Dividend \n"; break;
                case Err::INP2: std::cerr << " Eingabe-Fehler Divisor \n"; break;
                default: break;
        }
}
```

Alle von diesen drei Fehlern abweichenden Fehler werden von der folgenden Funktion abgefangen.

```
catch (...)
{                                       // Ausnahme abfangen: Definition des
                                        // Vorgehens bei allen bislang nicht ...
        cout << " Unbekannter Fehler! " << endl;
}                                       // ... gelisteten, möglichen Fehlern
```

b) Hier wird im Gegensatz zu a) die Fehler-Klasse entsprechend dem Default-Aufzählungstyp Integer definiert.

```
enum class Err { DIV0, INP1, INP2 };
```

Im Hauptprogramm wird innerhalb der try{} Funktion, nach Initialisierung der Variablen, lediglich die Funktion division aufgerufen und das Ergebnis ausgegeben.

```cpp
int main(int argc, char** argv)              // Hauptprogramm
{
        try
        {
                double val1 = 0, val2 = 0;       // Initialisierung der internen Variablen für
                                                 // Dividend und Divisor
                double result = division(val1, val2);
                                                 // Aufruf des Unterprogramms division
                std::cout << " Ergebnis: " << result << std::endl;
                                                 // Ausgabe des Ergebnisses
        }
...
```

Erst in der Funktion division und nicht bereits im Hauptprogramm wird innerhalb einer zweiten try{} Funktion die Funktion get_val aufgerufen.

```cpp
double division(double& x, double& y)  // Unterprogramm division: Eingabe
                                       // Dividend, Divisor

{
        try
        {
                get_val(x, y);           // Aufruf des Unterprogramms get_val
                                         // Ausnahme werfen: Kann die Funktion get_val nicht
                                         // ausgeführt werden (z.B. Eingabe eines char, anstatt
        }                                // eines int), dann wird ein Fehler geworfen, der ...

        catch (Err errorcode)            // ... hier abgefangen wird und ...
        {
                std::cerr << " Weitergeleitete Fehlermeldung \n";
                throw;                   // ... an die catch-Funktion innerhalb des
        }                                // Hauptprogramms über den Operator throw
                                         // weitergeleitet wird
        if (y == 0)
        {
                throw Err::DIV0;
        }

        return x / y;
}
```

Eingabe-Fehler in der Funktion get_val werden wieder wie unter a) geworfen, nun aber bereits in der catch{} Funktion innerhalb der Funktion division abgefangen.

In dieser catch{} Funktion wird einerseits an die Standard-Fehlerausgabe (std::cerr) die Fehlermeldung " Weitergeleitete Fehlermeldung \n" ausgegeben und andererseits über einen throw-Befehl der gefangene Fehler an die catch{} Funktion innerhalb des Hauptprogramms weitergeleitet, wo sie aufgefangen werden und wie oben zu einer Fehlermeldung führen.

Der in der Funktion `division` geworfene Fehler für eine Division durch 0 wird direkt in die `catch{}` Funktion des Hauptprogramms geworfen, wo er zu einer Fehlermeldung führt.

```
...

catch (Err errcode)
{
        std::cerr << " Fehler:";
        switch (errcode)                  // ... hier abgefangen wird und entsprechend
                                          // ausgewertet wird
        {
                case Err::DIV0: std::cerr << " Division durch 0 \n"; break;
                case Err::INP1: std::cerr << " Eingabe-Fehler Dividend \n"; break;
                case Err::INP2: std::cerr << " Eingabe-Fehler Divisor \n"; break;
                default: break;
        }
}
}
```

▶ **Ausgabe**

a)
```
Bitte Dividend eingeben: 12

Bitte Divisor eingeben: a
Fehler: Eingabe Divisor
Drücken Sie eine beliebige Taste . . .
```

```
Bitte Dividend eingeben: 1

Bitte Divisor eingeben: 0

Fehler: Division durch 0
Drücken Sie eine beliebige Taste . . .
```

```
Bitte Dividend eingeben: 9

Bitte Divisor eingeben: 3

Result: 3
Drücken Sie eine beliebige Taste . . . ▄
```

b)
```
Bitte Dividend eingeben: f
Weitergeleiteter Fehler
Fehler: Eingabe-Fehler Dividend
Drücken Sie eine beliebige Taste . . .
```

```
Bitte Dividend eingeben: 7
Bitte Divisor eingeben: 0
Fehler: Division durch 0
Drücken Sie eine beliebige Taste . . . _
```

```
Bitte Dividend eingeben: 20
Bitte Divisor eingeben: 4
Ergebnis: 5
Drücken Sie eine beliebige Taste . . . _
```

7.3   Ausnahmebehandlungen mit einer Fehler-Klasse

▶ **Aufgabe** Berechnen Sie in der Funktion `division(){}` den Quotienten aus
Dividend und Divisor. Rufen Sie dazu aus dieser Funktion heraus die Funktion
`get_val(){}` auf, über welche Sie die Werte für den Dividenden und den
Divisor einlesen.

Legen Sie hierfür eine Fehler-Klasse `myErrorClass` an, über welche sowohl
bei den beiden Eingaben als auch im Fall einer Division durch den Nenner 0 die
Ausnahmebehandlung wie folgt abgewickelt wird.

- Definieren Sie innerhalb der Fehler-Klasse `myErrorClass` eine Fehler-
  Klasse über den Aufzählungstyp,

  enum class Err :char { DIV0, INP1, INP2 };

  einen Konstruktor, der den Fehlercode (Zahlenwert) in der Eigenschaft `int`
  `err_code` und die Fehlermeldungen (Beschreibungen der Fehler) in der
  Eigenschaft `std::vector<std::string> msg;` ablegt,

  myErrorClass(const Err err);

  eine `what()`-Methode, die die Fehlermeldung zurückgibt,

  const std::string& what();

  und eine Methode `get_err_code()`, welche den Fehlercode zurückgibt.

  const int get_err_code();

- Leiten Sie im Hauptprogramm mit der Funktion `try` die Ausnahmebehandlung ein. Initialisieren Sie innerhalb dieser Funktion den Dividend (`val1 = 0;`) und den Divisor (`val2   =   1;`), übergeben Sie diese in die Funktion `division(){}` und geben Sie letztendlich bei erfolgreicher Ausführung der Division das Ergebnis auf die Standardausgabe aus.

  Rufen Sie innerhalb der Funktion `division(){}` die Funktion `get_val(){}` auf. Sollten innerhalb der Funktion `get_val(){}` unzulässige Eingaben getätigt werden oder innerhalb der Funktion `division(){}` durch 0 geteilt werden, dann rufen Sie dort über den Operator `throw` den Konstruktor der Fehler-Klasse mit dem entsprechenden Pfad für den Fehlercode (aus der Fehler-Klasse `Err` vom Aufzählungstyp) auf, z. B.

  throw myErrorClass(myErrorClass::Err::INP1);

  um über den Konstruktor den Fehler zu Identifizieren, d. h. den Fehlercode und die Fehlermeldung des Fehlers zuzuordnen und über die Methoden `get_err_code(){}` und `what(){}` zurückzuliefern.

  Fangen Sie in der Funktion `main(){}` den Fehler mit der `catch(myErrorClass errcode){}` Funktion auf, indem Sie über das Objekt errcode auf dessen beiden Methoden `get_err_code()` und `what()` zugreifen und diese auf die Stanardausgabe schreiben.

Quellcode-Datei exception_class.h

```cpp
#include <vector>
#include <string>

class myErrorClass
{
        std::vector<std::string> msg;    // Variable (Container) für die Fehlermeldungen
        int err_code;                    // Fehlercode

public:
        enum class Err :char { DIV0 = 0, INP1, INP2 };
                        // Auflistung der Fehlercodes: Char Datentyp um Speicherplatz zu
                        // sparen (1 Byte)
                        // Initialisierung des ersten Wertes mit 0

        myErrorClass(const Err err);
                        // Konstruktor legt Fehlermeldungen in der msg-Eigenschaft ab

        const std::string& what();
                            // Methode gibt die Fehlerbeschreibung zurueck

        const int get_err_code();
                            // Methode gibt den Fehlercode zurueck
};
```

Quellcode-Datei exception_class.cpp

```
#include "exception_class.h"

myErrorClass::myErrorClass(const Err err) :err_code(static_cast<int>(err))
{                              // Konstruktor: Zuweisung des übergebenen Fehlercodes err
                               // an die Eigenschaft err_code und ...
        this->msg.push_back("Division durch 0");
        this->msg.push_back("Eingabe Dividend");
        this->msg.push_back("Eingabe Divisor");
}                              // ... Zuweisung einer der aufgelisteten Fehlermeldungen (Reihen-
                               // folge wichtig, dass der Fehlercode zur Fehlerbeschreibung passt!)

const std::string & myErrorClass::what()
{
        return this->msg[this->err_code];
}                              // what-Methode zur Fehlerrückgabe

const int myErrorClass::get_err_code()
{                                          // Getter für err_code
        return this->err_code;
}
```

Quellcode-Datei main.cpp

```
#include <iostream>
#include "exception_class.h"

using namespace std;


void get_val(double& x, double& y)
{                                  // Unterprogramm get_val: Eingabe Dividend, Divisor
        std::cout << " Bitte Dividend eingeben: ";
        if (!(std::cin >> x))  // Ausnahme werfen: Wenn keine gültige Eingabe
                               // für input1 erfolgt
                throw myErrorClass(myErrorClass::Err::INP1);   // ... werfe Err-Code INP1

        std::cout << " Bitte Divisor eingeben: ";
        if (!(std::cin >> y))       // Ausnahme werfen: Wenn ...
                throw myErrorClass(myErrorClass::Err::INP2);
}
```

```cpp
double division(double& x, double& y)
{                                   // Unterprogramm division: Eingabe Dividend, Divisor
        get_val(x, y);              // Aufruf des Unterprogramms get_val

        if (y == 0)
        {
                throw myErrorClass(myErrorClass::Err::DIV0);
        }

        return x / y;
}

int main(int argc, char ** argv)
{
        try
        {
                double val1 = 0;
                double val2 = 1;
                                    // Initialisierung der Variablen für Dividend und Divisor

                double result = division(val1, val2);
                                    // Aufruf des Unterprogramms division
        std::cout << " Ergebnis: " << result << std::endl;
}                                   // Ausgabe des Ergebnisses

catch (myErrorClass errcode)

        {
                cout << "FEHLER(" << errcode.get_err_code() << "): "
                << errcode.what() << endl;
        }

        system("pause");
        return 0;
}
```

Programmbeschreibung

Header-Datei exception_class.h: In der Aufgabenstellung wurde bereits die Definition der Fehler-Klasse Err vollständig entsprechend Aufzählungstyp (Character) angegeben.

```cpp
enum class Err : char { DIV0, INP1, INP2 };
```

Auch auf die Deklaration aller Methoden wurde dort bereits eingegangen.

Quellcode-Datei main.cpp: Im Hauptprogramm wird in der Funktion

```cpp
int main(int argc, char ** argv)
{
        try
        {
                double val1 = 0;
                double val2 = 1;
                        // Initialisierung der Variablen für Dividend und Divisor

                double result = division(val1, val2);
                        // Aufruf des Unterprogramms division

                std::cout << " Ergebnis: " << result << std::endl;
                        // Ausgabe des Ergebnisses
        }
        ...
```

mit der Funktion `try{}` die Ausnahmebehandlung eingeleitet. Auch werden die Werte für den Dividenden und den Divisor initialisiert und während des Aufrufs in die Funktion `division(){}` übergeben. Bei fehlerfreiem Durchlauf liefert sie das Ergebnis der Division zurück, welches dann über die Standardausgabe ausgegeben wird.

In der Funktion

```cpp
double division(double& x, double& y)
{                                       // Unterprogramm division: Eingabe Dividend, Divisor
        get_val(x, y);                  // Aufruf des Unterprogramms get_val

        if (y == 0)
        {
                throw myErrorClass(myErrorClass::Err::DIV0);
        }

        return x / y;

}
```

wird die Funktion

```cpp
void get_val(double& x, double& y)
{                                          // Unterprogramm get_val: Eingabe Dividend, Divisor
        std::cout << " Bitte Dividend eingeben: ";
        if (!(std::cin >> x))          // Ausnahme werfen: Wenn keine gültige
                                       // Eingabe für input1 erfolgt
                throw myErrorClass(myErrorClass::Err::INP1);   // ... werfe Err-Code INP1

        std::cout << " Bitte Divisor eingeben: ";
        if (!(std::cin >> y))          // Ausnahme werfen: Wenn ...
                throw myErrorClass(myErrorClass::Err::INP2);

}
```

aufgerufen, über welche die initialen Werte für den Dividenden und den Divisor durch Eingabe neuer Werte überschrieben werden. Beide soeben genannten Funktionen rufen im Fehlerfall den Konstruktor der Fehler-Klasse myErrorClass mit dem Pfad für den Übergabe-Parameter des entsprechenden Fehlers auf.

```cpp
throw myErrorClass(myErrorClass::Err::DIV0);
throw myErrorClass(myErrorClass::Err::INP1);
throw myErrorClass(myErrorClass::Err::INP2);
```

Quellcode-Datei exception_class.cpp: Der Konstruktor übernimmt den Fehlercode (Zahlenwert entsprechend Aufzählungstyp) in die Eigenschaft err_code und ordnet diesem eine Fehlermeldung (Beschreibungen des Fehlers) über die Eigenschaft msg zu.

```cpp
myErrorClass::myErrorClass(const Err err) : err_code(static_cast<int>(err))
{                           // Konstruktor: Zuweisung des übergebenen Fehlercodes err
                            // an die Eigenschaft err_code und ...
        this->msg.push_back("Division durch 0");
        this->msg.push_back("Eingabe Dividend");
        this->msg.push_back("Eingabe Divisor");
}                           // ... Zuweisung einer der aufgelisteten Fehlermeldungen (Reihen-
                            // folge wichtig, dass der Fehlercode zur Fehlerbeschreibung passt!)
```

Hierbei wird über : err_code(static_cast<int>(err)) der Fehlercode err bereits in der Kopfzeile des Konstruktors an die Eigenschaft int err_code übergeben (spart Speicherplatz, reduziert Laufzeit), während der String für die Fehlermeldung über den this->msg.push_back("..."); Befehl der Eigenschaft std::vector<std::string> msg entsprechend Reihung der Auflistung zugewiesen wird.

    Während nun die Methode

```cpp
const int myErrorClass::get_err_code()
{                                   // Getter für err_code
        return this->err_code;
}
```

den err_code zurückliefert, gibt die

```cpp
const std::string & myErrorClass::what()
{
        return this->msg[this->err_code];
}                                   // what-Methode zur Fehlerrückgabe
```

Methode die Fehlermeldung als entsprechende Komponente des Vektors – bestehend aus den drei Fehlercodes – zurück.

    Quellcode-Datei main.cpp: Der in die Fehlerklasse geworfene Fehler wird nun im Hauptprogramm als Objekt errcode vom Typ myErrorClass aufgefangen.

Typgerecht kann dann in der `catch` Funktion sowohl der Fehlerkode `errcode.get_err_code()`, als auch die Fehlermeldung `errcode.what()` ausgegeben werden.

```
...
        catch (myErrorClass errcode)
        {
                cout << "FEHLER(" << errcode.get_err_code() << "): "
                << errcode.what() << endl;
        }
}
```

▶   **Ausgabe**

```
 Bitte Dividend eingeben: F
FEHLER(1): Eingabe Dividend
Drücken Sie eine beliebige Taste . . .
```

```
 Bitte Dividend eingeben: 7
 Bitte Divisor eingeben: f
FEHLER(2): Eingabe Divisor
Drücken Sie eine beliebige Taste . . .
```

```
 Bitte Dividend eingeben: 10
 Bitte Divisor eingeben: 0
FEHLER(0): Division durch 0
Drücken Sie eine beliebige Taste . . . ■
```

```
 Bitte Dividend eingeben: 14
 Bitte Divisor eingeben: 2
 Ergebnis: 7
Drücken Sie eine beliebige Taste . . .
```

7.4   Ausnahmebehandlungen mit EH

Es gibt auch Microsoft-spezifische Ausnahmebehandlungen für die Programmiersprache C++, darunter fallen die Anweisungen `__try` und `__except`. Sie ermöglichen die Steuerung eines Programms nach Ereignissen, die üblicherweise das Beenden der Ausführung zur Folge haben würden. Hierbei werden mithilfe der `/EH` Option zusammen Destruktoren für lokale Objekte aufgerufen. Details hierzu finden sich auf einschlägigen Microsoft-Internet-Seiten.

▶   **Aufgabe** Was kann man tun, wenn die Ausnahmebehandlung mit den Funktionen `try{}`, `catch(){}` und dem Operator `throw` nicht greift?

Quellcode-Datei main.cpp

```cpp
#include <iostream>
#include <excpt.h>

using namespace std;


void fail()
{
        try
        {
                int x = 1, y = 0;
                x /= y;                 // Fehler werfen für catch(...)
                printf(" %d", x);
        }

        catch (...)
        {                               // Fehler abfangen mit catch(...)
                cout << " Fehler: catch(...) " << endl;
        }
}

int main()
{
        __try
        {
                fail();         // Fehler abfangen mit catch(...) fehlgeschlagen => Fehler
                                // werfen für __except
        }

        __except (EXCEPTION_EXECUTE_HANDLER)
        {                               // Fehler abfangen mit __except
                cout << " Fehler: __except." << endl;
        }

        system("pause");
        return 0;
}
```

Programmbeschreibung

Hier haben wir ein Beispiel, in welchem die Ausnahmebehandlung mit den Funktionen `try{}` und `catch(...){}` fehlschlägt. Dies, da in der Funktion

```cpp
void fail()
{

        try
        {
                int x = 1, y = 0;
                x /= y;                    // Fehler werfen für catch(...)
                printf(" %d", x);
        }

        catch (...)
        {                                  // Fehler abfangen mit catch(...)
                cout << " Fehler: catch(...) " << endl;
        }
}
```

im Bereich `try{}` wegen Division durch 0 und sofortiger Zuweisung des Divisions-Ergebnisses an den Dividenden (Zähler) ein Fehler auftritt, der letztendlich nicht im Bereich `catch(...){}` aufgefangen werden kann.

In solchen Fällen kann durch `#include <excpt.h>` auf die Ausnahmebehandlung mit EH zurück-gegriffen werden. Weitere Informationen hierzu sind unter

https://msdn.microsoft.com/de-de/library/1deeycx5.aspx

zu finden. Diese bildet einen zweiten Auffangschirm für Fehler.

Betten wir beispielsweise die oben gezeigte Funktion `fail()` im Hauptprogramm in den Körper der Funktion `__try{}` ein, und liefert diese einen Fehler, der nicht anderweitig abgefangen werden konnte, dann wird er letztendlich von der Funktion `__except (EXCEPTION_EXECUTE_HANDLER){}` abgefangen – wie die folgende Ausgabe zeigt.

```cpp
int main()
{
        __try
        {
                fail();            // Fehler abfangen mit catch(...) fehlgeschlagen => Fehler
                                   // werfen für __except
        }

        __except (EXCEPTION_EXECUTE_HANDLER)
        {                              // Fehler abfangen mit __except      .
                cout << " Fehler: __except." << endl;
        }
}
```

▶   **Ausgabe**

```
Fehler: __except.
Drücken Sie eine beliebige Taste . . . ▪
```

7.5   Projekt-Aufgabe: Polymorphe Ausnahmeklassen

▶   **Aufgabe** Diese Aufgabe lehnt sich an die Aufgabe des vorletzten Kapitels an.
Berechnen Sie wieder in der Funktion `division(){}` den Quotienten aus
Dividend und Divisor. Rufen Sie dazu aus dieser Funktion heraus die Funktion
`get_val(){}` auf, über welche Sie die Werte für den Dividenden und den
Divisor einlesen.

Legen Sie nun jedoch eine Fehler-Klasse myException mit den beiden Eigenschaften

std::vector<std::string> msg;
int err_code;

und den beiden virtuellen Methoden

virtual const std::string& what(); // virtuelle Methoden für die Fehlerbeschreibung
virtual const int get_err_code(); // und den Fehlercode

in der Header-Datei exceptions.h an, über welche sowohl bei den beiden Eingaben als auch im Fall einer Division durch den Nenner 0 die Ausnahmebehandlung abgewickelt wird. Unterbinden Sie hier die Nutzung eines leeren Konstruktors und übergeben Sie in den Konstruktor wieder den Fehlercode!

Legen Sie auch zwei Fehler-Klassen `exceptionInput` und `exeption-Math` (Header-Dateien exception_input.h, exception_math.h) an, welche von der Fehler-Klasse `myException` abgeleitet sind und jeweils eine Fehler-Klasse vom Aufzählungstyp

enum class Err :char { INP1 = 0, INP2 };
enum class Err :char { DIV0 = 0 };

besitzen. Darüber hinaus habe jede Klasse einen eigenen Konstruktor, der den Fehlercode als Übergabe-Parameter benötigt. Auch die beiden soeben genannten virtuellen Methoden sollen enthalten sein.

Gehen Sie nun analog zur vorletzten Aufgabenstellung vor, um unter Ausnutzung der Polymorphie, mit beispielsweise folgendem Befehl

throw exceptionInput(exceptionInput::Err::INP1);

die entsprechende Ausnahmebehandlung ordentlich abzuwickeln.

Header-Datei exceptions.h

```
#include <string>
#include <vector>

class myException
{
protected:
        std::vector<std::string> msg;
        int err_code;

public:


        myException(int i) :err_code(i) {}
        myException() = delete;            // Leerer Konstruktor verboten

        virtual const std::string& what();   // virtuelle Methoden für die
                                             // Fehlerbeschreibung
        virtual const int get_err_code();    // und den Fehlercode
};
```

Header-Datei exceptions_input.h

```
#include <string>
#include <vector>
#include "exceptions.h"

class exceptionInput : public myException
{
public:
        enum class Err :char { INP1 = 0, INP2 };

        exceptionInput(Err i);   // Typkonvertierung Err -> int, da myException int benötigt
                                 // Im Konstruktor werden die Fehlermeldungen,
                                 // entsprechend INP1 = 0, INP2 = 1, gelistet

        virtual const std::string& what();   // virtuelle Methoden für die
                                             // Fehlermeldungen und
        virtual const int get_err_code();    // den Fehlercode
};
```

Header-Datei exceptions_math.h

```
#include <string>
#include <vector>
#include "exceptions.h"

class exceptionMath : public myException
{

public:
        enum class Err :char{ DIV0 = 0 };

        exceptionMath(Err i);           // Im Konstruktor werden die Fehlermeldungen,
                                        // entsprechend DIV0 = 0, ..., gelistet

        virtual const std::string& what();    // virtuelle Methoden für die
                                               // Fehlermeldungen und
        virtual const int get_err_code();     // den Fehlercode
};
```

Quellcode-Datei exceptions.cpp

```
#include "exceptions.h"

const std::string& myException::what()


{
        return this->msg.at(this->err_code);
}

const int myException::get_err_code()
{
        return this->err_code;
}
```

Quellcode-Datei exceptions_input.cpp

```
#include "exceptions_input.h"

exceptionInput::exceptionInput(Err i) :myException(static_cast<int>(i))
{
        this->msg.push_back(" Bitte Dividend eingeben: ");
        this->msg.push_back(" Bitte Divisor eingeben: ");
}
```

```cpp
const std::string& exceptionInput::what()
{
        return this->msg[this->err_code];
}

const int exceptionInput::get_err_code()
{
        return this->err_code;
}
```

Quellcode-Datei exceptions_math.cpp

```cpp
#include "exceptions_math.h"

exceptionMath::exceptionMath(const Err i) :myException(static_cast<int>(i))
{
        this->msg.push_back(" Fehler: Division durch 0");
}

const std::string& exceptionMath::what()
{
        return this->msg.at(this->err_code);
}

const int exceptionMath::get_err_code()
{
        return this->err_code;
}
```

Quellcode-Datei main.cpp

```cpp
#include <iostream>
#include "exceptions.h"
#include "exceptions_input.h"
#include "exceptions_math.h"


using namespace std;

void get_val(double& x, double& y)      // Unterprogramm get_val: Eingabe
                                        // Dividend, Divisor

{
        std::cout << " Bitte Dividend eingeben: ";
        if (!(std::cin >> x))                   // Ausnahme werfen: Wenn keine gültige
                                                // Eingabe für input1 erfolgt ...

                throw exceptionInput(exceptionInput::Err::INP1); // ... werfe Err-Code INP1
```

```cpp
        std::cout << " Bitte Divisor eingeben: ";
        if (!(std::cin >> y))                    // Ausnahme werfen: Wenn ...
                throw exceptionInput(exceptionInput::Err::INP2);
}
double division(double& x, double& y)   // Unterprogramm division: Eingabe
{                                        // Dividend, Divisor
        get_val(x, y);                           // Aufruf des Unterprogramms get_val

        if (y == 0)
        {
                throw exceptionMath(exceptionMath::Err::DIV0);
                                     // Ausnahme werfen: Kann die Funktion get_val nicht
                                     // ausgeführt werden (z.B. Eingabe eines char, anstatt
                                     // eines int), dann wird ein Fehler geworfen, der ...
        }

        return x / y;
}
int main(int argc, char **argv)
{
        try
        {
                double val1 = 0;     // Initialisierung der Variablen für Dividend und Divisor
                double val2 = 999;

                double res = division(val1, val2);
                                     // Aufruf des Unterprogramms division

                std::cout << " Ergebnis: " << res << std::endl;
        }                            // Ausgabe des Ergebnisses
        catch (myException& errcode)
        {
                cout << "FEHLER(" << errcode.get_err_code() << "): "
                     << errcode.what() << endl;
        }

        system("pause");
        return 0;
}
```

▶   **Ausgabe**

```
 Bitte Dividend eingeben: Fehler
FEHLER(0):  Fehler: Dividend Eingabe
Drücken Sie eine beliebige Taste . . .
```

```
 Bitte Dividend eingeben: 12
 Bitte Divisor eingeben: error
FEHLER(1):  Fehler: Divisor Eingabe
Drücken Sie eine beliebige Taste . . . ▄
```

```
 Bitte Dividend eingeben: 13
 Bitte Divisor eingeben: 0
FEHLER(0):  Fehler: Division durch 0
Drücken Sie eine beliebige Taste . . . ▄
```

```
 Bitte Dividend eingeben: 17
 Bitte Divisor eingeben: 3
 Ergebnis: 5.66667
Drücken Sie eine beliebige Taste . . . ▄
```

Anhang: Ausführbare Programme – Windows dll-Dateien

Unter Windows-Betriebssystemen ist es möglich, bereits programmierte Klassen oder Funktionen – compiliert als dll-Dateien – auch anderen Programmen zur Verfügung zu stellen.

Hierzu ist eine Klasse myString bzw. eine Funktion fun() in einer Header-Datei zu deklarieren und in einer Quellcode-Datei zu definieren. Im Kopfteil der Header-Datei

```
#ifndef DLL_IMPORT_MY_CLASS
#define DLL_IMPORT_EXPORT __declspec( dllimport )
#else
#define DLL_IMPORT_EXPORT __declspec( dllexport )
#endif // DLL_IMPORT_MY_CLASS
```

in der Klassen-Deklaration

```
class DLL_IMPORT_EXPORT myString
{
        ...
}
```

und für Funktions-Deklarationen

```
DLL_IMPORT_EXPORT void fun();
```

in der Header-Datei sind die hier gezeigten Ergänzungen hinzuzufügen. In der Quellcode-Datei der Klasse bzw. Funktion ist lediglich folgende Definition im Kopfbereich zu ergänzen.

© Springer Fachmedien Wiesbaden GmbH, ein Teil von Springer Nature 2018
A. Stadler, M. Tholen, *Das C++ Tutorial*,
https://doi.org/10.1007/978-3-658-21100-4

```
#define DLL_IMPORT_MY_CLASS
```

Abschließend ist dieses Projekt (ohne main()-Funktion!) mit dem Lokalen Windows-Debugger zu compilieren.

Header-Datei class_for_export.h

```cpp
#ifndef DLL_IMPORT_MY_CLASS
#define DLL_IMPORT_EXPORT __declspec( dllimport )
#else
#define DLL_IMPORT_EXPORT __declspec( dllexport )
#endif // DLL_IMPORT_MY_CLASS

#include <iostream>

/*
Je nachdem ob "DLL_IMPORT_MY_CLASS" vorher definiert
wurde oder nicht, wird unsere klasse importiert oder
exportiert

class __declspec( dllimport ) myString
class __declspec( dllexport ) myString
*/
class DLL_IMPORT_EXPORT myString
{
        char *str;
        int str_length;

        void reserveMem(int length);
        void deleteMem();

        void copyIn(const char *str, int start = 0);

   public:
        myString();
        myString(const char *newStr);
        myString(const myString &strClass);

        const int &length = str_length;

        ~myString();

        char *get_str();
        void set_str(const char *newStr);
```

```cpp
        void append(const char *str);
        void concat(const char *str1, const char *str2);
        void concat(const myString &str1, const char *str2);
        void concat(const char *str1, const myString &str2);
        void concat(const myString &str1, const myString &str2);

        static int strLen(const char *str);

        myString& operator=(const char* str);
        myString& operator=(const myString &str);
        myString& operator<(const myString &str);
        myString& operator+=(const char* str);
        myString& operator+=(const myString &str);
        myString& operator<<(const myString &str);
        char *operator+(const char* str);
};

DLL_IMPORT_EXPORT void fun();
```

Quellcode-Datei class_for_export.cpp

```cpp
#define DLL_IMPORT_MY_CLASS
#include "class_for_export.h"

#include <iostream>

using namespace std;

myString::myString() :myString("") {}

myString::myString(const char *newStr)
{
        this->reserveMem(this->strLen(newStr));
        this->copyIn(newStr);
}

myString::myString(const myString &strClass) :myString(strClass.str) {}

myString::~myString()
{
        this->deleteMem();
}

char *myString::get_str()
{
        return this->str;
}
```

```cpp
void myString::set_str(const char *newStr)
{
        int newLength = this->strLen(newStr);
        if (newLength != this->str_length)
        {
                this->deleteMem();
                this->reserveMem(newLength);
        }
        this->copyIn(newStr);
}

void myString::reserveMem(int length)
{
        this->str_length = length;
        this->str = new char[length + 1];
        this->str[length] = '\0';
}

void myString::deleteMem()
{
        delete[] this->str;
}

void myString::copyIn(const char *str, int start)
{
        int end = start + this->strLen(str);
        if (end > this->str_length)
                end = this->str_length;

        for (int i = start, j = 0; i < end; ++i, ++j)
                this->str[i] = str[j];
}

void myString::append(const char *str)
{
        this->concat(this->str, str);
}

void myString::concat(const char *str1, const char *str2)
{
        char *oldStr = this->str;
        int length1 = this->strLen(str1);
        this->reserveMem(length1 + this->strLen(str2));
        this->copyIn(str1);
        this->copyIn(str2, length1);
        delete[] oldStr;
}
```

```cpp
void myString::concat(const myString &str1, const char *str2)
{
        this->concat(str1.str, str2);
}


void myString::concat(const char *str1, const myString &str2)
{
        this->concat(str1, str2.str);
}


void myString::concat(const myString &str1, const myString &str2)
{
        this->concat(str1.str, str2.str);
}


int myString::strLen(const char *str)
{
        int cn = 0;
        while ('\0' != str[cn])
                cn++;
        return cn;
}


myString& myString::operator=(const char* str)
{
        this->set_str(str);
        return *this;
}


myString& myString::operator=(const myString &str)
{
        this->set_str(str.str);
        return *this;
}


myString& myString::operator<(const myString &str)
{
        this->set_str(str.str);
        return *this;
}


myString& myString::operator+=(const char* str)
{
        this->append(str);
        return *this;
}
```

```cpp
myString& myString::operator+=(const myString &str)
{
        this->append(str.str);
        return *this;
}

myString& myString::operator<<(const myString &str)
{
        this->append(str.str);
        return *this;
}

char *myString::operator+(const char* str)
{
        this->concat(this->str, str);
        return this->str;
}

void fun()
{

}
```

Nachdem man dieses Projekt dllexport.cpp – ohne eine main()-Funktion erstellt zu haben –
mit dem Lokalen Windows-Debugger compiliert hat, sind im zugehörigen Projektordner
dllexport u.a. folgende drei Dateien zu finden.

dllexport/Debug/dllexport.lib	(Object File Library)
dllexport/Debug/dllexport.dll	(Anwendungserweiterung)
dllexport/dllexport/class_for_ export.h	(C/C++ Header)

Diese sind nun gezielt im Projektordner des Zielprogramms dllimport zu platzieren,
welches hier lediglich aus folgender main()-Funktion bestehen soll.

Quellcode-Datei main.cpp

```cpp
#include <iostream>
#include "class_for_export.h"
```

```
int main(int argc, char **argv)
{
        myString fun;
        fun = "have fun!";
        std::cout << fun.get_str() << std::endl;

        system("pause");
        return 0;
}
```

Im Projektordner dieses Programms mit dem Namen Ausführbare Programme – dll sind die oben gelisteten Dateien wie folgt unterzubringen. Die Dateien class_for_export.h und dllexport.lib sind in den Ordner des Zielprogramms unter

dllimport/ dllimport/class_for_export.h
dllimport/ dllimport/dllexport.lib

zu kopieren und die Datei dllexport.dll in den Ordner

dllimport/Debug/dllexport.dll

Anschließend ist dem Compiler noch mitzuteilen, dass er die dllexport.lib Datei beim übersetzen noch mit einzubinden hat. Dazu geht man im Hauptmenü unter Projekt auf die Eigenschaften des vorliegenden Programms, wählt im sich öffnenden Fenster Konfigurationseigenschaften/Linker/Eingabe/Zusätzliche Abhängigkeiten

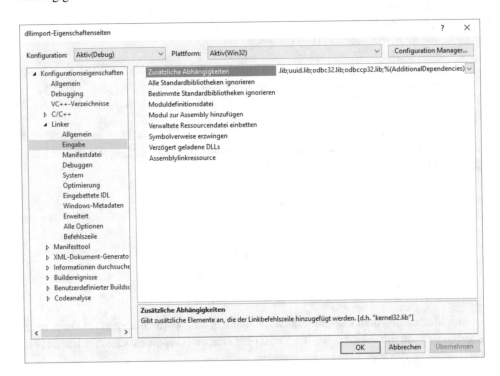

und hier im pull-down Menü den Punkt Bearbeiten,

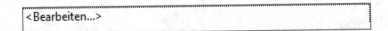

dann ist im sich öffnenden Fenster lediglich noch die dllexport.lib Datei anzugeben, welche eingebunden werden soll, und auf OK zu klicken.

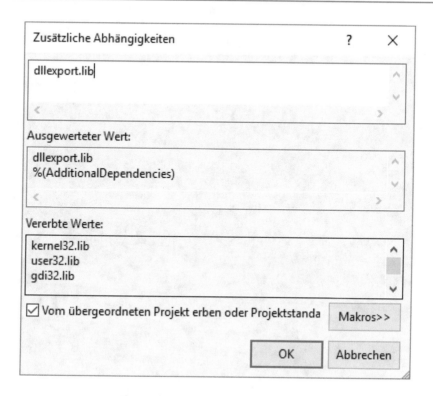

Abschließend ist das Zielprogramm noch zu Compilieren. Nun können alle Eigenschaften und Methoden der eingebundenen Klasse oder auch die eingebundenen Funktionen im Zielprogramm genutzt werden.

Effizienter ist die Verwendung ausschließlich von dlls. Versuchen Sie's! Mehr zu DLLs in Visual C++ kann unter

https://msdn.microsoft.com/de-de/library/1ez7dh12.aspx
http://stackoverflow.com/questions/1922580/import-a-dll-with-c-win32

nachgelesen werden.

Printed in the United States
By Bookmasters